高等学校公共数学"互联网+"规划教材

微积分

（经管类）（下册）

第2版

主　编　田　洁　魏瑞菊
副主编　姚建丽　刘红平

本书资源使用说明

北京邮电大学出版社
·北京·

内 容 简 介

本书按照教育部高等学校大学数学课程教学指导委员会编制的《经济和管理类本科数学基础课程教学基本要求》编写而成，分为上、下两册，共十二章，下册包括空间解析几何与向量代数、多元函数微分学、二重积分、无穷级数、微分方程与差分方程等内容。本书注重突出微积分的基本思想，适当降低理论深度，强化数学理论在经济学中的应用，力求内容通俗易懂、循序渐进。本书部分章节配有数学实验的内容，融入了数学建模思想。同时，本书配备了微课视频、AR 动画、常见问题释疑解难、考研真题等丰富的数字资源。

本书可供高等学校经济和管理类专业及相关专业本科教学使用。

图书在版编目(CIP)数据

微积分 ：经管类. 下册 / 田洁，魏瑞菊主编. 2 版. -- 北京 ：北京邮电大学出版社，2025. -- ISBN 978-7-5635-7585-5

Ⅰ. O172

中国国家版本馆 CIP 数据核字第 2025QY9331 号

策划编辑：张保林　　**责任编辑**：张保林　　**封面设计**：义和文创

Weijifen

出版发行：北京邮电大学出版社
社　　址：北京市海淀区西土城路 10 号(100876)
电话传真：010-82330190　62282185(发行部)　010-82333009　62283578(传真)
网　　址：www. buptpress3. com
电子信箱：buptpress3@163. com
经　　销：各地新华书店
印　　刷：三河市骏杰印刷有限公司
开　　本：787 mm×1 092 mm　1/16
印　　张：11
字　　数：271 千字
版　　次：2020 年 12 月第 1 版　2025 年 8 月第 2 版
印　　次：2025 年 8 月第 1 次印刷

ISBN 978-7-5635-7585-5　　　　**定价**：39. 00 元

前　言

本书是编者按照教育部高等学校大学数学课程教学指导委员会编制的《经济和管理类本科数学基础课程教学基本要求》，在认真分析、总结、吸收高等学校经管类微积分课程教学改革经验的基础上编写而成的。本书分为上、下两册，共十二章，分别为函数、极限与连续、导数与微分、微分中值定理与导数的应用、不定积分、定积分及其应用、空间解析几何与向量代数、多元函数微分学、二重积分、无穷级数、微分方程和差分方程。

在内容选择上，本书继承经典教材的优点，注重突出微积分的基本思想，强化对数学理论的应用，适当降低理论深度，并降低对解题技巧训练的要求。在内容呈现上，力求通俗易懂、循序渐进。对抽象的概念和理论，通过几何图形或实际例子将其直观化，由特殊到一般地引入概念和理论。除此之外，本书具有以下特色。

(1)注意与中学数学的衔接，增加极坐标与参数方程等内容，以帮助学生顺利实现从初等数学到高等数学的过渡。

(2)强化对学生应用数学知识的能力的培养，每章配有应用实例选讲，选取大量和经济相关的例题和习题。

(3)强化对学生应用数学软件解决数学问题的能力的培养，部分章节配有数学实验内容，介绍 MATLAB 数学软件的基本用法以及将数学知识与数学软件有机结合来解决实际问题的案例。

(4)配备了微课视频、AR 动画、常见问题释疑解难、考研真题、与数学实验同步的 Python 应用等丰富的数字资源，便于学生自主学习和拓展课外知识。

根据党的二十大报告提出的“实施科教兴国战略，强化现代化建设人才支撑”的精神，高等学校应加强基础学科、新兴学科、交叉学科的建设。数学属于基础学科，数学教材是数学知识的重要载体。根据加强教材建设的要求，为了更好地服务于数学学科建设，编者对本书进行了再版修订。在修订中，编者保留了原教材的结构和特色，结合读者反馈的意见，从以下几个方面进行了修订。

(1)在语言文字和记号方面仔细推敲，力求用词规范、符号科学合理。

(2)对个别内容进行了补充、调整,使知识结构更加完善、合理。

(3)替换了部分例题、习题,特别是增加了与经济相关的题目。

(4)为了满足考研学生的需求,按章节整理了考研真题,作为数字资源供学生选用。

(5)为满足应用不同软件解决微积分问题的需求,以二维码形式配置了用Python实现的同步数学实验。

参与本书第1版下册编写的有魏瑞菊、田洁、陈铃、刘红平、姚建丽、黄福同等,第2版下册中,第7章由魏瑞菊修订,第8章由田洁修订,第9章由陈铃修订,第10章由刘红平修订,第11章由姚建丽修订,第12章由董秀修订,数学实验部分由朱寿升修订。田洁负责统稿并对数字资源进行整理。

本书编写过程中参考的相关书籍均列于书后的参考文献中,在此向有关作者表示感谢,对在编写过程中予以支持和帮助的北京邮电大学出版社表示衷心的感谢!

由于时间仓促,书中难免有不妥之处,恳请读者给予批评指正。

编　者

课程思政目录

CONTENTS 目　　录

第 7 章　空间解析几何与向量代数　/1

第 1 节　空间直角坐标系　/1
　习题 7 - 1　/3
第 2 节　向量代数　/3
　一、向量的概念　/3
　二、向量的线性运算　/4
　三、向量的模、方向角、方向余弦　/5
　四、数量积与向量积　/6
　习题 7 - 2　/9
第 3 节　空间曲面及其方程　/10
　一、曲面方程的概念　/10
　二、旋转曲面与柱面　/11
　三、简单的二次曲面　/13
　四、平面及其方程　/14
　习题 7 - 3　/16
第 4 节　空间曲线及其方程　/16
　一、空间曲线的方程　/16
　二、空间曲线在坐标面上的投影　/17
　三、空间直线及其方程　/19
　习题 7 - 4　/21
实验 6　MATLAB 绘图　/22
　一、用 MATLAB 绘制三维图形　/22
　二、利用 MATLAB 演示旋转曲面的形成过程　/24
　三、常用统计分析图的绘制　/25
　实验题 6　/26
　总习题 7　/26

第 8 章　多元函数微分学　/29

第 1 节　多元函数的基本知识　/29
　一、平面点集　/29
　二、多元函数的概念　/31
　三、多元函数的极限　/32
　四、多元函数的连续性　/33
　习题 8 - 1　/35
第 2 节　偏导数及其经济应用　/35
　一、偏导数的定义及几何意义　/35
　二、高阶偏导数　/38
　三、偏导数在经济分析中的应用　/39
　习题 8 - 2　/40
第 3 节　全微分　/41
　一、全微分的概念　/41
　二、全微分在近似计算中的应用　/43
　习题 8 - 3　/44
第 4 节　多元复合函数的求导法则　/44
　一、中间变量为一元函数的情形　/44
　二、中间变量为多元函数的情形　/46
　三、全微分形式不变性　/47
　习题 8 - 4　/48
第 5 节　隐函数的求导方法　/49
　习题 8 - 5　/51
第 6 节　多元函数的极值及其经济应用　/52

一、二元函数的极值 /52
二、二元函数的最值 /54
三、条件极值 /55
习题 8-6 /58
实验 7 多元函数微分的 MATLAB 实现 /58
一、偏导数与全微分 /58
二、多元函数的极值 /59
三、应用举例 /61
实验题 7 /62
总习题 8 /63

第 9 章 二重积分 /65

第 1 节 二重积分的概念及性质 /65
一、二重积分的概念 /65
二、二重积分的几何意义 /67
三、二重积分的性质 /67
习题 9-1 /69
第 2 节 二重积分的计算法 /69
一、利用直角坐标计算二重积分 /69
二、利用极坐标计算二重积分 /74
三、无界区域上的广义二重积分 /78
习题 9-2 /79
实验 8 二重积分的 MATLAB 实现 /80
一、利用 MATLAB 计算二重积分 /80
二、二重积分的数值求解 /81
三、应用举例 /81
实验题 8 /83
总习题 9 /83

第 10 章 无穷级数 /85

第 1 节 常数项级数的概念和性质 /85
一、常数项级数的概念 /85
二、收敛级数的性质 /88
习题 10-1 /90
第 2 节 正项级数敛散性的判别方法 /90
习题 10-2 /94
第 3 节 任意项级数的敛散性 /95
一、交错级数的敛散性 /95
二、任意项级数的敛散性 /95
习题 10-3 /97
第 4 节 幂级数 /97
一、函数项级数的概念及性质 /97
二、幂级数及其敛散性 /98
三、幂级数的运算及和函数的性质与求法 /102
习题 10-4 /103
第 5 节 函数的幂级数展开 /103
习题 10-5 /107
实验 9 无穷级数的 MATLAB 实现 /108
一、级数求和的 MATLAB 实现 /108
二、函数展开成幂级数的 MATLAB 实现 /108
三、应用举例 /109
实验题 9 /110
总习题 10 /110

第 11 章 微分方程 /112

第 1 节 微分方程的基本概念 /112
习题 11-1 /114
第 2 节 一阶微分方程及其解法 /115
一、可分离变量的微分方程 /115
二、齐次方程 /117
三、一阶线性微分方程 /118
习题 11-2 /121
第 3 节 一阶微分方程在经济学中的应用举例 /122
习题 11-3 /125
第 4 节 可降阶的高阶微分方程 /126
一、$y^{(n)}=f(x)$型的微分方程 /126
二、$y''=f(x,y')$型的微分方程 /127

三、$y''=f(y,y')$型的微分方程　/128
习题 11-4　/129
第 5 节　二阶常系数线性微分方程　/129
一、二阶线性微分方程解的结构　/129
二、二阶常系数齐次线性微分方程　/132
三、二阶常系数非齐次线性微分方程　/134
习题 11-5　/138
实验 10　微分方程求解的 MATLAB 实现　/138
一、利用 MATLAB 求解微分方程　/138
二、应用举例　/139
实验题 10　/140
总习题 11　/140

第 12 章　差分方程　/143

第 1 节　差分方程的基本概念　/143
一、差分的概念　/143
二、差分方程的概念　/145
习题 12-1　/146
第 2 节　常系数线性差分方程　/146
一、常系数线性差分方程的解的结构　/146
二、一阶常系数齐次线性差分方程　/146
三、一阶常系数非齐次线性差分方程　/148
习题 12-2　/151
第 3 节　一阶差分方程的简单经济应用　/151
习题 12-3　/156
***第 4 节　二阶常系数线性差分方程　/156**
一、二阶常系数齐次线性差分方程　/156
二、二阶常系数非齐次线性差分方程　/157
习题 12-4　/159
实验 11　差分方程求解的 MATLAB 实现　/159
实验题 11　/161
总习题 12　/161

附录　二阶、三阶行列式简介　/163

参考文献　/167

第7章

空间解析几何与向量代数

"数"(代数)"形"(几何)结合方法中的辩证统一

在平面解析几何中，通过引入平面直角坐标系，将平面中的图形与方程对应起来，从而用代数的方法研究几何问题. 类似地，在空间解析几何中，可建立空间直角坐标系，将空间中的直线、平面、曲面等对应的方程表示出来，进而用代数的方法研究这些空间图形.

本章首先建立空间直角坐标系，并介绍向量的概念及向量的一些运算，然后介绍空间曲线和空间曲面的相关知识.

第 1 节　空间直角坐标系

首先，引入空间直角坐标系，建立空间中的点与有序数组之间的一一对应关系.

在空间中取一定点 O，过点 O 作三条两两垂直且具有相同长度单位的数轴，分别称为 **x 轴、y 轴和 z 轴**，或者称为**横轴、纵轴和竖轴**. 三条轴的正方向符合右手法则，即以右手握住 z 轴，当右手四指从 x 轴正方向以 $\frac{\pi}{2}$ 角度转向 y 轴正方向时，大拇指的指向是 z 轴的正方向，如图 7-1 所示. 这样的三条坐标轴就建立了一个**空间直角坐标系**，点 O 称为**坐标原点**(或**原点**). 通常将 x 轴和 y 轴放在水平面上，z 轴垂直于它们所确定的平面. 三条坐标轴中的任意两条可以确定一个平面，这样定出的三个平面统称为**坐标面**. 由 x 轴与 y 轴所确定的坐标面称为 xOy 面，由 y 轴与 z 轴所确定的坐标面称为 yOz 面，由 z 轴与 x 轴所确定的坐标面称为 zOx 面. 三个坐标面将空间分成八个部分，每一部分称为一个**卦限**. 在 xOy 面的上方有四个卦限，含有 x 轴、y 轴和 z 轴的正半轴的那个卦限称为第一卦限；然后从 z 轴的正方向向负方向看，按逆时针方向依次为第二、第三和第四卦限；第五至第八卦限位于 xOy 面的下方，由第一卦限之下的第五卦限起，按逆时针方向依次确定，这八个卦限分别用 Ⅰ，Ⅱ，Ⅲ，Ⅳ，Ⅴ，Ⅵ，Ⅶ，Ⅷ 表示(见图 7-2).

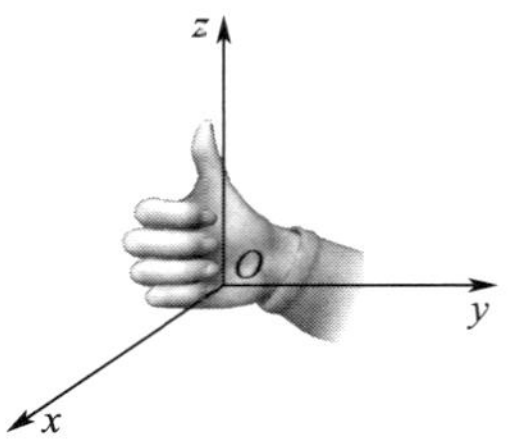

图 7-1

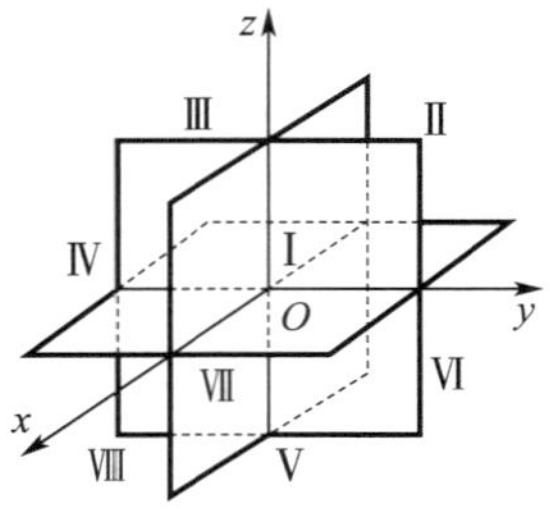

图 7-2

设 M 为空间中任意一点,过点 M 分别作垂直于 x 轴、y 轴、z 轴的平面,垂足分别记为 P、Q、R(见图 7-3). 点 P、Q、R 在相应坐标轴上的坐标依次为 x,y,z,于是,空间中的点 M 就确定了唯一的有序数组 (x,y,z);反过来,已知有序数组 (x,y,z),分别在 x 轴、y 轴和 z 轴上取坐标为 x,y,z 的点 P,Q,R,过点 P,Q 和 R 分别作垂直于 x 轴、y 轴和 z 轴的平面,这三个两两垂直的平面就交于一点 M. 可见,空间中任意一点 M 与三元有序数组 (x,y,z) 之间建立了一一对应关系. 有序数组 (x,y,z) 称为**点 M 的坐标**,记为 $M(x,y,z)$,并依次称 x,y,z 为点 M 的**横坐标、纵坐标、竖坐标**.

位于坐标面和坐标轴上的点的坐标具有一定的特征. 例如,在 xOy 面上的点的坐标为 $(x,y,0)$,即竖坐标 $z=0$;在 yOz 面上的点的横坐标 $x=0$;在 zOx 面上的点的纵坐标 $y=0$;在 x 轴上的点的坐标为 $(x,0,0)$,在 y 轴和 z 轴上的点的坐标分别为 $(0,y,0)$、$(0,0,z)$;坐标原点 O 的坐标为 $(0,0,0)$.

设空间中有两点 $P_1(x_1,y_1,z_1)$ 和 $P_2(x_2,y_2,z_2)$,过 P_1 和 P_2 各作三个分别垂直于三条坐标轴的平面. 这六个平面围成一个以 P_1P_2 为对角线的长方体(见图 7-4). 由长方体中对角线的长度与棱长的关系有 $|P_1P_2|^2=|P_1M|^2+|P_1Q|^2+|P_1N|^2=|M_1M_2|^2+|Q_1Q_2|^2+|N_1N_2|^2$,可以得到空间中两点 P_1 和 P_2 之间的距离 d 为

$$d=|P_1P_2|=\sqrt{(x_2-x_1)^2+(y_2-y_1)^2+(z_2-z_1)^2}.$$

这就是**空间两点间的距离公式**.

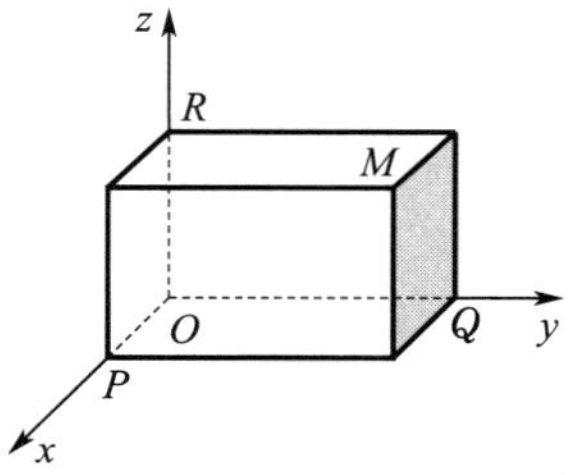

图 7-3

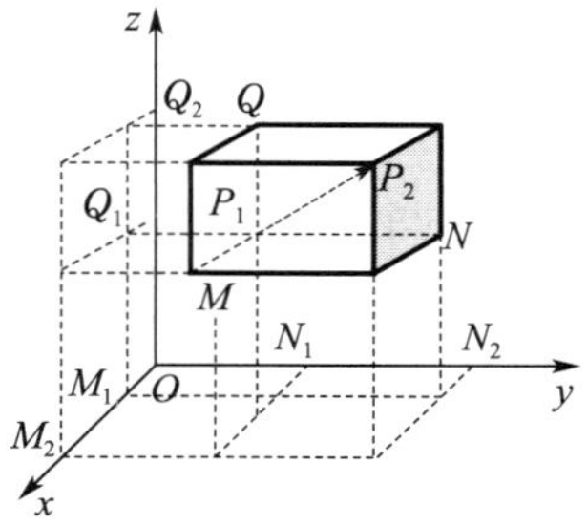

图 7-4

特别地,点 $P(x,y,z)$ 与坐标原点 O 之间的距离为

$$d=|OP|=\sqrt{x^2+y^2+z^2}.$$

例 1　求证:以点 $P(2,-1,0)$,$Q(4,1,1)$,$R(4,-5,4)$ 为顶点的三角形是一个直角三角形.

证　因为

$$|PQ|^2=(4-2)^2+(1+1)^2+(1-0)^2=9,$$
$$|PR|^2=(4-2)^2+(-5+1)^2+(4-0)^2=36,$$
$$|QR|^2=(4-4)^2+(-1-5)^2+(4-1)^2=45,$$

所以 $|QR|^2=|PQ|^2+|PR|^2$,即 $\triangle PQR$ 是一个直角三角形.

例 2　求 x 轴上与两点 $A(-1,5,3)$ 和 $B(6,2,-2)$ 等距离的点 P 的坐标.

解　由于所求的点 P 在 x 轴上,所以设点 P 的坐标为$(x,0,0)$.由题意,有

$$|PA|=|PB|;$$

由两点间的距离公式,得

$$\sqrt{(-1-x)^2+(5-0)^2+(3-0)^2}=\sqrt{(6-x)^2+(2-0)^2+(-2-0)^2}$$

解得 $x=\dfrac{9}{14}$,故所求的点 P 的坐标为$\left(\dfrac{9}{14},0,0\right)$.

习题 7－1

1. 坐标轴上的点和坐标面上的点的坐标各有什么特征?指出下列各点的位置.

$$A(3,4,0),B(0,4,3),C(3,0,0),D(0,-1,0).$$

2. 判断下列以点 P,Q,R 为顶点的三角形的类型.

(1)$P(3,-2,-3)$,$Q(7,0,1)$,$R(1,2,1)$;

(2)$P(2,4,2)$,$Q(1,3,3)$,$R(3,-1,-2)$.

3. 求点 $P(4,-2,6)$ 分别到各个坐标面及坐标轴的距离.

4. 求第 Ⅵ 卦限内一点 M 的坐标,它到三个坐标轴的距离分别为 $d_x=5$,$d_y=3\sqrt{5}$,$d_z=2\sqrt{13}$.

5. 说明方程 $y=5$ 在平面解析几何与空间解析几何中分别表示什么图形.

第 2 节　向量代数

一、向量的概念

客观世界中有这样一类量,它们**既有大小,又有方向**,如位移、速度、力、力矩等,这一类量称为**向量**(或**矢量**).

在数学上,通常用有向线段来表示向量.有向线段的长度表示向量的大小(称为向量的**模**),有向线段的方向表示向量的方向.以点 P_1 为起点、点 P_2 为终点的有向线段表示的向量,记作 $\overrightarrow{P_1P_2}$(见图 7-5),该向量的模记作 $|\overrightarrow{P_1P_2}|$.有时也用加粗的英文字母表示向量,如 $\boldsymbol{a},\boldsymbol{i},\boldsymbol{v},\boldsymbol{F}$ 等.为了书写时方便,向量也用加箭头的字母表示,如 $\vec{a},\vec{i},\vec{v},\vec{F}$ 等.

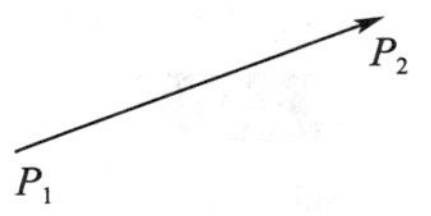

图 7-5

在实际问题中,有些向量与起点有关,有些向量与起点无关. 在本书中,只研究与起点无关的向量,并称这种向量为**自由向量**(简称向量). 如果两个向量 $\boldsymbol{a}$ 和 $\boldsymbol{b}$ 的大小相等,且方向相同,就说它们是**相等**的,记作 $\boldsymbol{a}=\boldsymbol{b}$. 也就是说,经过平移后能完全重合的向量是相等的. 如果向量 $\boldsymbol{a}$ 与向量 $\boldsymbol{b}$ 的方向相同或相反,则称向量 $\boldsymbol{a}$ 与向量 $\boldsymbol{b}$ **平行**,记作 $\boldsymbol{a}\parallel\boldsymbol{b}$.

模为1的向量称为**单位向量**. 一般地,用 $\boldsymbol{i},\boldsymbol{j},\boldsymbol{k}$ 分别表示与 x 轴、y 轴、z 轴正方向一致的单位向量,并称它们为这一坐标系的**基本单位向量**. 模为0的向量称为**零向量**,记作 $\boldsymbol{0}$ 或 $\vec{0}$. 零向量的方向可以看成是任意的. 与向量 $\boldsymbol{a}$ 的模相等、方向相反的向量称为 $\boldsymbol{a}$ 的**负向量**,记作 $-\boldsymbol{a}$.

设 $\boldsymbol{a},\boldsymbol{b}$ 是两个非零向量,在空间中任取一点 O,作 $\overrightarrow{OP}=\boldsymbol{a}$,$\overrightarrow{OR}=\boldsymbol{b}$,规定不超过 π 的 $\angle POR$ 称为**向量 $\boldsymbol{a}$ 与 $\boldsymbol{b}$ 的夹角**(见图7-6),记作 $(\widehat{\boldsymbol{a},\boldsymbol{b}})$ 或 $(\widehat{\boldsymbol{b},\boldsymbol{a}})$. 特别地,当夹角 $(\widehat{\boldsymbol{a},\boldsymbol{b}})=0$ 或 π 时,向量 $\boldsymbol{a}$ 与 $\boldsymbol{b}$ 的方向相同或相反,即两向量平行. 当 $(\widehat{\boldsymbol{a},\boldsymbol{b}})=\dfrac{\pi}{2}$ 时,称向量 $\boldsymbol{a}$ 与 $\boldsymbol{b}$ 垂直,记作 $\boldsymbol{a}\perp\boldsymbol{b}$. 由于零向量的方向可以看成是任意的,因此可以认为零向量与任何向量都平行,也可以认为零向量与任何向量都垂直.

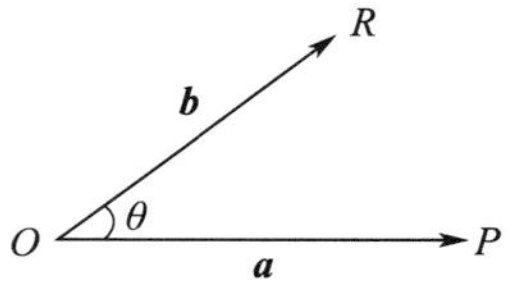

图 7-6

二、向量的线性运算

空间向量的线性运算包括向量的加减法和向量的数乘. 力学上用平行四边形定则求合力,同样可以利用平行四边形定则来定义向量的加法:将向量 $\boldsymbol{a}$ 的起点与向量 $\boldsymbol{b}$ 的起点重合,以 $\boldsymbol{a},\boldsymbol{b}$ 为邻边的平行四边形的对角线向量 $\boldsymbol{c}$ 就是向量 $\boldsymbol{a}$ 与 $\boldsymbol{b}$ 的**和**(见图7-7),记作 $\boldsymbol{c}=\boldsymbol{a}+\boldsymbol{b}$.

向量的**减法**可用加法来定义,即 $\boldsymbol{b}-\boldsymbol{a}=\boldsymbol{b}+(-\boldsymbol{a})$.

对于任意的实数 λ 与向量 $\boldsymbol{a}$,λ 与 $\boldsymbol{a}$ 的乘积称为**向量的数乘**,记作 $\lambda\boldsymbol{a}$. 它是一个向量,它的模为

$$|\lambda\boldsymbol{a}|=|\lambda|\cdot|\boldsymbol{a}|.$$

当 $\lambda>0$ 时,$\lambda\boldsymbol{a}$ 的方向与 $\boldsymbol{a}$ 相同;当 $\lambda<0$ 时,$\lambda\boldsymbol{a}$ 的方向与 $\boldsymbol{a}$ 相反;当 $\lambda=0$ 或 $\boldsymbol{a}=\boldsymbol{0}$ 时,$\lambda\boldsymbol{a}$ 为零向量.

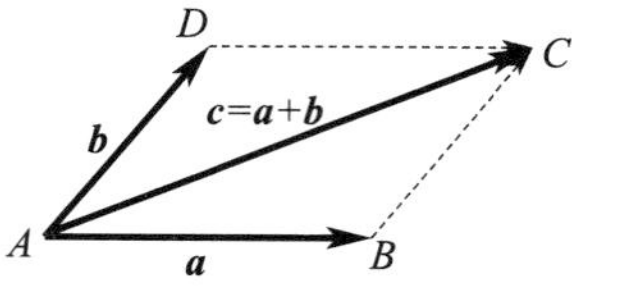

图 7-7

空间向量的线性运算满足下列运算规律.

(1) $\boldsymbol{a}+\boldsymbol{b}=\boldsymbol{b}+\boldsymbol{a}$.

(2) $(\boldsymbol{a}+\boldsymbol{b})+\boldsymbol{c}=\boldsymbol{a}+(\boldsymbol{b}+\boldsymbol{c})$.

(3) $\lambda(\mu\boldsymbol{a})=\mu(\lambda\boldsymbol{a})=(\lambda\mu)\boldsymbol{a}$,$\lambda,\mu$ 为实数.

(4) $(\lambda+\mu)\boldsymbol{a}=\lambda\boldsymbol{a}+\mu\boldsymbol{a}$;$\lambda(\boldsymbol{a}+\boldsymbol{b})=\lambda\boldsymbol{a}+\lambda\boldsymbol{b}$,$\lambda,\mu$ 为实数.

定理 1 **设向量 $\boldsymbol{a}\neq\boldsymbol{0}$,则向量 $\boldsymbol{b}$ 平行于 $\boldsymbol{a}$ 的充要条件是:存在唯一的实数 λ,使 $\boldsymbol{b}=\lambda\boldsymbol{a}$.**

证 条件的充分性显然成立,下面证明条件的必要性.

设 $\boldsymbol{b}\parallel\boldsymbol{a}$,取 $|\lambda|=\dfrac{|\boldsymbol{b}|}{|\boldsymbol{a}|}$. 当 $\boldsymbol{b}$ 与 $\boldsymbol{a}$ 同向时,λ 取正值;当 $\boldsymbol{b}$ 与 $\boldsymbol{a}$ 反向时,λ 取

负值. 于是，有 $\boldsymbol{b}=\lambda\boldsymbol{a}$. 这是因为此时 $\boldsymbol{b}$ 与 $\lambda\boldsymbol{a}$ 同向，且

$$|\lambda\boldsymbol{a}|=|\lambda||\boldsymbol{a}|=\frac{|\boldsymbol{b}|}{|\boldsymbol{a}|}|\boldsymbol{a}|=|\boldsymbol{b}|.$$

再证 λ 的唯一性. 设 $\boldsymbol{b}=\lambda\boldsymbol{a}$，又设 $\boldsymbol{b}=\mu\boldsymbol{a}$，两式相减，得

$$(\lambda-\mu)\boldsymbol{a}=\boldsymbol{0},$$

即 $|\lambda-\mu||\boldsymbol{a}|=0$. 因 $|\boldsymbol{a}|\neq 0$，故 $|\lambda-\mu|=0$，即 $\lambda=\mu$.

与平面向量的坐标表示类似，空间向量也可以用空间中点的坐标来表示. 设向量 $\overrightarrow{OM}$ 的终点为 $M(x,y,z)$（在图 7-3 中可作出向量 $\overrightarrow{OM}$），则 $\overrightarrow{OP}=x\boldsymbol{i}$，$\overrightarrow{OQ}=y\boldsymbol{j}$，$\overrightarrow{OR}=z\boldsymbol{k}$，由向量的加法可知，$\overrightarrow{OM}=x\boldsymbol{i}+y\boldsymbol{j}+z\boldsymbol{k}$，称为 $\overrightarrow{OM}$ 的坐标分解式，x,y,z 称为向量 $\overrightarrow{OM}$ 的**坐标**，记作 $\overrightarrow{OM}=(x,y,z)$.

利用向量的坐标，可得向量的加法、减法以及向量的数乘的运算如下.

设 $\boldsymbol{a}=(a_x,a_y,a_z)$，$\boldsymbol{b}=(b_x,b_y,b_z)$，$\lambda$ 为实数，有

$$\boldsymbol{a}\pm\boldsymbol{b}=(a_x\pm b_x,a_y\pm b_y,a_z\pm b_z),\quad \lambda\boldsymbol{a}=(\lambda a_x,\lambda a_y,\lambda a_z).$$

由此可见，对向量进行线性运算，只需对向量的各个坐标分别进行相应的数量运算即可.

三、向量的模、方向角、方向余弦

由于本书只研究自由向量，因此对于任一非零向量 $\boldsymbol{a}=(a_x,a_y,a_z)$，经平移后其起点与坐标原点 O 重合，作 $\overrightarrow{OM}=\boldsymbol{a}$，称它与三个坐标轴正方向的夹角 α,β,γ 为非零向量 $\boldsymbol{a}$ 的**方向角**（见图 7-8），$\cos\alpha$，$\cos\beta$，$\cos\gamma$ 称为向量 $\boldsymbol{a}$ 的**方向余弦**.

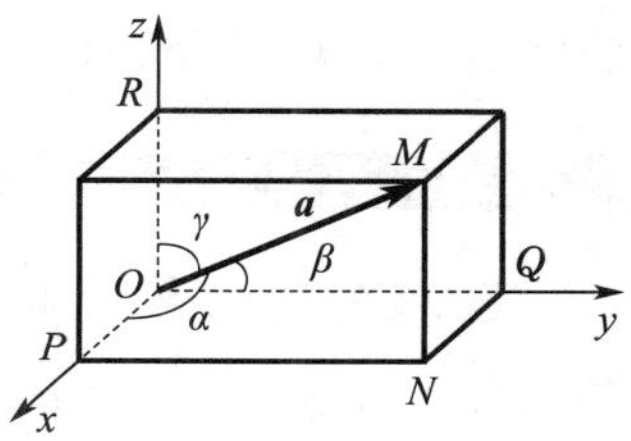

图 7-8

根据两点间的距离公式，向量 $\boldsymbol{a}$ 的模为

$$|\boldsymbol{a}|=|\overrightarrow{OM}|=|OM|=\sqrt{a_x^2+a_y^2+a_z^2}.$$

由几何关系可知，向量 $\boldsymbol{a}$ 的方向余弦为

$$\cos\alpha=\frac{a_x}{|OM|}=\frac{a_x}{|\boldsymbol{a}|}=\frac{a_x}{\sqrt{a_x^2+a_y^2+a_z^2}},$$

$$\cos\beta=\frac{a_y}{|OM|}=\frac{a_y}{|\boldsymbol{a}|}=\frac{a_y}{\sqrt{a_x^2+a_y^2+a_z^2}},$$

$$\cos\gamma=\frac{a_z}{|OM|}=\frac{a_z}{|\boldsymbol{a}|}=\frac{a_z}{\sqrt{a_x^2+a_y^2+a_z^2}}.$$

易得，$\cos^2\alpha+\cos^2\beta+\cos^2\gamma=1$. 因此，与非零向量 $\boldsymbol{a}$ 同方向的单位向量为

$$\boldsymbol{a}^0=\frac{\boldsymbol{a}}{|\boldsymbol{a}|}=\frac{1}{|\boldsymbol{a}|}(a_x,a_y,a_z)=(\cos\alpha,\cos\beta,\cos\gamma).$$

例

例 1　已知两向量 $\boldsymbol{a}=(6,-4,10)$，$\boldsymbol{b}=(3,4,-9)$，试求 $\boldsymbol{a}+2\boldsymbol{b}$，$3\boldsymbol{a}-2\boldsymbol{b}$.

解　$\boldsymbol{a}+2\boldsymbol{b}=(6,-4,10)+2(3,4,-9)$

$=(6,-4,10)+(6,8,-18)=(12,4,-8)$.

$3\boldsymbol{a}-2\boldsymbol{b}=3(6,-4,10)-2(3,4,-9)$

$=(18,-12,30)-(6,8,-18)=(12,-20,48)$.

例2 已知两点 $A(2,1,\sqrt{2})$ 和 $B(1,2,0)$,求向量$\overrightarrow{AB}$ 的模、方向余弦和方向角,并求与其同方向的单位向量.

解 $\overrightarrow{AB}=(1-2,2-1,0-\sqrt{2})=(-1,1,-\sqrt{2})$,故可得向量$\overrightarrow{AB}$ 的模为

$$|\overrightarrow{AB}|=\sqrt{(-1)^2+1^2+(-\sqrt{2})^2}=2,$$

方向余弦为

$$\cos\alpha=-\frac{1}{2},\quad \cos\beta=\frac{1}{2},\quad \cos\gamma=-\frac{\sqrt{2}}{2},$$

方向角为

$$\alpha=\frac{2\pi}{3},\quad \beta=\frac{\pi}{3},\quad \gamma=\frac{3\pi}{4}.$$

所以,与向量$\overrightarrow{AB}$ 同方向的单位向量为

$$\overrightarrow{AB}^0=\frac{\overrightarrow{AB}}{|\overrightarrow{AB}|}=\left(-\frac{1}{2},\frac{1}{2},-\frac{\sqrt{2}}{2}\right).$$

利用向量的线性运算能够解决一些简单的数学问题,但是对于稍微复杂的实际问题,如求力做的功、力矩、满足一定条件的平面方程等,就不能利用向量的线性运算解决了.下面介绍向量的两种乘法运算.

四、数量积与向量积

1.两向量的数量积

设一物体在常力 $\boldsymbol{F}$ 的作用下沿直线从点 A 移动到点 B,用 $\boldsymbol{s}$ 表示位移$\overrightarrow{AB}$.根据物理学知识,力 $\boldsymbol{F}$ 所做的功为

$$W=|\boldsymbol{F}||\boldsymbol{s}|\cos\theta,$$

其中,θ 为力 $\boldsymbol{F}$ 与位移 $\boldsymbol{s}$ 的夹角(见图7-9).由此实际背景,引入向量的一种乘法运算.

设向量 $\boldsymbol{a}$ 与 $\boldsymbol{b}$ 之间的夹角为 θ(见图7-10),则称数

$$|\boldsymbol{a}||\boldsymbol{b}|\cos\theta$$

为向量 $\boldsymbol{a}$ 与 $\boldsymbol{b}$ 的**数量积**(也称**内积**或**点积**),记作 $\boldsymbol{a}\cdot\boldsymbol{b}$,即

$$\boldsymbol{a}\cdot\boldsymbol{b}=|\boldsymbol{a}||\boldsymbol{b}|\cos\theta.$$

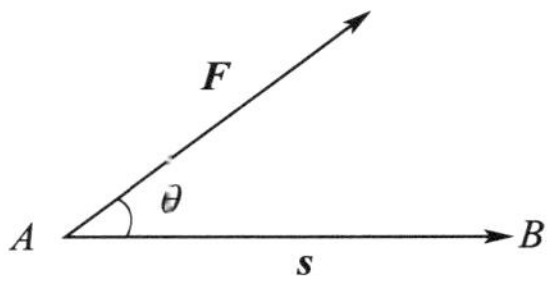

图7-9

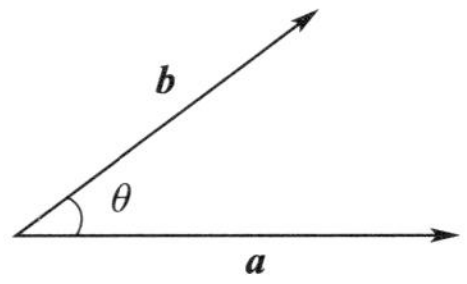

图7-10

根据数量积的定义,两向量的数量积具有下列性质.

(1)$\boldsymbol{a}\cdot\boldsymbol{a}=|\boldsymbol{a}|^2$.

因为 $\boldsymbol{a}$ 与 $\boldsymbol{a}$ 的夹角 θ 为0,所以 $\boldsymbol{a}\cdot\boldsymbol{a}=|\boldsymbol{a}|^2\cos 0=|\boldsymbol{a}|^2$.

(2)两个向量 $\boldsymbol{a}$ 和 $\boldsymbol{b}$ 互相垂直的充要条件是 $\boldsymbol{a}\cdot\boldsymbol{b}=0$.

因为 $\boldsymbol{a}\perp\boldsymbol{b}$，所以两向量的夹角 $\theta=\frac{\pi}{2}$，$\cos\theta=0$，于是 $\boldsymbol{a}\cdot\boldsymbol{b}=|\boldsymbol{a}||\boldsymbol{b}|\cos\theta=0$.

请读者尝试证明条件的充分性.

根据上述两个性质，有

$$\boldsymbol{i}\cdot\boldsymbol{i}=\boldsymbol{j}\cdot\boldsymbol{j}=\boldsymbol{k}\cdot\boldsymbol{k}=1,$$

$$\boldsymbol{i}\cdot\boldsymbol{j}=\boldsymbol{j}\cdot\boldsymbol{i}=\boldsymbol{j}\cdot\boldsymbol{k}=\boldsymbol{k}\cdot\boldsymbol{j}=\boldsymbol{k}\cdot\boldsymbol{i}=\boldsymbol{i}\cdot\boldsymbol{k}=0.$$

数量积还有下列重要的运算规律.

(1) 交换律　$\boldsymbol{a}\cdot\boldsymbol{b}=\boldsymbol{b}\cdot\boldsymbol{a}$.

(2) 分配律　$(\boldsymbol{a}+\boldsymbol{b})\cdot\boldsymbol{c}=\boldsymbol{a}\cdot\boldsymbol{c}+\boldsymbol{b}\cdot\boldsymbol{c}$.

(3) 数乘结合律　$(\lambda\boldsymbol{a})\cdot\boldsymbol{b}=\boldsymbol{a}\cdot(\lambda\boldsymbol{b})=\lambda(\boldsymbol{a}\cdot\boldsymbol{b})$，$\lambda$ 为实数.

设向量 $\boldsymbol{a}=(a_x,a_y,a_z)$ 与 $\boldsymbol{b}=(b_x,b_y,b_z)$，则 $\boldsymbol{a}=a_x\boldsymbol{i}+a_y\boldsymbol{j}+a_z\boldsymbol{k}$，$\boldsymbol{b}=b_x\boldsymbol{i}+b_y\boldsymbol{j}+b_z\boldsymbol{k}$，从而有 $\boldsymbol{a}\cdot\boldsymbol{b}=(a_x\boldsymbol{i}+a_y\boldsymbol{j}+a_z\boldsymbol{k})\cdot(b_x\boldsymbol{i}+b_y\boldsymbol{j}+b_z\boldsymbol{k})$，再由数量积的性质及运算规律可以推出，$\boldsymbol{a}$ 与 $\boldsymbol{b}$ 两个向量的**数量积的坐标表达式为**

$$\boldsymbol{a}\cdot\boldsymbol{b}=(a_x,a_y,a_z)\cdot(b_x,b_y,b_z)=a_xb_x+a_yb_y+a_zb_z.$$

根据数量积的定义，当 $\boldsymbol{a}$ 和 $\boldsymbol{b}$ 都为非零向量时，有

$$\cos\theta=\frac{\boldsymbol{a}\cdot\boldsymbol{b}}{|\boldsymbol{a}||\boldsymbol{b}|},$$

其中，θ 为向量 $\boldsymbol{a}$，$\boldsymbol{b}$ 的夹角. 将 $\boldsymbol{a}$ 与 $\boldsymbol{b}$ 的数量积的坐标表达式代入上式，得

$$\cos\theta=\frac{a_xb_x+a_yb_y+a_zb_z}{\sqrt{a_x^2+a_y^2+a_z^2}\cdot\sqrt{b_x^2+b_y^2+b_z^2}}.$$

这就是**两个向量夹角余弦的坐标表达式.**

所以，向量 $\boldsymbol{a}$ 和 $\boldsymbol{b}$ 垂直的充要条件是

$$a_xb_x+a_yb_y+a_zb_z=0.$$

例

例 3　设有一个恒力 $\boldsymbol{F}=3\boldsymbol{i}+4\boldsymbol{j}+5\boldsymbol{k}$，在其作用下质点 M 从起点 $A(2,1,0)$ 移动到终点 $B(4,6,2)$. 求力 $\boldsymbol{F}$ 对质点 M 所做的功.

解　位移为

$$\boldsymbol{s}=\overrightarrow{AB}=(2,5,2),$$

所以，力 $\boldsymbol{F}$ 做的功为

$$W=\boldsymbol{F}\cdot\boldsymbol{s}=(3,4,5)\cdot(2,5,2)=6+20+10=36.$$

2. 两向量的向量积

在研究物体的转动问题时，需要考虑作用在物体上的力所产生的力矩. 设点 O 为一杠杆的支点，力 $\boldsymbol{F}$ 作用于杠杆上点 P 处，力 $\boldsymbol{F}$ 与 $\overrightarrow{OP}$ 的夹角为 θ（见图 7-11）. 由力学知识可知，力 $\boldsymbol{F}$ 对支点 O 产生的力矩 $\boldsymbol{M}$ 是一个向量，它的模为

$$|\boldsymbol{M}|=|\overrightarrow{OQ}|\cdot|\boldsymbol{F}|=|\overrightarrow{OP}||\boldsymbol{F}|\sin\theta,$$

而 $\boldsymbol{M}$ 的方向垂直于 $\overrightarrow{OP}$ 与 $\boldsymbol{F}$ 所确定的平面. $\boldsymbol{M}$ 的方向是由右手法则确定的，即当右手的四指从 $\overrightarrow{OP}$ 以不超过 π 的角转向 $\boldsymbol{F}$ 时，大拇指的指向就是 $\boldsymbol{M}$ 的方向（见图 7-12）.

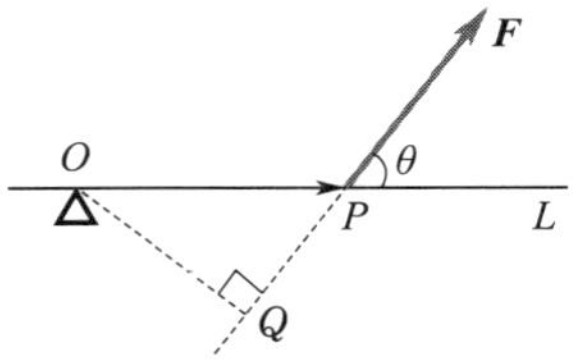

图 7-11

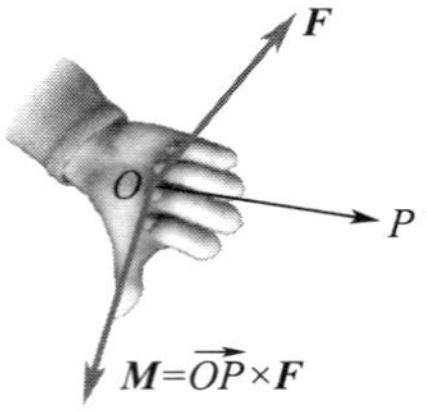

图 7-12

向量积的计算

这种由两个已知向量确定另一个新向量的方法在其他的基础课程中也经常遇到,如磁感应强度、刚体绕轴转动的速度等,由此抽象出两个向量的向量积的概念.

两个向量 $\boldsymbol{a}$ 与 $\boldsymbol{b}$ 的**向量积**(也称**外积**或**叉积**)也是一个向量,记作 $\boldsymbol{a}\times\boldsymbol{b}$,它的模与方向分别按下列规则给出.

(1) $|\boldsymbol{a}\times\boldsymbol{b}|=|\boldsymbol{a}||\boldsymbol{b}|\sin(\widehat{\boldsymbol{a},\boldsymbol{b}})$.

(2) $\boldsymbol{a}\times\boldsymbol{b}$ 的方向规定为:$\boldsymbol{a}\times\boldsymbol{b}$ 同时垂直于 $\boldsymbol{a}$ 和 $\boldsymbol{b}$,并且按照 $\boldsymbol{a},\boldsymbol{b},\boldsymbol{a}\times\boldsymbol{b}$ 的顺序符合右手法则(见图 7-13).

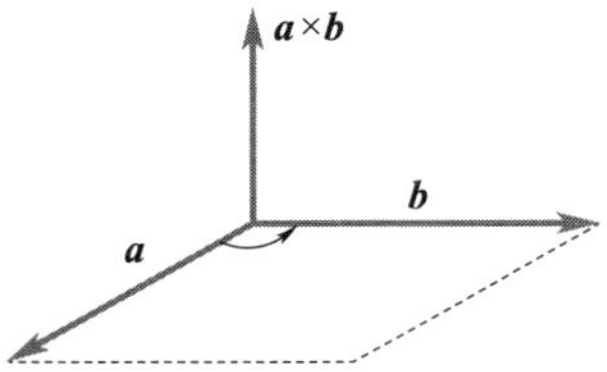

图 7-13

根据向量积的定义,力矩 $\boldsymbol{M}$ 就是 $\overrightarrow{OP}$ 与力 $\boldsymbol{F}$ 的向量积,即 $\boldsymbol{M}=\overrightarrow{OP}\times\boldsymbol{F}$.

根据向量积的定义,可推得向量积有如下性质.

(1) $\boldsymbol{a}\times\boldsymbol{a}=\boldsymbol{0}$.

(2) 两个非零向量 $\boldsymbol{a}$ 和 $\boldsymbol{b}$ 互相平行的充要条件是 $\boldsymbol{a}\times\boldsymbol{b}=\boldsymbol{0}$.

(3) 向量积 $\boldsymbol{a}\times\boldsymbol{b}$ 的模 $|\boldsymbol{a}\times\boldsymbol{b}|$ 等于以 $\boldsymbol{a},\boldsymbol{b}$ 为邻边的平行四边形(见图 7-13)的面积. 这就是向量积的几何意义.

向量运算中常见问题

特别地,对于基本单位向量,容易计算出:

$$\boldsymbol{i}\times\boldsymbol{i}=\boldsymbol{j}\times\boldsymbol{j}=\boldsymbol{k}\times\boldsymbol{k}=\boldsymbol{0},\quad \boldsymbol{i}\times\boldsymbol{j}=\boldsymbol{k},\quad \boldsymbol{j}\times\boldsymbol{k}=\boldsymbol{i},\quad \boldsymbol{k}\times\boldsymbol{i}=\boldsymbol{j},$$
$$\boldsymbol{j}\times\boldsymbol{i}=-\boldsymbol{k},\quad \boldsymbol{k}\times\boldsymbol{j}=-\boldsymbol{i},\quad \boldsymbol{i}\times\boldsymbol{k}=-\boldsymbol{j}.$$

向量积还有下列运算规律.

(1) 反交换律 $\boldsymbol{a}\times\boldsymbol{b}=-\boldsymbol{b}\times\boldsymbol{a}$.

(2) 结合律 $(\lambda\boldsymbol{a})\times\boldsymbol{b}=\boldsymbol{a}\times(\lambda\boldsymbol{b})=\lambda(\boldsymbol{a}\times\boldsymbol{b})$.

(3) 分配律 $(\boldsymbol{a}+\boldsymbol{b})\times\boldsymbol{c}=\boldsymbol{a}\times\boldsymbol{c}+\boldsymbol{b}\times\boldsymbol{c}$.

这些规律在此处不予证明.

设 $\boldsymbol{a}=(a_x,a_y,a_z)$,$\boldsymbol{b}=(b_x,b_y,b_z)$,则 $\boldsymbol{a}=a_x\boldsymbol{i}+a_y\boldsymbol{j}+a_z\boldsymbol{k}$,$\boldsymbol{b}=b_x\boldsymbol{i}+b_y\boldsymbol{j}+b_z\boldsymbol{k}$,从而有 $\boldsymbol{a}\times\boldsymbol{b}=(a_x\boldsymbol{i}+a_y\boldsymbol{j}+a_z\boldsymbol{k})\times(b_x\boldsymbol{i}+b_y\boldsymbol{j}+b_z\boldsymbol{k})$,再运用向量积的性质和运算规律,可以推导出**向量积的坐标表达式**为

$$\begin{aligned}\boldsymbol{a}\times\boldsymbol{b}&=(a_x,a_y,a_z)\times(b_x,b_y,b_z)\\&=(a_yb_z-b_ya_z,a_zb_x-b_za_x,a_xb_y-b_xa_y).\end{aligned}$$

为了帮助记忆,利用三阶行列式,上式可以写成

$$\boldsymbol{a}\times\boldsymbol{b}=\begin{vmatrix}\boldsymbol{i}&\boldsymbol{j}&\boldsymbol{k}\\a_x&a_y&a_z\\b_x&b_y&b_z\end{vmatrix}.$$

例 4　试找一个向量，使其垂直于由点 $A(1,4,6)$，$B(-2,5,-1)$，$C(1,-1,1)$ 所确定的平面.

解　由向量积的定义可知，向量 $\overrightarrow{AB}\times\overrightarrow{AC}$ 同时垂直于 $\overrightarrow{AB}$ 和 $\overrightarrow{AC}$，即垂直于由 A,B,C 三点所确定的平面. 由于 $\overrightarrow{AB}=(-3,1,-7)$，$\overrightarrow{AC}=(0,-5,-5)$，故

$$\overrightarrow{AB}\times\overrightarrow{AC}=\begin{vmatrix}\boldsymbol{i} & \boldsymbol{j} & \boldsymbol{k}\\ -3 & 1 & -7\\ 0 & -5 & -5\end{vmatrix}$$

$$=\begin{vmatrix}1 & -7\\ -5 & -5\end{vmatrix}\boldsymbol{i}-\begin{vmatrix}-3 & -7\\ 0 & -5\end{vmatrix}\boldsymbol{j}+\begin{vmatrix}-3 & 1\\ 0 & -5\end{vmatrix}\boldsymbol{k}$$

$$=-40\boldsymbol{i}-15\boldsymbol{j}+15\boldsymbol{k}.$$

所以，向量 $(-40,-15,15)$ 垂直于由已知三点所确定的平面.

实际上，该向量乘以任一非零常数，如乘以 $-\frac{1}{5}$，得到一个新向量 $(8,3,-3)$，该向量也垂直于上述平面.

例 5　求以 $A(3,0,2)$，$B(5,3,1)$，$C(0,-1,3)$ 三点为顶点的三角形的面积.

解　由于 $\overrightarrow{AB}=(2,3,-1)$，$\overrightarrow{AC}=(-3,-1,1)$，故

$$\overrightarrow{AB}\times\overrightarrow{AC}=\begin{vmatrix}\boldsymbol{i} & \boldsymbol{j} & \boldsymbol{k}\\ 2 & 3 & -1\\ -3 & -1 & 1\end{vmatrix}=2\boldsymbol{i}+\boldsymbol{j}+7\boldsymbol{k}.$$

由向量积的几何意义，$\triangle ABC$ 的面积为

$$S_{\triangle ABC}=\frac{1}{2}|\overrightarrow{AB}\times\overrightarrow{AC}|=\frac{1}{2}\sqrt{2^2+1^2+7^2}=\frac{\sqrt{54}}{2}.$$

习题 7－2

1. 设向量 $\boldsymbol{m}=\boldsymbol{a}-\boldsymbol{b}+2\boldsymbol{c}$，$\boldsymbol{n}=-2\boldsymbol{a}+3\boldsymbol{b}-\boldsymbol{c}$，试用向量 $\boldsymbol{a},\boldsymbol{b},\boldsymbol{c}$ 表示 $3\boldsymbol{m}-2\boldsymbol{n}$.
2. 求向量 $\boldsymbol{a}=(2,1,2)$ 的方向余弦和方向角.
3. 求平行于向量 $\boldsymbol{a}=(6,7,-6)$ 的单位向量.
4. 已知两个向量 $\boldsymbol{a},\boldsymbol{b}$ 满足 $|\boldsymbol{a}|=3$，$|\boldsymbol{b}|=6$，且方向相反，求 $\boldsymbol{a}\cdot\boldsymbol{b}$.
5. 设 $\boldsymbol{a},\boldsymbol{b},\boldsymbol{c}$ 为单位向量，且满足 $\boldsymbol{a}+\boldsymbol{b}+\boldsymbol{c}=0$，求 $\boldsymbol{a}\cdot\boldsymbol{b}+\boldsymbol{b}\cdot\boldsymbol{c}+\boldsymbol{c}\cdot\boldsymbol{a}$.
6. 设向量 $\boldsymbol{a}=(1,5,-2)$，$\boldsymbol{b}=(2,1,4)$，试求数 m，使 $m\boldsymbol{a}+\boldsymbol{b}$ 与 x 轴垂直.
7. 求同时垂直于向量 $\boldsymbol{a}=2\boldsymbol{i}-3\boldsymbol{j}+\boldsymbol{k}$，$\boldsymbol{b}=\boldsymbol{i}-\boldsymbol{j}+3\boldsymbol{k}$ 的单位向量.
8. 求两个向量的夹角：

(1) $\boldsymbol{a}=(4,3)$，$\boldsymbol{b}=(2,-1)$；

(2) $\boldsymbol{a}=\boldsymbol{i}+2\boldsymbol{j}-2\boldsymbol{k}$，$\boldsymbol{b}=4\boldsymbol{i}-3\boldsymbol{k}$.

*9. 已知点 $A(1,0,1)$，$B(-2,1,3)$，$C(4,2,5)$，求：

(1) 同时垂直于 $\overrightarrow{AB}$ 和 $\overrightarrow{AC}$ 的单位向量；

(2) $\triangle ABC$ 的面积；

(3) 从点 A 到边 BC 的高的长度.

10. 已知向量 $\boldsymbol{a}=(1,-2,1)$,$\boldsymbol{b}=(1,1,2)$,计算:

(1)$\boldsymbol{a}\times\boldsymbol{b}$; (2)$(2\boldsymbol{a}-\boldsymbol{b})\cdot(\boldsymbol{a}+\boldsymbol{b})$; (3) $|\boldsymbol{a}-\boldsymbol{b}|^2$.

11. 下列结论是否成立?

(1) 如果 $\boldsymbol{a}\cdot\boldsymbol{b}=0$,那么 $\boldsymbol{a}=\boldsymbol{0}$ 或 $\boldsymbol{b}=\boldsymbol{0}$;

(2) $(\boldsymbol{a}\cdot\boldsymbol{b})\cdot\boldsymbol{c}=\boldsymbol{a}\cdot(\boldsymbol{b}\cdot\boldsymbol{c})$;

(3) 如果 $\boldsymbol{a}\neq\boldsymbol{0}$,且 $\boldsymbol{a}\cdot\boldsymbol{c}=\boldsymbol{a}\cdot\boldsymbol{b}$,那么 $\boldsymbol{c}=\boldsymbol{b}$;

(4) 如果 $\boldsymbol{a}\neq\boldsymbol{0}$,且 $\boldsymbol{a}\times\boldsymbol{c}=\boldsymbol{a}\times\boldsymbol{b}$,那么 $\boldsymbol{c}=\boldsymbol{b}$.

第3节　空间曲面及其方程

一、曲面方程的概念

在生活和生产中,我们会遇到各种曲面,如反光镜的镜面、一些建筑物的外表面等,这些曲面根据实际需要而被设计成不同的形状.本节将介绍几类常见的曲面.

在平面解析几何中,将平面曲线看作动点的几何轨迹,并建立了平面曲线的方程.与此类似,在空间解析几何中,任何曲面也可以看作动点的几何轨迹,并可以根据相应的条件建立曲面的方程.

如果曲面 S 与三元方程

$$F(x,y,z)=0 \tag{7-1}$$

有下述关系:

(1) 曲面 S 上任一点的坐标都满足方程(7-1);

(2) 不在曲面 S 上的点的坐标都不满足方程(7-1),

那么方程(7-1)就称为**曲面 S 的方程**,而曲面 S 就称为方程(7-1)的**图形**.

在空间解析几何中,关于曲面的研究有下列两个基本问题.

(1) 已知一曲面作为点的几何轨迹,建立该曲面的方程.

(2) 已知一个三元方程,研究该方程所表示的曲面的形状.

例1　建立球心在点 $M_0(x_0,y_0,z_0)$、半径为 R 的球面方程.

解　设 $M(x,y,z)$ 是球面上任意一点(见图7-14),则

$$|M_0M|=R,$$

即

$$\sqrt{(x-x_0)^2+(y-y_0)^2+(z-z_0)^2}=R$$

或

$$(x-x_0)^2+(y-y_0)^2+(z-z_0)^2=R^2. \tag{7-2}$$

球面上所有点的坐标都满足方程(7-2),而不在球面上的点,与 M_0 的距离都不等于 R,因此其坐标都不满足方程(7-2).所以方程(7-2)就是球心在点 $M_0(x_0,y_0,z_0)$、半径为 R 的球面方程.

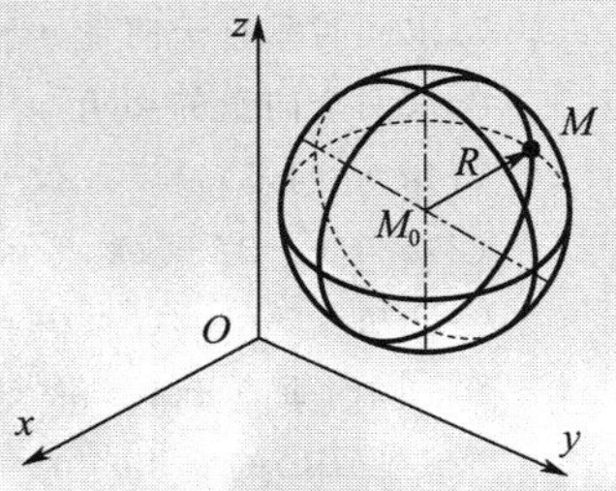

图7-14

特别地，当 $x_0=y_0=z_0=0$ 时，得到球心在坐标原点的球面方程为

$$x^2+y^2+z^2=R^2.$$

球面的一般方程为

$$Ax^2+Ay^2+Az^2+Dx+Ey+Fz+G=0\quad(A\neq 0).\tag{7-3}$$

这是一个三元二次方程，其特点是缺 xy、yz、zx 项，且二次项的系数相等.

例 2　设有两定点 $A(-1,0,4)$ 和 $B(1,2,-1)$，求与点 A,B 等距离的点的轨迹方程.

解　设动点为 $M(x,y,z)$，由题意得

$$|MA|=|MB|,$$

则 $$\sqrt{(x+1)^2+(y-0)^2+(z-4)^2}=\sqrt{(x-1)^2+(y-2)^2+(z+1)^2},$$

两端平方，化简得轨迹方程为

$$4x+4y-10z+11=0.$$

下面以旋转曲面和柱面作为研究两个基本问题的例子.

二、旋转曲面与柱面

1. 旋转曲面

一条平面曲线绕该平面内的一条定直线旋转一周而形成的曲面称为**旋转曲面**. 这条定直线称为旋转曲面的**轴**，动曲线称为旋转曲面的**母线**. 例如，球面就是圆绕其直径旋转形成的旋轴曲面.

设在 yOz 面内有一已知曲线 C，它的方程为

$$f(y,z)=0,$$

将该曲线绕 z 轴旋转一周，就得到一个以 z 轴为旋转轴的旋转曲面(见图 7-15). 下面求这个曲面的方程.

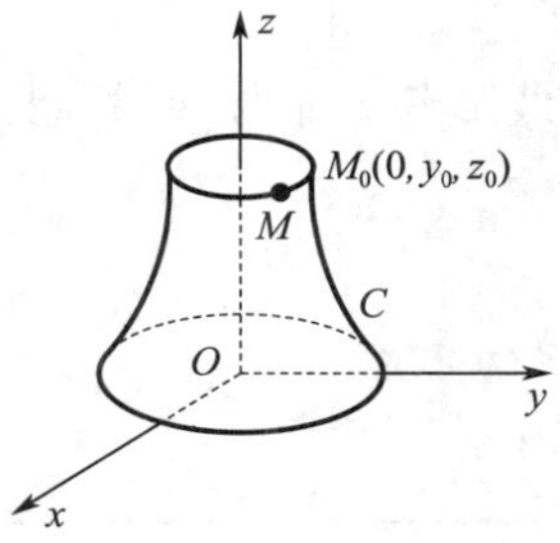

图 7-15

设 $M_0(0,y_0,z_0)$ 是曲线 C 上任意一点，则有

$$f(y_0,z_0)=0.$$

当曲线 C 绕 z 轴旋转时，点 M_0 也绕 z 轴旋转到点 $M(x,y,z)$，易知 $z=z_0$，点 M 到 z 轴的距离为

$$d=\sqrt{x^2+y^2}=|y_0|.$$

将 $z=z_0, y_0=\pm\sqrt{x^2+y^2}$ 代入 $f(y_0,z_0)=0$，得旋转曲面的方程为

$$f(\pm\sqrt{x^2+y^2},z)=0.\tag{7-4}$$

由这个方程可以看出，将 yOz 面内的已知曲线 C 绕 z 轴旋转时，曲线方程中的 z 不变，只需将曲线 C 的方程 $f(y,z)=0$ 中的 y 以 $\pm\sqrt{x^2+y^2}$ 代替，即可得到曲线 C 绕 z 轴旋转所形成的旋转曲面的方程.

同理，曲线 C 绕 y 轴旋转所形成的旋转曲面的方程为

$$f(y,\pm\sqrt{x^2+z^2})=0.\tag{7-5}$$

例

例3 求 xOz 面上的双曲线 $-\dfrac{x^2}{a^2}+\dfrac{z^2}{c^2}=1$ 分别绕 x 轴和 z 轴旋转一周所形成的旋转曲面的方程.

解 所给双曲线绕 x 轴旋转时,将方程中的 z^2 用 y^2+z^2 代替,得**单叶双曲面**(见图 7-16) 的方程

$$-\frac{x^2}{a^2}+\frac{y^2+z^2}{c^2}=1.$$

同理,所给双曲线绕 z 轴旋转一周所形成的**双叶双曲面**(见图 7-17) 的方程为

$$-\frac{x^2+y^2}{a^2}+\frac{z^2}{c^2}=1.$$

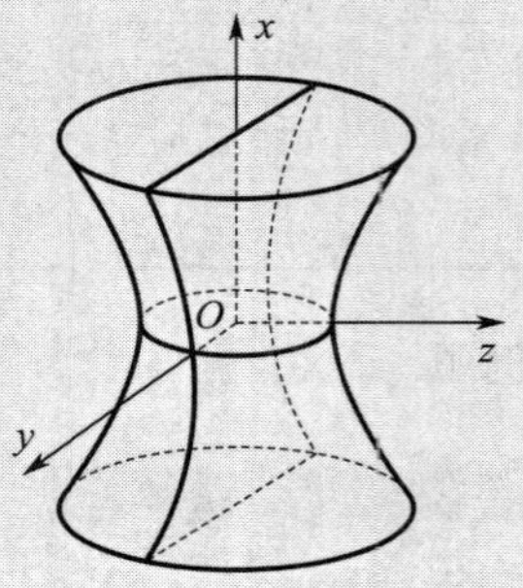

图 7-16

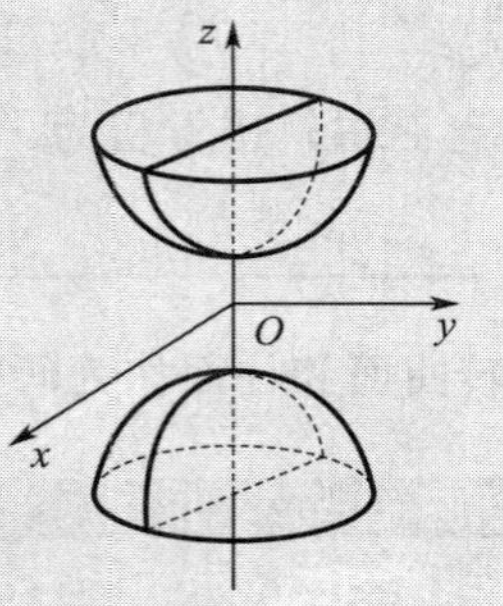

图 7-17

例4 一直线 L 绕另一条与直线 L 相交的直线旋转一周,所得旋转曲面称为**圆锥面**. 试建立顶点在坐标原点 O、旋转轴为 z 轴的圆锥面(见图 7-18) 的方程.

解 如图 7-18 所示,直线 L 在 yOz 面上,可得直线 L 的方程为

$$z = y\cot\alpha. \tag{7-6}$$

由于直线 L 绕 z 轴旋转,故圆锥面的方程为

$$z = \pm\sqrt{x^2+y^2}\cot\alpha$$

或

$$z^2 = a^2(x^2+y^2), \tag{7-7}$$

其中,$a=\cot\alpha$.

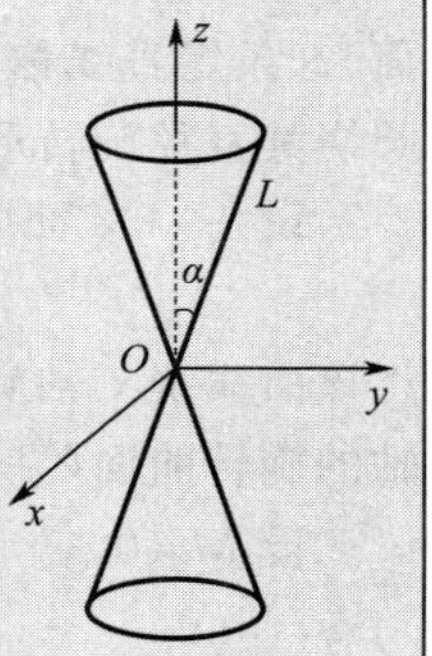

图 7-18

2. 柱面

一直线 L 沿一定曲线 C 平行移动所形成的轨迹,称为**柱面**. 动直线 L 称为柱面的**母线**,定曲线 C 称为柱面的**准线**.

例如,方程 $x^2+y^2=R^2$ 表示一个柱面,它表示母线平行于 z 轴的柱面,准线是 xOy 面上的一个以坐标原点为圆心、半径为 R 的圆(见图 7-19),这个柱面称为**圆柱面**. 类似地,$y^2+z^2=R^2$,$z^2+x^2=R^2$ 均为圆柱面,请读者分析其母线和准线.

又如,方程 $y^2=2x$ 表示母线平行于 z 轴,准线是 xOy 面上的抛物线 $y^2=2x$ 的柱面,这个柱面称为**抛物柱面**(见图 7-20).

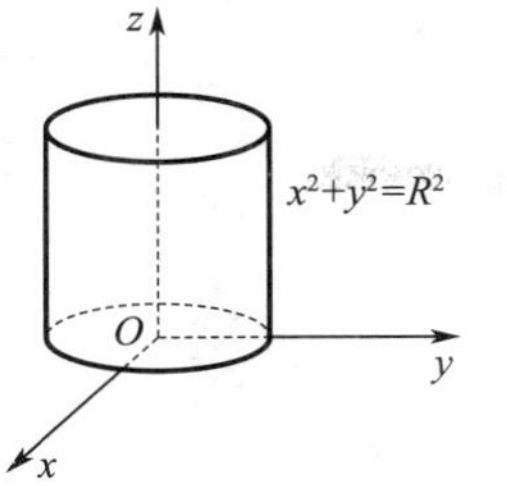

图 7-19

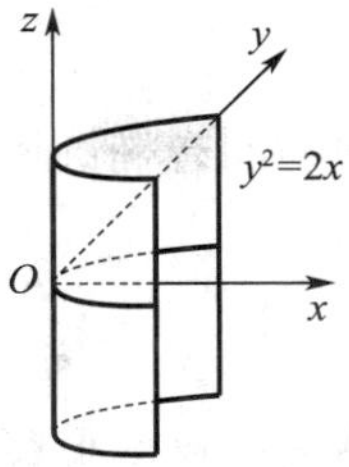

图 7-20

一般来说，不完全的三元方程(即 x,y,z 不同时出现的方程)在空间直角坐标系中表示柱面. 方程 $f(x,y)=0$ 只含 x,y 而不含 z，在空间中就表示母线平行于 z 轴的柱面，准线是 xOy 面上的曲线 $f(x,y)=0$. 同理，方程 $f(y,z)=0$ 表示母线平行于 x 轴的柱面；方程 $f(x,z)=0$ 表示母线平行于 y 轴的柱面.

三、简单的二次曲面

在空间解析几何中，三元方程 $F(x,y,z)=0$ 一般表示曲面. 若 $F(x,y,z)=0$ 为一次代数方程，则它表示的曲面为**一次曲面**，即后面将要介绍的平面；若 $F(x,y,z)=0$ 为二次代数方程，则它所表示的曲面称为**二次曲面**. 除熟悉的球面及圆柱面外，下面再介绍一些常用的二次曲面的方程和图形.

曲面方程的常见问题

1. 椭球面

由方程

$$\frac{x^2}{a^2}+\frac{y^2}{b^2}+\frac{z^2}{c^2}=1 \quad (a>0,b>0,c>0) \tag{7-8}$$

所确定的曲面称为**椭球面**(见图 7-21)，a,b,c 称为椭球面的半轴. 椭球面关于三个坐标面、三条坐标轴、坐标原点都对称.

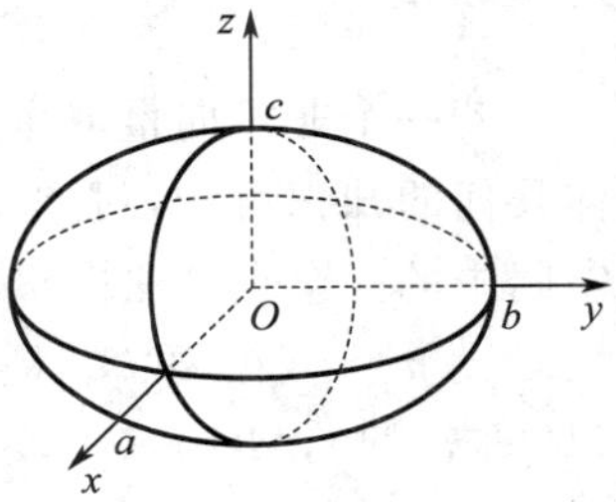

图 7-21

特别地，当 a,b,c 中有两个相等时，方程(7-8)表示一个旋转椭球面. 如当 $a=b\neq c$ 时，方程 $\frac{x^2}{a^2}+\frac{y^2}{a^2}+\frac{z^2}{c^2}=1$ 表示一个旋转椭球面；当 $a=b=c$ 时，方程 $\frac{x^2}{a^2}+\frac{y^2}{a^2}+\frac{z^2}{a^2}=1$ 表示一个球心在坐标原点、半径为 a 的**球面**.

2. 双曲面

双曲面按图形的特点分为单叶双曲面和双叶双曲面.

由方程

$$-\frac{x^2}{a^2}+\frac{y^2}{b^2}+\frac{z^2}{c^2}=1 \quad (a>0,b>0,c>0) \tag{7-9}$$

所确定的曲面称为**单叶双曲面**(图形参考图 7-16).

由方程

$$-\frac{x^2}{a^2}-\frac{y^2}{b^2}+\frac{z^2}{c^2}=1 \quad (a>0,b>0,c>0) \tag{7-10}$$

所确定的曲面称为**双叶双曲面**(图形参考图7-17).

3. 抛物面

常见的抛物面有椭圆抛物面和双曲抛物面.

由方程

$$z=\frac{x^2}{a^2}+\frac{y^2}{b^2}\quad(a>0,b>0) \tag{7-11}$$

所确定的曲面称为**椭圆抛物面**(见图7-22).

由方程

$$z=\frac{x^2}{a^2}-\frac{y^2}{b^2}\quad(a>0,b>0) \tag{7-12}$$

所确定的曲面称为**双曲抛物面**(见图7-23).

注 双曲抛物面的图形形状很像马鞍,因此也称为**马鞍面**.

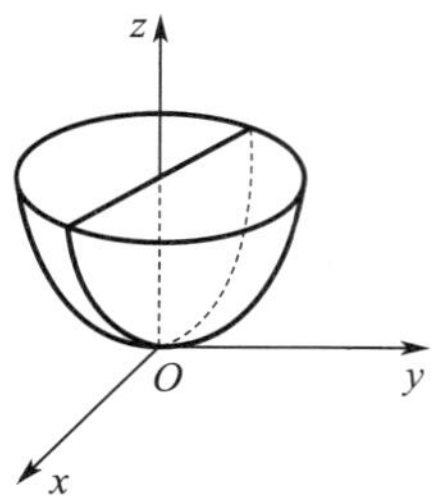

图 7-22

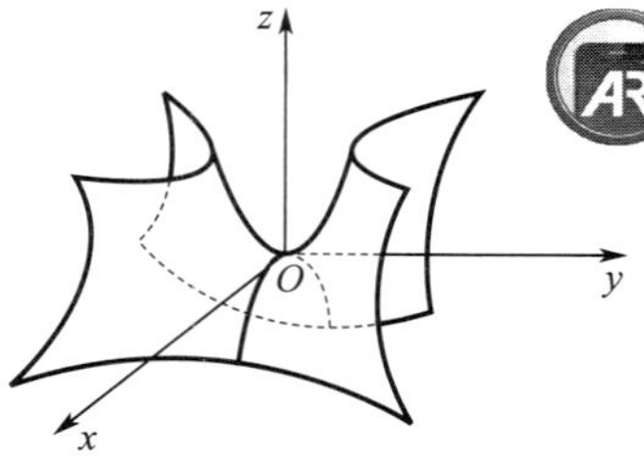

图 7-23

四、平面及其方程

1. 平面的点法式方程

若一个非零向量 $\boldsymbol{n}$ 垂直于平面 Π,则称向量 $\boldsymbol{n}$ 为平面 Π 的一个**法向量**. 由立体几何的知识可知,过空间一点有且仅有一个平面与已知直线垂直. 因此,已知空间中的一个点和法向量就可以确定唯一的平面.

平面的几种特殊方程

设 $\boldsymbol{n}=(A,B,C)$ 是平面 Π 的一个法向量(见图7-24),$M_0(x_0,y_0,z_0)$ 是平面 Π 上的一个定点. 下面建立平面 Π 的方程.

设 $M(x,y,z)$ 为平面 Π 上的任意一点,由于 $\boldsymbol{n}\perp\Pi$,因此 $\boldsymbol{n}\perp\overrightarrow{M_0M}$,故有 $\boldsymbol{n}\cdot\overrightarrow{M_0M}=0$.

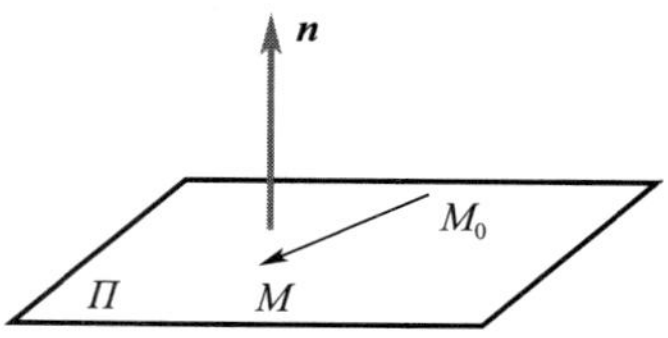

图 7-24

由于

$$\overrightarrow{M_0M}=(x-x_0,y-y_0,z-z_0),$$

故由数量积的坐标表达式可得

$$A(x-x_0)+B(y-y_0)+C(z-z_0)=0. \tag{7-13}$$

由于平面 Π 上任意一点 $M(x,y,z)$ 满足方程(7-13),而不在平面 Π 上的点都不满足方程(7-13),因此方程(7-13)就是平面 Π 的方程.

由于方程(7-13)是由平面内的一个定点 $M_0(x_0,y_0,z_0)$ 和法向量 $\boldsymbol{n}=(A,B,C)$ 所确定的,因此方程(7-13)称为**平面 Π 的点法式方程**.

例 5　求通过点 $M_0(2,4,-1)$、以 $\boldsymbol{n}=(2,3,4)$ 为法向量的平面方程.

解　由平面的点法式方程,得

$$2\cdot(x-2)+3\cdot(y-4)+4\cdot(z+1)=0,$$

化简整理,得

$$2x+3y+4z-12=0.$$

例 6　求过三点 $A(1,-1,0)$,$B(2,3,-1)$,$C(-1,0,2)$ 的平面方程.

解　设所求平面的法向量为 $\boldsymbol{n}$,因为 $\boldsymbol{n}\perp\overrightarrow{AB}$,$\boldsymbol{n}\perp\overrightarrow{AC}$,所以可取 $\boldsymbol{n}=\overrightarrow{AB}\times\overrightarrow{AC}$. 而 $\overrightarrow{AB}=(1,4,-1)$,$\overrightarrow{AC}=(-2,1,2)$,故

$$\boldsymbol{n}=\overrightarrow{AB}\times\overrightarrow{AC}=\begin{vmatrix}\boldsymbol{i}&\boldsymbol{j}&\boldsymbol{k}\\1&4&-1\\-2&1&2\end{vmatrix}$$

$$=\begin{vmatrix}4&-1\\1&2\end{vmatrix}\boldsymbol{i}-\begin{vmatrix}1&-1\\-2&2\end{vmatrix}\boldsymbol{j}+\begin{vmatrix}1&4\\-2&1\end{vmatrix}\boldsymbol{k}=9\boldsymbol{i}+9\boldsymbol{k}.$$

又平面过点 $A(1,-1,0)$,由平面的点法式方程,得

$$9\cdot(x-1)+0\cdot(y+1)+9\cdot(z-0)=0,$$

化简整理,得

$$x+z-1=0.$$

2. 平面的一般方程

把平面的点法式方程(7-13)展开,得

$$Ax+By+Cz-(Ax_0+By_0+Cz_0)=0,$$

令 $D=-(Ax_0+By_0+Cz_0)$,得

$$Ax+By+Cz+D=0\ (A,B,C\text{ 不全为零}). \tag{7-14}$$

反之,对给定的三元一次方程(7-14),假设 x_0,y_0,z_0 满足方程(7-14),即 $Ax_0+By_0+Cz_0+D=0$,将它与式(7-14)相减,得

$$A(x-x_0)+B(y-y_0)+C(z-z_0)=0.$$

由此可见,方程(7-14)表示过点 $M_0(x_0,y_0,z_0)$,且以 $\boldsymbol{n}=(A,B,C)$ 为法向量的平面方程.

称方程(7-14)为**平面的一般方程**. 其中,向量 (A,B,C) 为该平面的一个法向量. 特别地,当 $D=0$ 时,对应的平面过坐标原点;当 $A=D=0$ 时,对应的平面过 x 轴.

如例 6 中,也可以设平面的一般方程为 $Ax+By+Cz+D=0$,代入三个已知点的坐标也可求出该平面方程.

有时,为了方便作图,需要对平面方程进行变形,如例 5 中可以将平面方程变形为

$$\frac{x}{6}+\frac{y}{4}+\frac{z}{3}=1.$$

通过赋值可以得到平面与三个坐标轴的交点,连接三个交点即可作出平面图形.

一般地,称形如

求平面方程中常见问题

$$\frac{x}{a}+\frac{y}{b}+\frac{z}{c}=1 \quad (abc \neq 0) \tag{7-15}$$

的方程为**平面的截距式方程**,其中 a,b,c 分别称为平面在 x 轴,y 轴,z 轴上的**截距**.

习题 7-3

1. 建立以点 $(1,3,-2)$ 为球心,且通过坐标原点的球面方程.

2. 求下列球面的球心和半径.

(1) $x^2+y^2+z^2-2x=0$;　　(2) $2x^2+2y^2+2z^2-5y-8=0$.

3. 求下列旋转曲面的方程.

(1) xOy 面上的抛物线 $y^2=2x$ 绕 x 轴旋转一周;

(2) xOz 面上的半圆 $z=\sqrt{4-x^2}$ 绕 z 轴旋转一周;

(3) xOy 面上的椭圆 $4x^2+9y^2=36$ 分别绕 x 轴及 y 轴旋转一周;

(4) yOz 面上的直线 $z=y$ 绕 z 轴旋转一周.

4. 指出下列方程中哪些表示旋转曲面,以及这些旋转曲面分别是怎样生成的.

(1) $\frac{x^2}{4}-\frac{y^2}{9}-\frac{z^2}{9}=1$;　　(2) $x^2+y^2+z^2=9$;　　(3) $x^2-\frac{y^2}{4}+z^2=1$;

(4) $5z=x^2+y^2$;　　(5) $z=\sqrt{x^2+y^2}$.

5. 指出下列方程在平面解析几何与空间解析几何中分别表示什么图形.

(1) $x^2+y^2=4$;　　(2) $y^2=8x$;　　(3) $\frac{x^2}{9}+\frac{y^2}{16}=1$.

6. 对三元一次方程 $Ax+By+Cz+D=0$,试讨论:

(1) 当方程中有一个系数为零时,平面有什么特点?

(2) 当方程中有两个系数为零时,平面有什么特点?

7. 求过点 $A(3,0,-2)$ 且与平面 $3x-y+4z+10=0$ 平行的平面方程.

8. 求通过 y 轴且垂直于平面 $2x+y-z+5=0$ 的平面方程.

9. 求满足下列条件的平面方程.

(1) 过坐标原点且与向量 $(1,-2,5)$ 垂直;

(2) 过点 $(1,4,6)$,$(-2,5,-1)$ 和 $(1,-1,1)$;

(3) 过点 $(1,5,1)$ 且与两平面 $2x+y-2z=2$ 及 $x+3z=4$ 垂直;

(4) 过两点 $(0,-2,5)$ 和 $(1,5,1)$ 且与平面 $5x+4y-2z=0$ 垂直.

10. 画出下列各曲面的图形.

(1) $2x-3y+4z=12$;　　(2) $\left(x-\frac{a}{2}\right)^2+y^2=\frac{a^2}{4}$;　　(3) $z=\sqrt{x^2+y^2}$;

(4) $z=\sqrt{9-x^2-y^2}$;　　(5) $2z=x^2+y^2$.

第4节　空间曲线及其方程

一、空间曲线的方程

1. 空间曲线的一般方程

空间曲线可以看作两个曲面的交线. 设两个曲面的方程分别为

$$F(x,y,z)=0 \quad 和 \quad G(x,y,z)=0,$$

它们的交线为 C,则曲线 C 上的点同时在这两个曲面上,它的坐标必同时满足这两个曲面的方程. 反之,坐标同时满足这两个方程的点一定在这两曲面的交线 C 上. 因此,方程组

$$\begin{cases}F(x,y,z)=0,\\G(x,y,z)=0\end{cases} \tag{7-16}$$

为空间曲线 C 的方程,称为**空间曲线 C 的一般方程**.

例

例 1　求 xOy 面上以坐标原点为圆心的单位圆在空间直角坐标系中的方程.

解　求该曲线的方程,只要找出通过它的两个曲面的方程即可. 先选 xOy 面作为其中的一个曲面,其方程是 $z=0$;再选圆柱面 $x^2+y^2=1$ 作为另一个曲面. 因此,该单位圆的方程可以写为

$$\begin{cases}x^2+y^2=1,\\z=0.\end{cases}$$

显然,这个圆还可以看作 xOy 面与球心在坐标原点、半径为 1 的球面的交线. 因此,该圆的方程又可以写为

$$\begin{cases}x^2+y^2+z^2=1,\\z=0.\end{cases}$$

这两个方程组形式不一样,但表示同一条曲线. 由于通过此圆的曲面有无数个,任意过此圆的两个不同的曲面的方程,联立起来都表示该曲线的方程,因此空间曲线的表示法不唯一.

2. 空间曲线的参数方程

空间曲线除可以用一般方程表示外,还可以用参数方程表示. 只要将空间曲线 C 上的动点的坐标 x,y,z 都表示成参数 t 的函数,即

$$\begin{cases}x=x(t),\\y=y(t),\\z=z(t),\end{cases} \tag{7-17}$$

每给定一个 t 值,就得到一组 x,y,z 的值,对应曲线 C 上的一点 $P(x,y,z)$. 当 t 在某个范围内连续变化时,点 P 就描绘出曲线 C. 方程组(7-17) 称为**空间曲线的参数方程**.

二、空间曲线在坐标面上的投影

设空间曲线 C 的一般方程为式(7-16).

由方程组(7-16) 消去变量 z,得到一个不含 z 的方程,设为

$$f(x,y)=0. \tag{7-18}$$

方程(7-18) 表示一个母线平行于 z 轴的柱面. 由于此柱面方程是从曲线 C 的一般方程(7-16) 得到的,因此曲线 C 上点的坐标一定满足方程(7-18),即曲线 C 在该柱面上. 所以,此柱面可以看作以曲线 C 为准线、母线平行于 z 轴的柱面.

空间曲线在坐标面上的投影

称此柱面为曲线 C 关于 xOy 面的**投影柱面**,它与 xOy 面的交线称为曲线 C 在 xOy 面上的**投影曲线**,简称**投影**. 由于 xOy 面的方程为 $z=0$,所以曲线 C 在 xOy 面上的投影曲线的方程为

$$\begin{cases} f(x,y)=0, \\ z=0. \end{cases} \tag{7-19}$$

同理,如果要得到曲线 C 在 yOz 面和 zOx 面上的投影曲线的方程,可从方程组(7-16)中分别消去 x 和 y,得到曲线 C 关于 yOz 面和 zOx 面的投影柱面分别为

$$g(y,z)=0 \quad \text{和} \quad h(x,z)=0,$$

因此,曲线 C 在 yOz 面和 zOx 面上的投影曲线的方程分别为

$$\begin{cases} g(y,z)=0, \\ x=0 \end{cases} \quad \text{和} \quad \begin{cases} h(x,z)=0, \\ y=0. \end{cases}$$

例 2 求曲线 $\begin{cases} x^2+y^2+z^2=1, \\ z=\dfrac{1}{2} \end{cases}$ 在三个坐标面上的投影曲线的方程.

解 消去方程组中的变量 z,得曲线关于 xOy 面的投影柱面的方程为

$$x^2+y^2=\frac{3}{4},$$

因此,该曲线在 xOy 面上的投影曲线的方程为

$$\begin{cases} x^2+y^2=\dfrac{3}{4}, \\ z=0. \end{cases}$$

由于曲线在平面 $z=\dfrac{1}{2}$ 上,此平面垂直于 yOz 面,则平面 $z=\dfrac{1}{2}$ 就是该曲线关于 yOz 面的投影柱面,所以该曲线在 yOz 面上的投影曲线的方程为

$$\begin{cases} z=\dfrac{1}{2}, \\ x=0 \end{cases} \quad \left(-\frac{\sqrt{3}}{2}\leqslant y\leqslant\frac{\sqrt{3}}{2}\right).$$

同理可得,该曲线在 zOx 面上的投影曲线的方程为

$$\begin{cases} z=\dfrac{1}{2}, \\ y=0 \end{cases} \quad \left(-\frac{\sqrt{3}}{2}\leqslant x\leqslant\frac{\sqrt{3}}{2}\right).$$

在重积分的计算中,往往需要确定一个立体或曲面在坐标面上的投影,这时就要用到投影柱面和投影曲线.

例 3 求旋转抛物面 $y=x^2+z^2(0\leqslant y\leqslant 4)$ 在 zOx 面上的投影.

解 令 $y=4$,得 $x^2+z^2=4$,它表示一个母线平行于 y 轴的圆柱面,容易看出,该圆柱面恰好是交线 C: $\begin{cases} y=x^2+z^2, \\ y=4 \end{cases}$ 关于 zOx 面的投影柱面,因此交线 C 在 zOx 面上的投

影曲线的方程为$\begin{cases}x^2+z^2=4,\\ y=0.\end{cases}$它表示 zOx 面上的一个圆. 所以,旋转抛物面 $y=x^2+z^2(0\leqslant y\leqslant 4)$ 在 zOx 面上的投影就是该圆在 zOx 面上所围的部分:

$$\begin{cases}x^2+z^2\leqslant 4,\\ y=0.\end{cases}$$

三、空间直线及其方程

1. 空间直线的对称式方程

一个平行于已知直线的非零向量称为已知直线的**方向向量**. 直线上的任一向量都平行于它的方向向量.

由立体几何可知,过空间中一点可以唯一地作一条直线与已知直线平行. 所以,当直线 L 上的一点 $M_0(x_0,y_0,z_0)$ 和它的一个方向向量 $\boldsymbol{s}=(m,n,p)$ 已知时,直线 L 的位置就确定了. 现在来建立这条直线的方程.

设点 $M(x,y,z)$ 为直线 L 上任意一点,则向量 $\overrightarrow{M_0M}$ 与直线 L 的方向向量 $\boldsymbol{s}$ 平行(见图 7-25). 所以两向量 $\overrightarrow{M_0M}$ 与 $\boldsymbol{s}$ 的对应坐标成比例. 又 $\overrightarrow{M_0M}=(x-x_0,y-y_0,z-z_0)$,因此有

$$\frac{x-x_0}{m}=\frac{y-y_0}{n}=\frac{z-z_0}{p}. \tag{7-20}$$

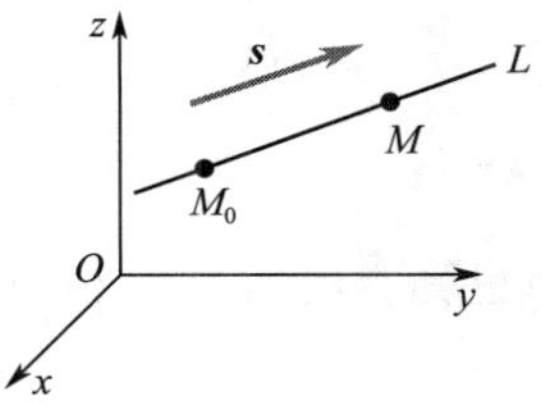

图 7-25

反之,如果点 M 不在直线 L 上,那么 $\overrightarrow{M_0M}$ 与 $\boldsymbol{s}$ 不平行,这两个向量对应的坐标就不成比例. 因此,方程(7-20)就是直线 L 的方程,称为直线的**对称式方程**或**点向式方程**. 直线的任一方向向量 $\boldsymbol{s}$ 的坐标 m,n,p 称为这条直线的一组**方向数**.

注意:在方程(7-20)中,如果分母 m,n,p 中有等于零的数,那么方程应理解为对应的分子也为零.

(1) 若有一个分母为零,如 $m=0$,而 $n,p\neq 0$,则方程应理解为

$$\begin{cases}x-x_0=0,\\ \dfrac{y-y_0}{n}=\dfrac{z-z_0}{p};\end{cases}$$

(2) 若有两个分母为零,如 $m=n=0$,而 $p\neq 0$,则方程应理解为

$$\begin{cases}x-x_0=0,\\ y-y_0=0.\end{cases}$$

在直线的对称式方程(7-20)中,令

$$\frac{x-x_0}{m}=\frac{y-y_0}{n}=\frac{z-z_0}{p}=t,$$

则有
$$\begin{cases} x = x_0 + mt, \\ y = y_0 + nt, \\ z = z_0 + pt. \end{cases} \tag{7-21}$$
方程组(7-21)称为直线的**参数方程**.

例

例4 求过两点 $A(2,4,-3)$ 与 $B(2,-1,1)$ 的直线的方程.

解 由于直线过点 A,B,故可取直线的方向向量为
$$\boldsymbol{s} = \overrightarrow{AB} = (0,-5,4).$$
由于点 A 为直线上的一点,故由式(7-20)可得所求直线的对称式方程为
$$\frac{x-2}{0} = \frac{y-4}{-5} = \frac{z+3}{4},$$
即
$$\begin{cases} x-2=0, \\ \dfrac{y-4}{-5} = \dfrac{z+3}{4}. \end{cases}$$
该直线的参数方程为
$$\begin{cases} x = 2, \\ y = 4-5t, \\ z = -3+4t. \end{cases}$$

例5 已知直线通过点$(1,1,0)$,且垂直于平面 $x-2y+3z+2=0$,求该直线的方程.

解 由于直线垂直于平面,所以平面的法向量 $\boldsymbol{n}$ 可取作直线的一个方向向量 $\boldsymbol{s}$,即
$$\boldsymbol{s} = \boldsymbol{n} = (1,-2,3).$$
因为直线通过点$(1,1,0)$,所以直线的方程为
$$\frac{x-1}{1} = \frac{y-1}{-2} = \frac{z}{3}.$$

2.空间直线的一般方程

空间直线 L 可以看作两平面 Π_1 和 Π_2 的交线.设两相交平面的方程分别为
$$A_1x+B_1y+C_1z+D_1=0 \text{ 和 } A_2x+B_2y+C_2z+D_2=0,$$
则交线 L 上的任意一点的坐标应同时满足这两个平面的方程,即满足方程组
$$\begin{cases} A_1x+B_1y+C_1z+D_1=0, \\ A_2x+B_2y+C_2z+D_2=0. \end{cases} \tag{7-22}$$

求直线方程的常见问题

反过来,如果点 M 不在直线 L 上,那么它不能同时满足平面 Π_1 和 Π_2 的方程,因此,点 M 的坐标不满足方程组(7-22).所以,直线 L 可以由方程组(7-22)表示,方程组(7-22)称为**空间直线的一般方程**.

过空间直线 L 的平面有无数多个,在这无数多个平面中任取两个,将它们的方程联立起来,所得的方程组就表示空间直线 L.

例 6　将直线的一般方程化为对称式方程和参数方程：

$$\begin{cases}3x-2y+z-1=0,\\2x+y-3z-3=0.\end{cases}$$

解　先求出直线上一点的坐标(x_0,y_0,z_0). 取$z_0=0$,代入上述方程组中,得$x_0=y_0=1$,即点$(1,1,0)$是该直线上的一点.

再求直线的一个方向向量 $\boldsymbol{s}$. 由于两平面的交线与两平面的法向量$\boldsymbol{n}_1=(3,-2,1)$,$\boldsymbol{n}_2=(2,1,-3)$都垂直,所以可取

$$\boldsymbol{s}=\boldsymbol{n}_1\times\boldsymbol{n}_2=\begin{vmatrix}\boldsymbol{i}&\boldsymbol{j}&\boldsymbol{k}\\3&-2&1\\2&1&-3\end{vmatrix}=5\boldsymbol{i}+11\boldsymbol{j}+7\boldsymbol{k}.$$

因此,所给直线的对称式方程为

$$\frac{x-1}{5}=\frac{y-1}{11}=\frac{z}{7}.$$

直线的参数方程为

$$\begin{cases}x=1+5t,\\y=1+11t,\\z=7t.\end{cases}$$

习题 7－4

1. 求下列空间曲线在 xOy 面上的投影曲线的方程.

(1) $\begin{cases}x^2+y^2=z,\\x+2y-z=0;\end{cases}$　　(2) $\begin{cases}x^2+y^2+z^2=2,\\z=\sqrt{x^2+y^2}.\end{cases}$

2. 分别求母线平行于 y 轴和 z 轴,且准线为曲线$\begin{cases}2x^2+y^2+z^2=1,\\z=\sqrt{x^2+y^2}\end{cases}$的柱面方程.

3. 求由上半球面 $z=\sqrt{a^2-x^2-y^2}$、柱面 $x^2+y^2-ax=0(a>0)$ 及 xOy 面所围成的立体分别在xOy面和 zOx 面上的投影的方程.

4. 求旋转抛物面 $z=x^2+y^2\ (0\leqslant z\leqslant 4)$在三个坐标面上的投影的方程.

5. 求满足下列条件的直线方程.

(1) 过点$(1,-1,1)$且平行于直线 $x+2=\frac{1}{2}y=z-3$;

(2) 过点$(6,5,2)$且平行于向量$\left(1,3,-\frac{2}{3}\right)$;

(3) 过两点$(1,-1,4)$和$(3,-1,0)$;

(4) 过点$(1,0,6)$且垂直于平面 $x+3y+z-5=0$.

6. 分别用对称式方程和参数方程表示直线$\begin{cases}x-y+z=1,\\2x+y+z=4.\end{cases}$

实验6　MATLAB 绘图

Python 绘图

实验1中已经介绍了用 MATLAB 绘制二维图形的方法，下面将介绍如何用 MATLAB 绘制三维图形.

一、用 MATLAB 绘制三维图形

1. 三维曲线

绘制三维曲线的命令为 plot3. plot3 与 plot 用法十分相似，其调用格式为

plot3(x1,y1,z1,选项 1,x2,y2,z2,选项 2,…,xn,yn,zn,选项 n)

例1　绘制参数方程 $x(t)=t^3\sin 3t\cdot e^{-t}, y(t)=t^3\cos 3t\cdot e^{-t}, z(t)=t^2\ (0\leqslant t\leqslant 2\pi)$ 的三维曲线.

解　输入

```
>> t = 0 : pi/100:2 * pi;
x = t.^3. * sin(3 * t). * exp(- t);
y = t.^3. * cos(3 * t). * exp(- t);
z = t.^2;
plot3(x,y,z)↙
```

输出的图形如图 7-26 所示.

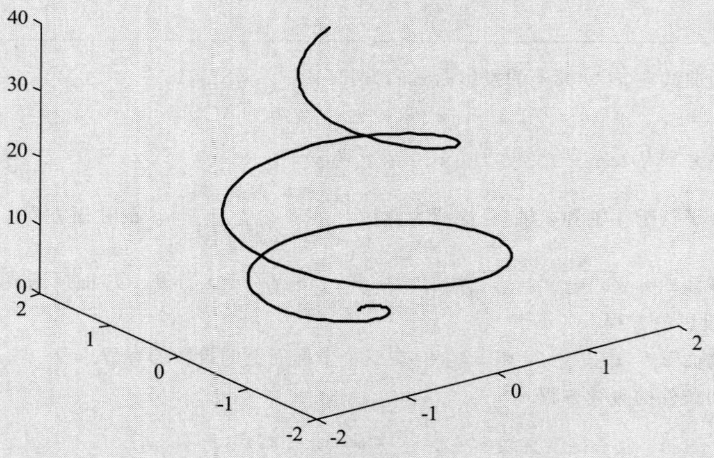

图 7-26

如果曲线方程是以一般式给出的，则须先变换为参数方程，再用 plot3 命令绘制曲线.

2. 三维曲面

如果已知二元函数 $z=f(x,y)$，则可以绘制出该函数的三维曲面图. 在绘制三维曲面图之前，先要调用 meshgrid 函数生成网格矩阵数据，其格式为

x = a:d1:b;y = c:d2:d;[X,Y] = meshgrid(x,y)

执行语句后，生成矩阵 $\boldsymbol{X}$ 和 $\boldsymbol{Y}$，这样就可以按函数计算出矩阵 $\boldsymbol{Z}$，再用 mesh 或 surf 等函数绘制三维曲面图. 用 mesh 函数绘制的是三维网状图，用 surf 函数绘制的是三维曲面图，它们的调用格式分别为

```
mesh(X,Y,Z)
surf(X,Y,Z)
```

例 2　绘制旋转抛物面 $z=x^2+y^2$.

解　输入

```
>> x =-4:0.5:4;
y =-4:0.5:4;
[X,Y] = meshgrid(x,y);
Z = X.^2 + Y.^2;
mesh(X,Y,Z) ↙
```

输出的图形如图 7-27 所示.

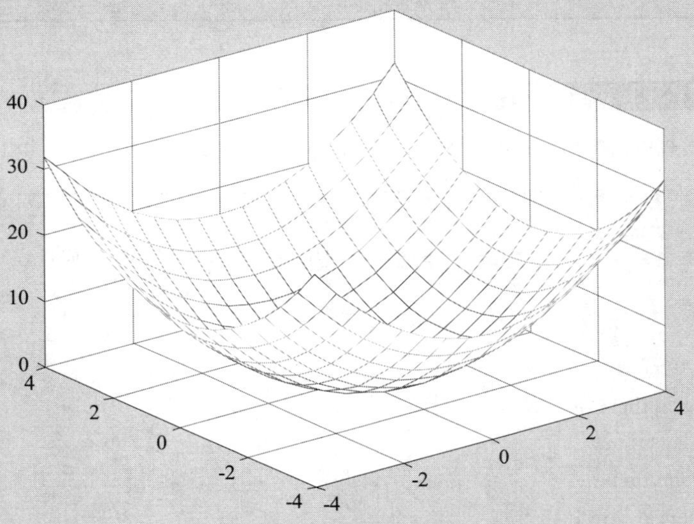

图 7-27

还可以输入

```
>> x =-4:0.5:4;
y =-4:0.5:4;
[X,Y] = meshgrid(x,y);
Z = X.^2 + Y.^2;
surf(X,Y,Z) ↙
```

输出的图形如图 7-28 所示.

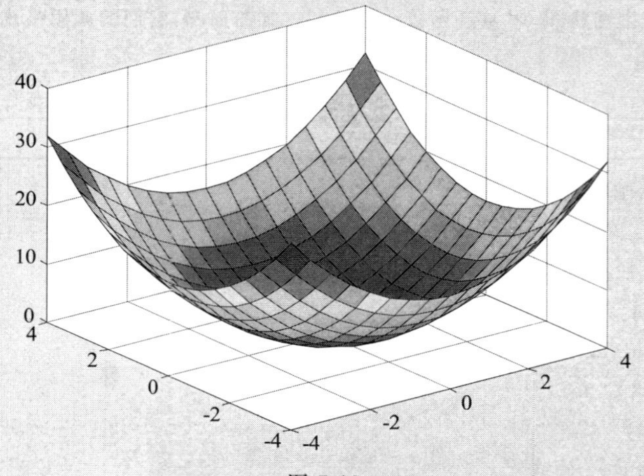

图 7-28

二、利用 MATLAB 演示旋转曲面的形成过程

MATLAB 可以实现空间图形的动态可视化,下面举一个例子加以演示.

例 3 演示椭圆 $\begin{cases}\dfrac{y^2}{16}+\dfrac{z^2}{9}=1,\\ x=0\end{cases}$ 绕 z 轴旋转一周所得的旋转椭球面的形成过程.

解 输入

```
theta = 0:pi/30:2 * pi;
n = length(theta);
y = 4 * cos(theta);
z = 3 * sin(theta);
x = 0 * ones(1,n);
plot3(x,y,z)
pause(1)
for phi = 0:pi/60:pi;
    x = y. * sin(phi);
    y1 = y. * cos(phi);
    plot3(x,y1,z)
pause(1)
    grid on
    hold on
    view([-30,30])
end
hold off
```

运行上述命令后,在图形窗口中就会演示椭圆绕坐标轴旋转形成旋转椭球面的全过程,最后得到的图形如图 7-29 所示.

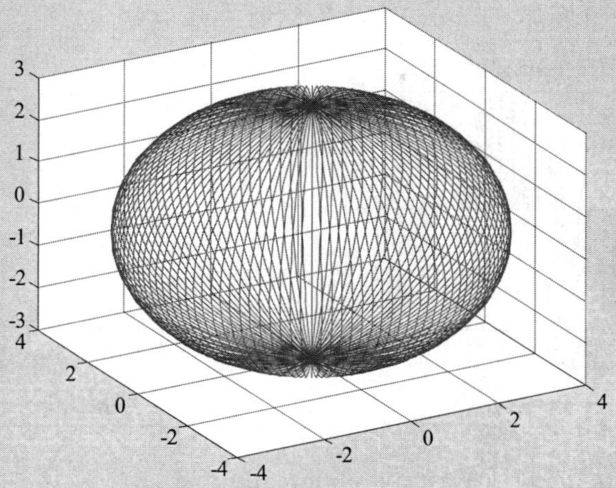

图 7-29

三、常用统计分析图的绘制

在 MATLAB 中，还可以绘制很多统计分析图形，常见的有条形图、阶梯图、杆图和填充图等，绘制二维统计图所采用的函数如下.

二维条形图：bar(x,y,'选项')

二维阶梯图：stairs(x,y,'选项')

二维杆图：stem(x,y,'选项')

二维填充图：fill(x1,y1,'选项 1',x2,y2,'选项 2',…)

二维饼图：pie(x,'选项')

选项用来定义图形的颜色和线型.

当需要同时绘制多幅图形时，可以用 subplot 函数，其调用格式为

subplot(m,n,p)

该函数可将当前图形窗口分成 $m\times n$ 个绘图区，即每行有 n 个绘图区，共 m 行，各绘图区按行优先编号，且选定第 p 个绘图区为当前活动区. 在每一个绘图区内允许以不同的坐标系单独绘制图形.

例 4 分别以条形图、阶梯图、杆图和填充图形式绘制曲线 $y=2\cos x$.

解 输入

```
>> x =- pi:pi/10:pi;y = 2 * cos(x);
subplot(2,2,1);bar(x,y,'g');title('bar(x,y,"g")');axis([-4,4,-2,2]);
% 绘制绿色条形图
subplot(2,2,2);stairs(x,y,'b');title('stairs(x,y,"b")');axis([-4,4,-2,2]);
% 绘制蓝色阶梯图
subplot(2,2,3);stem(x,y,'k');title('stem(x,y,"k")');axis([-4,4,-2,2]);
% 绘制黑色杆图
subplot(2,2,4);fill(x,y,'y');title('fill(x,y,"y")');axis([-4,4,-2,2])↙
% 绘制黄色填充图
```

输出的图形如图 7-30 所示.

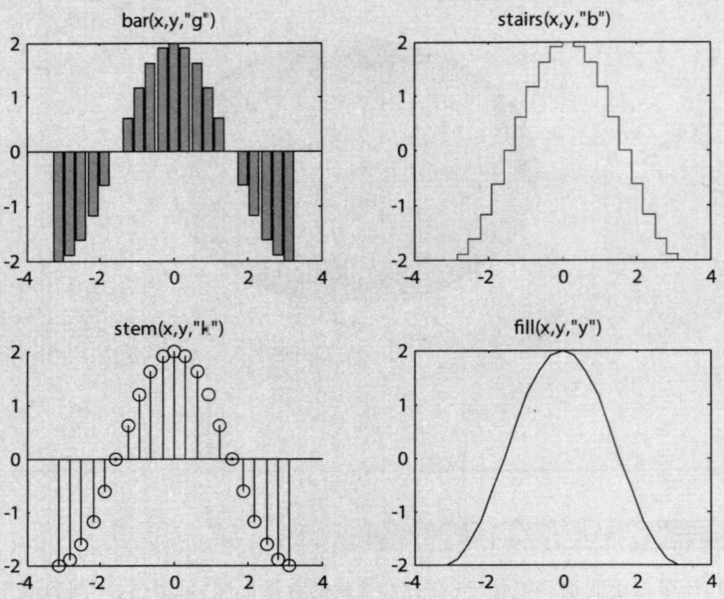

图 7-30

这些统计分析图也可以以三维形式呈现,使用的函数如下.

三维条形图:bar3(y,′选项′),bar3(x,y,′选项′)

三维杆图:stem3(z,′选项′),stem3(x,y,z,′选项′)

三维填充图:fill3(x,y,z,′选项′)

三维饼图:pie3(x,′选项′)

实验题 6

1. 绘制空间曲线 $\begin{cases} x=[3-\cos(2t)]\cos t, \\ y=[2+\cos(2t)]\sin t, 0\leqslant t\leqslant \dfrac{\pi}{6}. \\ z=\sin 2t, \end{cases}$

2. 对本章第 3 节中介绍的几类二次曲面,任意选取参数,应用 MATLAB 绘制它们的图形,并分析参数对图形形状的影响.

3. 绘制曲线 $y=\sin x$ 的各种统计分析图.

总习题 7

一、填空题

1. 设 $\boldsymbol{a}=(-2,7,4)$,$\boldsymbol{b}=(1,-5,3)$,则 λ 与 μ 有________的关系时,$\lambda\boldsymbol{a}+\mu\boldsymbol{b}$ 与 x 轴垂直.

2. 过直线 $L_1:\dfrac{x-1}{1}=\dfrac{y-2}{0}=\dfrac{z-3}{-1}$ 且平行于直线 $L_2:\dfrac{x+2}{2}=\dfrac{y-1}{1}=\dfrac{z}{1}$ 的平面方程为________.

3. 设 $|\boldsymbol{a}|=3$,$|\boldsymbol{b}|=4$,$|\boldsymbol{c}|=5$,且满足 $\boldsymbol{a}+\boldsymbol{b}+\boldsymbol{c}=\boldsymbol{0}$,则 $|\boldsymbol{a}\times\boldsymbol{b}+\boldsymbol{b}\times\boldsymbol{c}+\boldsymbol{c}\times\boldsymbol{a}|=$________.

4. 已知 $\boldsymbol{a}\cdot\boldsymbol{b}=\sqrt{3}$,$\boldsymbol{a}\times\boldsymbol{b}=(1,2,2)$,则向量 $\boldsymbol{a}$ 与 $\boldsymbol{b}$ 的夹角为________.

二、选择题

1. xOy 面上的双曲线 $9x^2-4y^2=36$ 绕 y 轴旋转一周所形成的旋转曲面方程为(　　).

A. $9x^2-4y^2-9z^2=36$　　B. $9x^2-4y^2-4z^2=36$

C. $9x^2-4y^2+9z^2=36$　　D. $9x^2-4y^2+4z^2=36$

2. 曲面 $z=\sqrt{x^2+y^2}$ 是(　　).

A. zOx 面上的曲线 $z=x$ 绕 z 轴旋转一周所形成的旋转曲面

B. yOz 面上的曲线 $z=|y|$ 绕 z 轴旋转一周所形成的旋转曲面

C. zOx 面上的曲线 $z=x$ 绕 x 轴旋转一周所形成的旋转曲面

D. yOz 面上的曲线 $z=|y|$ 绕 y 轴旋转一周所形成的旋转曲面

3. 设直线 $L:\dfrac{x-2}{3}=\dfrac{y+2}{1}=\dfrac{z-3}{-4}$,平面 $\Pi:x+y+z=3$,则(　　).

A. L 在 Π 上　　B. L 平行于 Π

C. L 垂直于 Π　　D. L 与 Π 斜交

4. 球面 $x^2+y^2+z^2=R^2$ 与柱面 $x+z=a$ 的交线在 xOy 面上的投影曲线的方程为(　　).

A. $(z-a)^2+y^2+z^2=R^2$　　B. $\begin{cases}(z-a)^2+y^2+z^2=R^2\\x=0\end{cases}$

C. $\begin{cases}x^2+y^2+(x-a)^2=R^2\\z=0\end{cases}$　　D. $x^2+y^2+(x-a)^2=R^2$

5. 过点(2,3,1)和 z 轴的平面的方程为(　　).

A. $3x-2y=0$　　B. $3x+2y-12=0$

C. $x+y-5=0$　　D. $x-2z=0$

三、解答题

1. 在 y 轴上求与点 $A(1,-3,7)$ 和点 $B(5,7,-5)$ 等距离的点.

2. 已知 $\triangle ABC$ 的顶点为 $A(-1,3,1)$,$B(0,5,2)$ 和 $C(4,3,-1)$,求 $\triangle ABC$ 的面积.

3. 设 $|\boldsymbol{a}|=\sqrt{3}$,$|\boldsymbol{b}|=2$,$(\widehat{\boldsymbol{a},\boldsymbol{b}})=\dfrac{5\pi}{6}$,求 $|\boldsymbol{a}-\boldsymbol{b}|$.

4. 已知动点 $M(x,y,z)$ 到 xOy 面的距离与点 M 到点$(1,-1,2)$的距离相等,求点 M 的轨迹方程.

5. 指出下列旋转曲面的一条母线和旋转轴.

(1) $5z=x^2+y^2$;

(2) $\dfrac{x^2}{4}+\dfrac{y^2}{9}+\dfrac{z^2}{4}=1$;

(3) $z^2=3(x^2+y^2)$;

(4) $\dfrac{x^2}{16}-\dfrac{y^2}{9}-\dfrac{z^2}{9}=1$.

6. 一平面过点$(-3,1,-1)$且平行于向量 $\boldsymbol{a}=(1,1,2)$,$\boldsymbol{b}=(1,-1,1)$,求此平面的方程.

7. 求过点$(-3,2,5)$且与直线 $\begin{cases}x-4z=3,\\2x-5y-5z=1\end{cases}$ 平行的直线的方程.

8. 一直线过点$(-2,2,4)$且与平面 $2x-y+5z-12=0$ 垂直,求此直线的方程.

9. 求曲线 $\begin{cases}x^2+y^2+z^2=2,\\z=x\end{cases}$ 在三个坐标面上的投影曲线的方程.

10. 求锥面 $z=\sqrt{x^2+y^2}$ 与柱面 $z^2=2x$ 所围立体在三个坐标面上的投影的方程.

11. 画出下列各曲面所围立体的图形.

(1) 圆柱面 $\left(x-\frac{a}{2}\right)^2+y^2=\frac{a^2}{4}$ 与球面 $x^2+y^2+z^2=a^2$；

(2) 平面 $\frac{x}{4}+\frac{y}{3}+\frac{z}{2}=1$ 与三个坐标面；

(3) 锥面 $z=\sqrt{x^2+y^2}$ 与旋转抛物面 $z=2-x^2-y^2$；

(4) 旋转抛物面 $z=x^2+y^2$ 与球面 $z=\sqrt{2-x^2-y^2}$.

坐标几何在17世纪中的扩展

考研真题

第7章习题答案

第8章 多元函数微分学

上册中讨论的一元函数只有一个自变量，但在很多实际问题中，影响某一变量的因素很多，一个变量的变化往往依赖于多个变量的变化. 这就提出了多元函数的相关问题. 本章将在一元函数微分学的基础上，以二元函数为主，讨论多元函数的微分法及其应用.

第1节　多元函数的基本知识

看数学如何提升我国国防

思考： 面对外军来犯，边防团团长祁发宝张臂阻挡. 你愿意为祖国的国防贡献一份力量吗？

讨论一元函数时，经常用到邻域和区间的概念. 本节将数轴上邻域和区间的概念推广到平面区域，然后在平面区域的基础上讨论二元函数极限和连续的概念.

一、平面点集

由平面解析几何可知，当在平面上建立直角坐标系后，平面上的点 P 与有序二元实数组 (x,y) 之间就形成了一一对应关系. 这种建立了坐标系的平面称为**坐标平面**.

二元有序实数组 (x,y) 的全体，记作

$$\mathbf{R}^2=\{(x,y)\mid x\in\mathbf{R},y\in\mathbf{R}\},$$

它表示整个 xOy 面.

坐标平面上具有某种性质 I 的点的集合，称为**平面点集**，记作

$$E=\{(x,y)\mid(x,y)\text{具有性质}I\}.$$

例如，平面上以坐标原点为中心、r 为半径的圆的内部所有点的集合是

$$E=\{(x,y)\mid x^2+y^2<r^2\}.$$

如果用 P 表示点 (x,y)，用 $|OP|$ 表示点 P 到坐标原点 O 的距离，那么集合 E 也可表示成

$$E=\{P\mid |OP|<r\}.$$

设 $P_0(x_0,y_0)$ 是 xOy 面上的一点,δ 是某一正数. 与点 $P_0(x_0,y_0)$ 的距离小于 δ 的点 $P(x,y)$ 的全体,称为**点 P_0 的 δ 邻域**,记作 $U(P_0,\delta)$,即

$$U(P_0,\delta)=\{P \mid |PP_0|<\delta\}$$

或

$$U(P_0,\delta)=\{(x,y) \mid \sqrt{(x-x_0)^2+(y-y_0)^2}<\delta\}.$$

在几何上,$U(P_0,\delta)$ 表示 xOy 面上以点 $P_0(x_0,y_0)$ 为中心、δ 为半径的圆的内部的点 $P(x,y)$ 的全体.

点 P_0 的去心 δ 邻域,记作 $\mathring{U}(P_0,\delta)$,即

$$\mathring{U}(P_0,\delta)=\{P \mid 0<|P_0P|<\delta\}.$$

通常情况下,如果不需要强调邻域的半径 δ,则用 $U(P_0)$ 表示点 P_0 的某个邻域,而点 P_0 的去心邻域记作 $\mathring{U}(P_0)$.

下面利用邻域来描述点和点集之间的关系.

设 E 是平面上一个点集,P 是平面上任意一点,则点 P 与点集 E 之间必有以下三种关系之一.

(1) 存在点 P 的某一邻域 $U(P)$,使得 $U(P)\subset E$,此时称点 P 为 E 的**内点**.

(2) 存在点 P 的某一邻域 $U(P)$,使得 $U(P)\cap E=\varnothing$,此时称点 P 为 E 的**外点**.

(3) 如果点 P 的任一邻域内既有属于 E 的点,也有不属于 E 的点,此时称点 P 为 E 的**边界点**. E 的边界点的全体,称为 E 的**边界**,记作 ∂E.

点集 E 的内点必属于 E;E 的外点必不属于 E;而 E 的边界点可能属于 E,也可能不属于 E.

例如,设有平面点集

$$E=\{(x,y) \mid 1<x^2+y^2\leqslant 4\},$$

则满足 $1<x^2+y^2<4$ 的一切点 (x,y) 都是 E 的内点;满足 $x^2+y^2=1$ 的一切点 (x,y) 都是 E 的边界点,它们都不属于 E;满足 $x^2+y^2=4$ 的一切点 (x,y) 也都是 E 的边界点,它们都属于 E.

如果点集 E 的点都是内点,则称 E 为**开集**. 如果点集 E 的边界 $\partial E\subset E$,则称 E 为闭集.

设 E 为一点集,如果对于点集 E 内的任意两点,都可用折线连接起来,且该折线上的点都属于 E,则称 E 为**连通集**.

连通的开集称为**区域**或**开区域**.

例如,$E_1=\{(x,y) \mid 1<x^2+y^2<4\}$ 及 $D_1=\{(x,y) \mid x-y>1\}$ 都是开区域.

开区域连同它的边界所构成的点集称为**闭区域**.

例如,$E_2=\{(x,y) \mid 1\leqslant x^2+y^2\leqslant 4\}$ 及 $D_2=\{(x,y) \mid x-y\geqslant 1\}$ 都是闭区域.

对于点集 E,如果存在正数 K,使得 E 内的任意一点 P 与某定点 A 间的距离 $|AP|$ 都不超过 K,即 $|AP|\leqslant K$,则称 E 为**有界点集**;否则称 E 为**无界点集**.

例如,上述集合 E_1 是有界开区域,E_2 是有界闭区域;D_1 是无界开区域,D_2 是无界闭区域.

二、多元函数的概念

在很多实际问题中，经常会遇到多个变量之间存在依赖关系的情况. 例如，圆锥的体积 V 和它的底半径 r、高 h 之间具有关系

$$V=\frac{1}{3}\pi r^2 h,$$

这里，当 r,h 在集合 $\{(r,h)\mid r>0,h>0\}$ 内取定一对值 (r,h) 时，V 的值就随之确定. 我们称 V 是 r,h 的二元函数. 由此给出二元函数的定义.

定义 1　设 D 是平面点集 $\mathbf{R}^2$ 的一个非空子集，如果存在定义在 D 上的一个对应关系 f，使得对于任意一点 $P(x,y)\in D$，都有唯一的实数 z 通过 f 与之对应，则称 f 是定义在 D 上的**二元函数**，记为

$$z=f(x,y),(x,y)\in D\quad(\text{或 } z=f(P),P\in D),$$

其中，x,y 称为**自变量**，z 称为**因变量**，D 称为函数的**定义域**. 集合 $\{z\mid z=f(x,y),(x,y)\in D\}$ 称为函数的**值域**.

类似地可定义**三元函数** $u=f(x,y,z)$ 以及三元以上的函数. 当 $n\geqslant 2$ 时，所有 n 元函数统称为多元函数.

关于多元函数的定义域，我们约定：用算式表示多元函数 $u=f(P)$ 时，就以使这个算式有意义的所有点 P 组成的点集为这个**多元函数的定义域**.

例如，函数 $z=\sqrt{x+y}$ 的定义域为 $\{(x,y)\mid x+y\geqslant 0\}$（见图 8-1），这是一个无界闭区域. 又如，函数 $z=\arcsin(x^2+y^2)$ 的定义域为 $\{(x,y)\mid x^2+y^2\leqslant 1\}$（见图 8-2），这是一个有界闭区域.

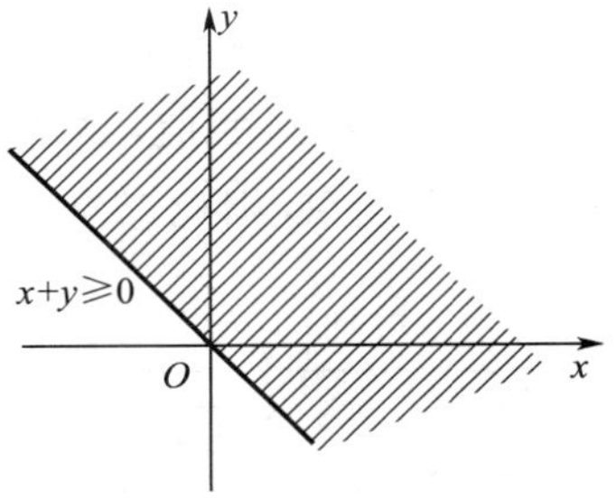

图 8-1

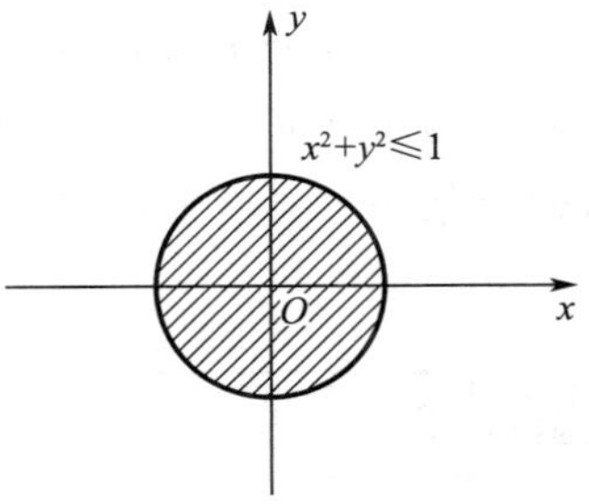

图 8-2

设函数 $z=f(x,y)$ 的定义域为 D，点集

$$S=\{(x,y,z)\mid z=f(x,y),(x,y)\in D\}$$

称为二元函数 $z=f(x,y)$ 的**图形**. 显然，属于点集 S 的点 $P(x_0,y_0,z_0)$ 满足三元方程

$$f(x,y)-z=0,$$

所以二元函数的图形就是空间中的一个曲面. 定义域 D 是该曲面在 xOy 面上的投影（见图 8-3）.

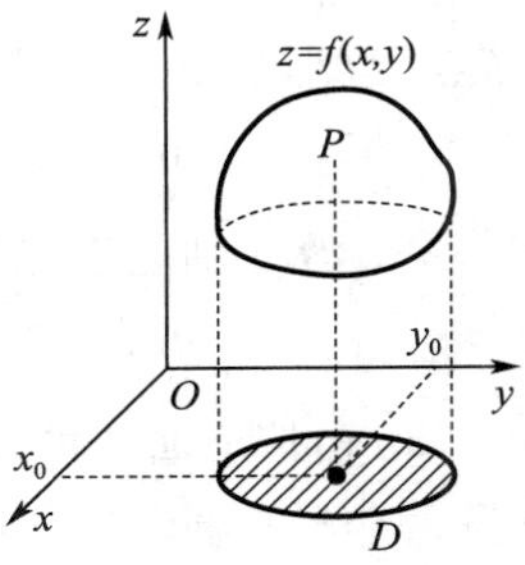

图 8-3

例如，函数 $z=2x+3y+1$ 的图形是一个平面；函数 $z=x^2+y^2$ 的图形为一个抛物面.

三、多元函数的极限

类似于一元函数的极限概念，可以引入二元函数极限定义：如果当$P(x,y)\to P_0(x_0,y_0)$时，对应的函数值$z=f(x,y)$无限接近于某一个确定的常数A，则称A是函数$z=f(x,y)$当$(x,y)\to(x_0,y_0)$时的极限.

在一元函数中，用数轴上x_0与x两点之间的距离$|x-x_0|$定义点x_0的δ邻域，从而定义函数$f(x)$当$x\to x_0$时的极限. 在二元函数中，利用平面上(x,y)与(x_0,y_0)两点间的距离来定义(x_0,y_0)的δ邻域.

定义 2 设二元函数$f(x,y)$的定义域为D，$P_0(x_0,y_0)$为D的内点或边界点. 如果存在常数A，对于任意给定的正数ε，总存在正数δ，使得对于满足不等式

$$0<|PP_0|=\sqrt{(x-x_0)^2+(y-y_0)^2}<\delta$$

的一切点$P(x,y)\in D$，都有

$$|f(x,y)-A|<\varepsilon$$

成立，则称常数A为函数$f(x,y)$当$(x,y)\to(x_0,y_0)$时的**极限**，记作

$$\lim_{(x,y)\to(x_0,y_0)} f(x,y)=A \quad (\text{或}\lim_{P\to P_0} f(x,y)=A)$$

或

$$f(x,y)\to A \quad ((x,y)\to(x_0,y_0)).$$

为区别于一元函数的极限，上述定义的极限也称为**二重极限**.

必须注意，二重极限存在，是指点$P(x,y)$以任何方式趋于点$P_0(x_0,y_0)$时，函数值都无限接近常数A. 平面上由一点到另一点有无数条路线，因此二元函数中点$P(x,y)$趋于点$P_0(x_0,y_0)$，要比一元函数中x趋于x_0复杂得多. 如果当点$P(x,y)$以两种不同方式趋于点$P_0(x_0,y_0)$时函数趋于不同的值，或者当点$P(x,y)$沿某一方向趋于点$P_0(x_0,y_0)$时函数的极限不存在，则此二重极限不存在.

例 1 考察函数

$$f(x,y)=\begin{cases}\dfrac{xy}{x^2+y^2}, & x^2+y^2\neq 0,\\ 0, & x^2+y^2=0\end{cases}$$

当$(x,y)\to(0,0)$时，极限是否存在.

解 当点$P(x,y)$沿x轴趋于点$(0,0)$时，

$$\lim_{(x,y)\to(0,0)} f(x,y)=\lim_{x\to 0} f(x,0)=\lim_{x\to 0} 0=0.$$

当点$P(x,y)$沿y轴趋于点$(0,0)$时，

$$\lim_{(x,y)\to(0,0)} f(x,y)=\lim_{y\to 0} f(0,y)=\lim_{y\to 0} 0=0.$$

虽然点$P(x,y)$按上面两种方式趋于坐标原点时，函数的极限存在并相等，但并不能说明$\lim\limits_{(x,y)\to(0,0)} f(x,y)=0$. 事实上，当点$P(x,y)$沿直线$y=kx\,(k\neq 0)$趋于坐标原点时，有

$$\lim_{\substack{(x,y)\to(0,0)\\ y=kx}} \frac{xy}{x^2+y^2} = \lim_{x\to 0} \frac{kx^2}{x^2+k^2x^2} = \frac{k}{1+k^2}.$$

因此，当$(x,y)\to(0,0)$时，该函数极限是不存在的.

以上二元函数极限的概念可以推广到$n(n>2)$元函数的情形.

多元函数极限的定义与一元函数极限的定义有完全相同的形式，因此一元函数极限的运算法则和方法可以推广到多元函数(洛必达法则除外).

例 2　求 $\lim\limits_{(x,y)\to(0,0)} \dfrac{\sqrt{xy+4}-2}{\sin xy}$.

解　原式 $= \lim\limits_{(x,y)\to(0,0)} \dfrac{(\sqrt{xy+4}-2)(\sqrt{xy+4}+2)}{xy(\sqrt{xy+4}+2)}$

$= \lim\limits_{(x,y)\to(0,0)} \dfrac{1}{\sqrt{xy+4}+2} = \dfrac{1}{\sqrt{0\times 0+4}+2} = \dfrac{1}{4}.$

四、多元函数的连续性

与一元函数类似，利用二重极限与函数值的关系来定义二元函数的连续性.

定义 3　设函数 $z=f(x,y)$在点$P_0(x_0,y_0)\in D$的某个邻域内有定义.如果

$$\lim_{(x,y)\to(x_0,y_0)} f(x,y) = f(x_0,y_0),$$

则称函数 $z=f(x,y)$在点$P_0(x_0,y_0)$处**连续**.

如果函数 $z=f(x,y)$在区域D上的每一点都连续，那么称函数 $z=f(x,y)$在D上连续，或者称$z=f(x,y)$为D上的连续函数.在区域D上连续的二元函数的图形是空间中的一张连续曲面.

与一元函数类似，也可以用函数的增量来定义函数 $z=f(x,y)$在点$P_0(x_0,y_0)$处的连续性.

设函数 $z=f(x,y)$在点$P_0(x_0,y_0)$的某个邻域内有定义，分别给x_0,y_0一个对应增量$\Delta x,\Delta y$，这时 $z=f(x,y)$的相应增量为

$$f(x_0+\Delta x,y_0+\Delta y)-f(x_0,y_0),$$

称其为函数 $z=f(x,y)$在点$P_0(x_0,y_0)$处的**全增量**，记作Δz.如果

$$\lim_{(\Delta x,\Delta y)\to(0,0)} \Delta z = 0,$$

则称函数 $z=f(x,y)$在点$P_0(x_0,y_0)$处连续.

类似地，可定义三元函数 $u=f(x,y,z)$ 以及三元以上的函数的连续性.

例3 证明:函数 $f(x,y)=x^2+2xy$ 是 $\mathbf{R}^2$ 上的连续函数.

证 对于任意的点 $P_0(x_0,y_0)\in\mathbf{R}^2$,根据二元函数极限的运算法则,有

$$\begin{aligned}\lim_{(x,y)\to(x_0,y_0)} f(x,y) &= \lim_{(x,y)\to(x_0,y_0)}(x^2+2xy)\\ &= \lim_{(x,y)\to(x_0,y_0)} x^2+\lim_{(x,y)\to(x_0,y_0)} 2xy\\ &= x_0^2+2x_0y_0=f(x_0,y_0),\end{aligned}$$

故函数 $f(x,y)=x^2+2xy$ 在点 $P_0(x_0,y_0)$ 处连续.由点 P_0 的任意性可知,函数 $f(x,y)$ 在 $\mathbf{R}^2$ 上连续.

如果函数 $f(x,y)$ 在点 $P_0(x_0,y_0)$ 处不连续,则称 $P_0(x_0,y_0)$ 为函数 $f(x,y)$ 的**间断点**.

与一元函数的情形类似,二元函数的间断点产生的原因可能是函数在 (x_0,y_0) 处无定义、当 $(x,y)\to(x_0,y_0)$ 时函数无极限或者函数极限存在但不等于 $f(x_0,y_0)$.但是,二元函数的间断不仅可能发生在一点上,还可能出现在一段曲线上或其他更复杂的情况.

例如,前面讨论过的函数

$$f(x,y)=\begin{cases}\dfrac{xy}{x^2+y^2}, & x^2+y^2\neq 0,\\ 0, & x^2+y^2=0\end{cases}$$

当 $(x,y)\to(0,0)$ 时极限不存在,所以点 $O(0,0)$ 是该函数的一个间断点.

又如,函数 $z=\cos\dfrac{1}{x^2-y}$,其定义域为 $\{(x,y)\mid x^2\neq y\}$,因此抛物线 $y=x^2$ 上的点都是该函数的间断点.

与闭区间上一元连续函数的性质相似,有界闭区域上二元连续函数有如下性质.

性质1(有界性与最大值和最小值定理) 有界闭区域 D 上的二元连续函数在 D 上一定有界,且能取得其最大值和最小值.

性质2(介值定理) 有界闭区域 D 上的二元连续函数必取得介于最大值和最小值之间的任何值.

与一元初等函数类似,可以定义二元初等函数及多元初等函数,并且有同样的结论:**一切多元初等函数在其定义域内是连续的.**

例如,$\dfrac{2xy+x^2-y^2}{1+\ln y^2}$,$\arctan(x+y^2+1)$ 等都是二元初等函数.

由二元函数连续性的定义可知,二元连续函数 $f(x,y)$ 在定义点 $P_0(x_0,y_0)$ 处的极限为函数在该点的函数值,即

$$\lim_{(x,y)\to(x_0,y_0)} f(x,y)=f(x_0,y_0).$$

例 4　求 $\lim\limits_{(x,y)\to(2,1)} \dfrac{\sin(x^2+y^2+1)}{2xy}$.

解　函数 $f(x,y)=\dfrac{\sin(x^2+y^2+1)}{2xy}$ 是初等函数，它的定义域为

$$D=\{(x,y)\mid x\neq 0, y\neq 0\}.$$

点 $P_0(2,1)$ 是定义域 D 的内点，因此 $f(x,y)$ 在点 $P_0(2,1)$ 处连续，所以

$$\text{原式}=\frac{\sin(4+1+1)}{4}=\frac{\sin 6}{4}.$$

例 5　求 $\lim\limits_{(x,y)\to(0,0)} \dfrac{xy}{\sqrt{xy+1}-1}$.

解

$$\lim_{(x,y)\to(0,0)} \frac{xy}{\sqrt{xy+1}-1}=\lim_{(x,y)\to(0,0)} \frac{xy(\sqrt{xy+1}+1)}{xy+1-1}=\lim_{(x,y)\to(0,0)} (\sqrt{xy+1}+1)=2.$$

函数 $\dfrac{xy}{\sqrt{xy+1}-1}$ 在点(0,0)处无定义，所以在点(0,0)处间断，但并不影响在点(0,0)处极限存在；而变形后的函数 $\sqrt{xy+1}+1$ 在点(0,0)处连续，因此直接将点(0,0)的坐标代入求其函数值即可.

习题 8－1

1. 已知函数 $f(x,y)=\dfrac{2xy}{x^2+y}$，试求 $f\left(xy,\dfrac{x}{y}\right)$.

2. 求下列各函数的定义域.

(1) $z=\ln(2-x+y^2)$；

(2) $z=\dfrac{1}{\sqrt{x+y}}+\dfrac{1}{\sqrt{x-y}}$；

(3) $z=\ln(y-x)+\dfrac{\sqrt{y}}{\sqrt{4-x^2-y^2}}$；

(4) $u=\arcsin\dfrac{z}{\sqrt{x^2+y^2}}$.

3. 求下列极限.

(1) $\lim\limits_{(x,y)\to(1,0)} \dfrac{xy+1}{\sqrt{xy+4}-x}$；

(2) $\lim\limits_{(x,y)\to(1,0)} \dfrac{\ln(x+e^y)}{\sqrt{x^2+y^2}}$；

(3) $\lim\limits_{(x,y)\to(0,2)} \dfrac{\tan xy}{2x}$；

(4) $\lim\limits_{(x,y)\to(0,0)} \dfrac{\ln(xy+1)}{\sqrt{xy+1}-1}$.

4. 证明：极限 $\lim\limits_{(x,y)\to(0,0)} \dfrac{x+y}{x-y}$ 不存在.

5. 函数 $z=xy\ln(x^2+y^2-4)$ 在何处间断？

第 2 节　偏导数及其经济应用

一、偏导数的定义及几何意义

在实际问题中，通常会碰到受多个因素影响的变量，并且需要考虑其中一个

因素(自变量)变化而其他因素保持不变时,该变量的变化率的问题.这就是多元函数对这个自变量的导数,称为**偏导数**.

定义 1 设函数 $z=f(x,y)$ 在点 (x_0,y_0) 的某一邻域内有定义,当 $y=y_0$,而 x 在 x_0 处有增量 Δx 时,函数有增量

$$f(x_0+\Delta x,y_0)-f(x_0,y_0).$$

如果极限

$$\lim_{\Delta x\to 0}\frac{f(x_0+\Delta x,y_0)-f(x_0,y_0)}{\Delta x} \tag{8-1}$$

存在,则称此极限为函数 $z=f(x,y)$ 在点 (x_0,y_0) 处对 x 的**偏导数**,记作

$$\left.\frac{\partial z}{\partial x}\right|_{\substack{x=x_0\\ y=y_0}},\quad \left.\frac{\partial f}{\partial x}\right|_{\substack{x=x_0\\ y=y_0}},\quad z_x\Big|_{\substack{x=x_0\\ y=y_0}}\quad \text{或 } f_x(x_0,y_0).$$

类似地,函数 $z=f(x,y)$ 在点 (x_0,y_0) 处对 y 的偏导数定义为

$$f_y(x_0,y_0)=\lim_{\Delta y\to 0}\frac{f(x_0,y_0+\Delta y)-f(x_0,y_0)}{\Delta y}, \tag{8-2}$$

记作

$$\left.\frac{\partial z}{\partial y}\right|_{\substack{x=x_0\\ y=y_0}},\quad \left.\frac{\partial f}{\partial y}\right|_{\substack{x=x_0\\ y=y_0}},\quad z_y\Big|_{\substack{x=x_0\\ y=y_0}}\quad \text{或 } f_y(x_0,y_0).$$

如果函数 $z=f(x,y)$ 在区域 D 内每一点 (x,y) 处对 x 的偏导数都存在,那么这个偏导数就是一个关于 x,y 的函数,称为函数 $z=f(x,y)$ 对自变量 x 的**偏导函数**,记作

$$\frac{\partial z}{\partial x},\quad \frac{\partial f}{\partial x},\quad z_x\quad \text{或 } f_x(x,y),$$

即

$$f_x(x,y)=\lim_{\Delta x\to 0}\frac{f(x+\Delta x,y)-f(x,y)}{\Delta x}. \tag{8-3}$$

类似地,可定义函数 $z=f(x,y)$ 对自变量 y 的偏导函数,记作

$$\frac{\partial z}{\partial y},\quad \frac{\partial f}{\partial y},\quad z_y\quad \text{或 } f_y(x,y).$$

一般情况下,偏导函数也简称偏导数.

由偏导函数的定义可知,计算二元函数的偏导数并不需要新的方法,求函数 $z=f(x,y)$ 的偏导数 $\frac{\partial f}{\partial x}$ 时,只要将 y 看作常量,利用一元函数的求导方法对 $z=f(x,y)$ 关于 x 求导数即可;同样,求 $\frac{\partial f}{\partial y}$ 时,只要将 x 看作常量而对 y 求导数即可.因此,当求函数 $z=f(x,y)$ 在点 (x_0,y_0) 处对 x,y 的偏导数时,也可以采用如下方法.

$$f_x(x_0,y_0)=\left.\frac{\mathrm{d}}{\mathrm{d}x}f(x,y_0)\right|_{x=x_0},\quad f_y(x_0,y_0)=\left.\frac{\mathrm{d}}{\mathrm{d}y}f(x_0,y)\right|_{y=y_0}.$$

偏导数的概念还可推广到二元以上的函数.例如,三元函数 $u=f(x,y,z)$ 在点 (x,y,z) 处对 x 的偏导数定义为

$$f_x(x,y,z)=\lim_{\Delta x\to 0}\frac{f(x+\Delta x,y,z)-f(x,y,z)}{\Delta x},$$

其中,点 (x,y,z) 是函数 $u=f(x,y,z)$ 的定义域的内点.

需要注意，在一元函数中，$\frac{\mathrm{d}y}{\mathrm{d}x}$ 可以看作函数的微分 $\mathrm{d}y$ 与自变量的微分 $\mathrm{d}x$ 之商，而偏导数的记号 $\frac{\partial z}{\partial x}$ 是一个整体记号，不能看作分子与分母之商.

例 1　求函数 $z = x^2 + 3xy + y^2$ 在点(1,2)处的偏导数.

解　先求偏导函数，得 $\frac{\partial z}{\partial x} = 2x + 3y$，$\frac{\partial z}{\partial y} = 3x + 2y$. 所以

$$\left.\frac{\partial z}{\partial x}\right|_{\substack{x=1\\y=2}} = 2\times1+3\times2 = 8,$$

$$\left.\frac{\partial z}{\partial y}\right|_{\substack{x=1\\y=2}} = 3\times1+2\times2 = 7.$$

例 2　求函数 $z = x^2\sin 2y$ 的偏导数.

解　$\frac{\partial z}{\partial x} = 2x\sin 2y$，$\frac{\partial z}{\partial y} = 2x^2\cos 2y$.

例 3　设函数 $z = x^y (x > 0, x \neq 1)$，求证：$\frac{x}{y}\frac{\partial z}{\partial x} + \frac{1}{\ln x}\frac{\partial z}{\partial y} = 2z$.

证　因为 $\frac{\partial z}{\partial x} = yx^{y-1}$，$\frac{\partial z}{\partial y} = x^y\ln x$，所以

$$\frac{x}{y}\frac{\partial z}{\partial x} + \frac{1}{\ln x}\frac{\partial z}{\partial y} = \frac{x}{y}yx^{y-1} + \frac{1}{\ln x}x^y\ln x = x^y + x^y = 2z.$$

在一元函数中，函数在一点可导时，必在该点连续，但对于二元函数，在偏导数存在的点 (x_0, y_0) 处函数不一定连续，因为 $f_x(x_0, y_0)$ 存在只保证一元函数 $f(x, y_0)$ 在点 (x_0, y_0) 处连续；同样 $f_y(x_0, y_0)$ 存在只保证一元函数 $f(x_0, y)$ 在点 (x_0, y_0) 处连续. 举例说明如下.

例 4　设函数 $f(x,y) = \begin{cases} \frac{xy}{x^2+y^2}, & x^2+y^2 \neq 0, \\ 0, & x^2+y^2 = 0, \end{cases}$ 求 $f(x,y)$ 的偏导数并讨论 $f(x,y)$ 在点(0,0)处的连续性.

解　当 $x^2 + y^2 \neq 0$ 时，

$$f_x(x,y) = \frac{y(x^2+y^2) - xy\cdot 2x}{(x^2+y^2)^2} = \frac{y(y^2-x^2)}{(x^2+y^2)^2},$$

$$f_y(x,y) = \frac{x(x^2+y^2) - xy\cdot 2y}{(x^2+y^2)^2} = \frac{x(x^2-y^2)}{(x^2+y^2)^2}.$$

当 $x^2 + y^2 = 0$ 时，

$$f_x(0,0) = \lim_{\Delta x\to 0}\frac{f(\Delta x,0) - f(0,0)}{\Delta x} = \lim_{\Delta x\to 0}\frac{0}{\Delta x} = 0,$$

$$f_y(0,0) = \lim_{\Delta y\to 0}\frac{f(0,\Delta y) - f(0,0)}{\Delta y} = \lim_{\Delta y\to 0}\frac{0}{\Delta y} = 0.$$

由本章第 1 节的例 1 可知，函数 $f(x,y)$ 在点(0,0)处不连续.

此例说明，函数在一点的偏导数存在时，在该点不一定连续.

设二元函数 $z=f(x,y)$ 在点 (x_0,y_0) 处有偏导数,则其偏导数的几何意义为:设 $M_0(x_0,y_0,f(x_0,y_0))$ 为曲面 $z=f(x,y)$ 上一点,过点 M_0 作平面 $y=y_0$,截曲面得一曲线 $\begin{cases} z=f(x,y), \\ y=y_0, \end{cases}$ 则导数 $\dfrac{\mathrm{d}}{\mathrm{d}x}f(x,y_0)\Big|_{x=x_0}$,即偏导数 $f_x(x_0,y_0)$ 就是这条曲线在点 M_0 处的切线 M_0T_x 对 x 轴的斜率(见图 8-4).

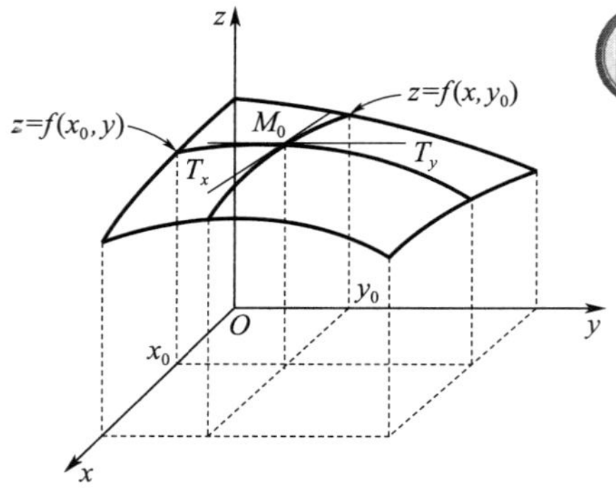

图 8-4

同样地,偏导数 $f_y(x_0,y_0)$ 的几何意义是曲面被平面 $x=x_0$ 所截得的曲线 $\begin{cases} z=f(x,y), \\ x=x_0 \end{cases}$ 在点 M_0 处的切线 M_0T_y 对 y 轴的斜率.

例

例 5 曲线 $\begin{cases} z=x^2+4y^2, \\ y=\dfrac{1}{2} \end{cases}$ 在点 $\left(\dfrac{1}{2},\dfrac{1}{2},\dfrac{5}{4}\right)$ 处的切线对 x 轴的倾角是多少?

解 设 $z=f(x,y)$,根据偏导数的几何意义,$f_x\left(\dfrac{1}{2},\dfrac{1}{2}\right)$ 就是曲线在点 $\left(\dfrac{1}{2},\dfrac{1}{2},\dfrac{5}{4}\right)$ 处的切线对 x 轴的斜率. 因为 $\dfrac{\partial z}{\partial x}=2x$,所以 $\dfrac{\partial z}{\partial x}\Big|_{\left(\frac{1}{2},\frac{1}{2}\right)}=1=\tan\alpha$,故 $\alpha=\dfrac{\pi}{4}$.

二、高阶偏导数

设函数 $z=f(x,y)$ 在区域 D 内具有偏导函数

$$\frac{\partial z}{\partial x}=f_x(x,y),\quad \frac{\partial z}{\partial y}=f_y(x,y),$$

如果这两个偏导函数的偏导数仍然存在,则称它们的偏导数是函数 $z=f(x,y)$ 的**二阶偏导数**. 按照对自变量求导次序的不同有下列四个二阶偏导数:

$$\frac{\partial}{\partial x}\left(\frac{\partial z}{\partial x}\right)=\frac{\partial^2 z}{\partial x^2}=f_{xx}(x,y),\quad \frac{\partial}{\partial y}\left(\frac{\partial z}{\partial x}\right)=\frac{\partial^2 z}{\partial x\partial y}=f_{xy}(x,y),$$

$$\frac{\partial}{\partial x}\left(\frac{\partial z}{\partial y}\right)=\frac{\partial^2 z}{\partial y\partial x}=f_{yx}(x,y),\quad \frac{\partial}{\partial y}\left(\frac{\partial z}{\partial y}\right)=\frac{\partial^2 z}{\partial y^2}=f_{yy}(x,y).$$

其中,$f_{xy}(x,y)$,$f_{yx}(x,y)$ 称为 $z=f(x,y)$ 的**二阶混合偏导数**.

同样可得三阶、四阶 …… 以及 n 阶偏导数.

二阶及二阶以上的偏导数统称为**高阶偏导数**.

例 6　设函数 $z=x^2y^2-3xy^3+x-y+\ln 2$，求 $\frac{\partial^2 z}{\partial x^2}$，$\frac{\partial^3 z}{\partial x^3}$，$\frac{\partial^2 z}{\partial x\partial y}$ 和 $\frac{\partial^2 z}{\partial y\partial x}$.

解

$$\frac{\partial z}{\partial x}=2xy^2-3y^3+1,\quad \frac{\partial z}{\partial y}=2x^2y-9xy^2-1;$$

$$\frac{\partial^2 z}{\partial x^2}=2y^2,\quad \frac{\partial^3 z}{\partial x^3}=0,$$

$$\frac{\partial^2 z}{\partial x\partial y}=4xy-9y^2,\quad \frac{\partial^2 z}{\partial y\partial x}=4xy-9y^2.$$

例 6 中的两个二阶混合偏导数相等，即 $\frac{\partial^2 z}{\partial y\partial x}=\frac{\partial^2 z}{\partial x\partial y}$. 这个结论是不是对其他的二元函数同样适用？事实上，有下面的定理.

定理 1　**如果函数 $z=f(x,y)$ 的两个二阶混合偏导数 $\frac{\partial^2 z}{\partial y\partial x}$ 及 $\frac{\partial^2 z}{\partial x\partial y}$ 在区域 D 内连续，那么在该区域内这两个二阶混合偏导数必相等.**

该定理说明，二阶混合偏导数在连续的条件下与求导次序无关，因此在求导过程中可以选择适当的求导顺序. 这个性质还可以进一步推广，即高阶混合偏导数在连续的条件下也与求导次序无关.

例 7　试证：函数 $z=\ln\sqrt{x^2+y^2}$ 满足方程 $\frac{\partial^2 z}{\partial x^2}+\frac{\partial^2 z}{\partial y^2}=0$.

证　将原式变形为 $z=\frac{1}{2}\ln(x^2+y^2)$，从而有

$$\frac{\partial z}{\partial x}=\frac{x}{x^2+y^2},\quad \frac{\partial z}{\partial y}=\frac{y}{x^2+y^2},$$

$$\frac{\partial^2 z}{\partial x^2}=\frac{(x^2+y^2)-x\cdot 2x}{(x^2+y^2)^2}=\frac{y^2-x^2}{(x^2+y^2)^2},$$

$$\frac{\partial^2 z}{\partial y^2}=\frac{(x^2+y^2)-y\cdot 2y}{(x^2+y^2)^2}=\frac{x^2-y^2}{(x^2+y^2)^2},$$

所以

$$\frac{\partial^2 z}{\partial x^2}+\frac{\partial^2 z}{\partial y^2}=\frac{x^2-y^2}{(x^2+y^2)^2}+\frac{y^2-x^2}{(x^2+y^2)^2}=0.$$

注　例 7 中，由于变量 x 和 y 具有对称性，所以只解其一即可.

三、偏导数在经济分析中的应用

在一元函数微分学中引入了边际和弹性的概念，与这些概念相似，也可以建立多元函数的边际分析和弹性分析，称其为偏边际和偏弹性，它们在经济学中有广泛的作用. 下面先以简单需求函数为例给出偏边际和偏弹性的分析.

例8 设某货物的需求量 Q 是其价格 P 及消费者收入 Y 的函数,即

$$Q=Q(P,Y).$$

当消费者收入 Y 保持不变,价格 P 改变 ΔP 时,需求量 Q 对价格 P 的偏改变量为

$$\Delta_P Q=Q(P+\Delta P,Y)-Q(P,Y).$$

比值 $\dfrac{\Delta_P Q}{\Delta P}=\dfrac{Q(P+\Delta P,Y)-Q(P,Y)}{\Delta P}$ 是需求量 Q 对价格 P 的偏平均变化率.

偏导数 $\dfrac{\partial Q}{\partial P}=\lim\limits_{\Delta P\to 0}\dfrac{\Delta_P Q}{\Delta P}$ 是当价格为 P,消费者收入为 Y 时,需求量 Q 对价格 P 的偏变化率,也称为需求量 Q 对价格 P 的**偏边际**.它表明当收入 Y 不变,价格 P 变化1个单位时,需求量变化 $\dfrac{\partial Q}{\partial P}$ 个单位.同样,可以定义需求量 Q 对收入 Y 的**偏边际**.

将 $\dfrac{EQ}{EP}=-\lim\limits_{\Delta P\to 0}\dfrac{\frac{\Delta_P Q}{Q}}{\frac{\Delta P}{P}}=-\dfrac{\partial Q}{\partial P}\dfrac{P}{Q}$ 称为需求量 Q 对价格 P 的偏弹性,它表明当收入 Y 不变,价格 P 变化1%时,需求量变化 $\dfrac{EQ}{EP}$%.

类似地,将 $\dfrac{EQ}{EY}=-\lim\limits_{\Delta Y\to 0}\dfrac{\frac{\Delta_Y Q}{Q}}{\frac{\Delta Y}{Y}}=-\dfrac{\partial Q}{\partial Y}\dfrac{Y}{Q}$ 称为需求量 Q 对收入 Y 的偏弹性.

习题 8-2

1. 求下列函数的偏导数.

(1) $z=x^2y-y^2x$;　　(2) $z=\ln^2(xy)$;

(3) $z=\dfrac{xe^y}{y^2}$;　　(4) $z=\sin(xy)+\cos^2(xy)$;

(5) $z=\arctan\dfrac{x}{y}$;　　(6) $z=(1+xy)^y$;

(7) $u=\left(\dfrac{x}{y}\right)^z$;　　(8) $u=\arctan(x-y)^z$.

2. 设 $f(x,y)=x+(y-1)\arcsin\sqrt{\dfrac{x}{y}}$,求 $f_x(x,1)$.

3. 曲线 $\begin{cases}z=\sqrt{1+x^2+y^2},\\ x=1\end{cases}$ 在点 $(1,1,\sqrt{3})$ 处的切线与 y 轴正方向所成的角是多少?

4. 求下列函数的 $\dfrac{\partial^2 z}{\partial x^2},\dfrac{\partial^2 z}{\partial y^2},\dfrac{\partial^2 z}{\partial x\partial y}$.

(1) $z=\dfrac{\cos y^2}{x}$;　　(2) $z=x^{2y}$.

5. 设 $z=y\ln(xy)$,求 $\dfrac{\partial^3 z}{\partial x^2\partial y}$ 及 $\dfrac{\partial^3 z}{\partial x\partial y^2}$.

第 3 节　全　微　分

一、全微分的概念

在二元函数偏导数的定义中引入了两个增量

$$f(x+\Delta x,y)-f(x,y),\quad f(x,y+\Delta y)-f(x,y),$$

它们分别称为函数 $z=f(x,y)$ 在点 (x,y) 处对 x 与 y 的偏增量.

根据一元函数微分的定义，当函数 $z=f(x,y)$ 在点 (x,y) 处的偏导数存在时，这两个偏增量可分别表示为

$$f(x+\Delta x,y)-f(x,y)=f_x(x,y)\Delta x+o(\Delta x),$$
$$f(x,y+\Delta y)-f(x,y)=f_y(x,y)\Delta y+o(\Delta y),$$

两式右端的第一项分别称为函数 $z=f(x,y)$ 在点 (x,y) 处对 x 和 y 的**偏微分**.

全微分的定义

在实际问题中，有时需要计算二元函数的全增量，但二元函数全增量的计算比较复杂. 与一元函数的情形类似，可以用自变量的增量 Δx 和 Δy 的线性函数来近似地代替函数的全增量.

先看下面的例子.

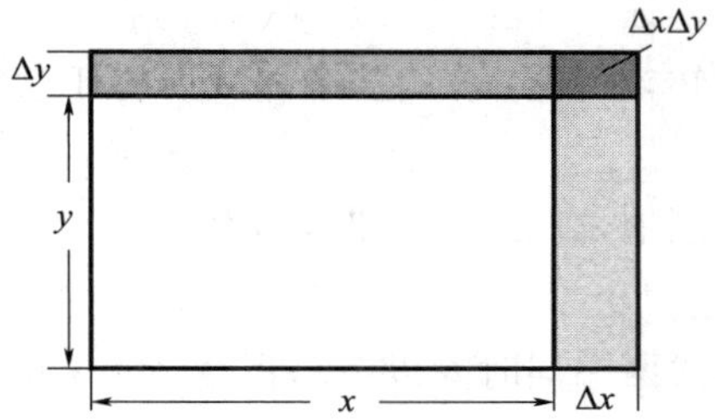

设矩形的边长分别为 x,y，则矩形的面积 $S=xy$. 如果边长 x,y 分别有增量 Δx 和 Δy，则面积 S 的全增量为

$$\Delta S=(x+\Delta x)(y+\Delta y)-xy$$
$$=y\Delta x+x\Delta y+\Delta x\Delta y.$$

其中，$y\Delta x+x\Delta y$ 是 $\Delta x,\Delta y$ 的线性函数；$\Delta x\Delta y$ 是当 $\Delta x\to 0$，$\Delta y\to 0$ 时比 $\rho=\sqrt{(\Delta x)^2+(\Delta y)^2}$ 高阶的无穷小. 如果以 $y\Delta x+x\Delta y$ 近似地表示 ΔS，其差 $\Delta S-(y\Delta x+x\Delta y)$ 是一个比 ρ 高阶的无穷小. 将 $y\Delta x+x\Delta y$ 称为函数 $S=xy$ 在点 (x,y) 处的全微分. 下面给出二元函数全微分的定义.

定义 2　设二元函数 $z=f(x,y)$ 在点 (x,y) 的某邻域内有定义，若 $z=f(x,y)$ 在点 (x,y) 处的全增量

$$\Delta z=f(x+\Delta x,y+\Delta y)-f(x,y)$$

可表示为

$$\Delta z=A\Delta x+B\Delta y+o(\rho)\quad\left(\rho=\sqrt{(\Delta x)^2+(\Delta y)^2}\right),\tag{8-4}$$

其中，A,B 不依赖于 $\Delta x,\Delta y$，而仅与 x,y 有关，则称函数 $z=f(x,y)$ 在点 (x,y) 处**可微分**（简称可微）. 此时，称 $A\Delta x+B\Delta y$ 为函数 $z=f(x,y)$ 在点 (x,y) 处的**全微分**，记作 $\mathrm{d}z$，即

$$\mathrm{d}z=A\Delta x+B\Delta y.\tag{8-5}$$

如果函数在区域 D 内各点处都可微分，那么称该函数在 D 内可微分.

根据函数 $z=f(x,y)$ 在点 (x,y) 处可微分的定义,有

$$\Delta z=f(x+\Delta x,y+\Delta y)-f(x,y)=A\Delta x+B\Delta y+o(\rho),$$

因此

$$\lim_{(\Delta x,\Delta y)\to(0,0)}\Delta z=\lim_{\rho\to 0}\Delta z=0,$$

即

$$\lim_{(\Delta x,\Delta y)\to(0,0)}f(x+\Delta x,y+\Delta y)=\lim_{\rho\to 0}[f(x,y)+\Delta z]=f(x,y).$$

所以,函数 $z=f(x,y)$ 在点 (x,y) 处连续.由此可得,**若函数 $z=f(x,y)$ 在点 (x,y) 处可微分,则函数在该点一定连续.**

在一元函数中,函数可微分与函数可导是等价的,对于多元函数,情况就复杂得多.下面仅从函数 $z=f(x,y)$ 在点 (x,y) 处可微分的条件入手,来讨论偏导数与全微分的关系.

定理 2(**必要条件**) 如果函数 $z=f(x,y)$ 在点 (x,y) 处可微分,则函数 $z=f(x,y)$ 在该点的偏导数 $\frac{\partial z}{\partial x},\frac{\partial z}{\partial y}$ 必存在,且函数 $z=f(x,y)$ 在点 (x,y) 处的全微分为

$$\mathrm{d}z=\frac{\partial z}{\partial x}\Delta x+\frac{\partial z}{\partial y}\Delta y. \tag{8-6}$$

证 设函数 $z=f(x,y)$ 在点 $P(x,y)$ 处可微分.由二元函数全微分的定义可知,对于点 P 的某个邻域内的任意一点 $P_1(x+\Delta x,y+\Delta y)$,有

$$\Delta z=A\Delta x+B\Delta y+o(\rho).$$

特别地,当 $\Delta y=0$ 时,即取 $\rho=|\Delta x|$,则有

$$f(x+\Delta x,y)-f(x,y)=A\Delta x+o(\rho),$$

上式两端同时除以 Δx,再令 $\Delta x\to 0$,得

$$\lim_{\Delta x\to 0}\frac{f(x+\Delta x,y)-f(x,y)}{\Delta x}=A,$$

从而偏导数 $\frac{\partial z}{\partial x}$ 存在,且 $\frac{\partial z}{\partial x}=A$.

同理可证偏导数 $\frac{\partial z}{\partial y}$ 存在,且 $\frac{\partial z}{\partial y}=B$.所以式(8-6)成立.

定理 2 说明,偏导数 $\frac{\partial z}{\partial x},\frac{\partial z}{\partial y}$ 存在是函数 $z=f(x,y)$ 在点 (x,y) 处可微分的必要条件,但不是充分条件.

例如,函数

$$f(x,y)=\begin{cases}\dfrac{xy}{\sqrt{x^2+y^2}}, & x^2+y^2\neq 0,\\ 0, & x^2+y^2=0\end{cases}$$

在点 $(0,0)$ 处有 $f_x(0,0)=0$ 及 $f_y(0,0)=0$,从而有

$$\Delta z-[f_x(0,0)\Delta x+f_y(0,0)\Delta y]=\frac{\Delta x\cdot\Delta y}{\sqrt{(\Delta x)^2+(\Delta y)^2}}.$$

又

$$\lim_{(\Delta x,\Delta y)\to(0,0)}\frac{\Delta z-[f_x(0,0)\Delta x+f_y(0,0)\Delta y]}{\rho}=\lim_{(\Delta x,\Delta y)\to(0,0)}\frac{\Delta x\cdot\Delta y}{(\Delta x)^2+(\Delta y)^2},$$

由本章第 1 节的例 1 可知,此极限不存在.故函数在点(0,0)处不可微分.

定理 3(充分条件)　如果函数 $z=f(x,y)$ 的偏导数 $\frac{\partial z}{\partial x}$, $\frac{\partial z}{\partial y}$ 在点 (x,y) 处连续,则函数 $z=f(x,y)$ 在该点处可微分.

定理 3 的证明略.

以上关于二元函数全微分的定义及可微分的必要条件和充分条件,可推广到三元及三元以上的多元函数.

习惯上,将自变量的增量 $\Delta x,\Delta y$ 分别记作 $\mathrm{d}x,\mathrm{d}y$,并称为**自变量的微分**,于是函数 $z=f(x,y)$ 的全微分可写作

$$\mathrm{d}z=\frac{\partial z}{\partial x}\mathrm{d}x+\frac{\partial z}{\partial y}\mathrm{d}y. \tag{8-7}$$

二元函数的全微分等于它的两个偏微分之和,称二元函数的微分符合**叠加原理**.叠加原理也适用于二元以上的函数,如三元函数 $u=f(x,y,z)$ 的全微分为

$$\mathrm{d}u=\frac{\partial u}{\partial x}\mathrm{d}x+\frac{\partial u}{\partial y}\mathrm{d}y+\frac{\partial u}{\partial z}\mathrm{d}z.$$

例

例 1　计算函数 $z=x^3y^2+y$ 的全微分.

解　因为 $\frac{\partial z}{\partial x}=3x^2y^2$, $\frac{\partial z}{\partial y}=2x^3y+1$,所以

$$\mathrm{d}z=3x^2y^2\mathrm{d}x+(2x^3y+1)\mathrm{d}y.$$

例 2　计算函数 $z=\mathrm{e}^{xy+2x}$ 在点(1,1)处的全微分.

解　因为 $\frac{\partial z}{\partial x}=(y+2)\mathrm{e}^{xy+2x}$, $\frac{\partial z}{\partial y}=x\mathrm{e}^{xy+2x}$, $\left.\frac{\partial z}{\partial x}\right|_{(1,1)}=3\mathrm{e}^3$, $\left.\frac{\partial z}{\partial y}\right|_{(1,1)}=\mathrm{e}^3$,

所以

$$\mathrm{d}z=3\mathrm{e}^3\mathrm{d}x+\mathrm{e}^3\mathrm{d}y.$$

例 3　计算函数 $u=\left(\frac{x}{y}\right)^z$ 的全微分.

解　因为 $\frac{\partial u}{\partial x}=z\left(\frac{x}{y}\right)^{z-1}\frac{1}{y}=\frac{zx^{z-1}}{y^z}$, $\frac{\partial u}{\partial y}=-z\left(\frac{x}{y}\right)^{z-1}\frac{x}{y^2}=-\frac{zx^z}{y^{z+1}}$, $\frac{\partial u}{\partial z}=\left(\frac{x}{y}\right)^z\ln\frac{x}{y}$,

所以

$$\mathrm{d}u=\frac{zx^{z-1}}{y^z}\mathrm{d}x-\frac{zx^z}{y^{z+1}}\mathrm{d}y+\left(\frac{x}{y}\right)^z\ln\frac{x}{y}\mathrm{d}z.$$

二、全微分在近似计算中的应用

如果函数 $z=f(x,y)$ 在点 (x,y) 处可微分,并且 $|\Delta x|$, $|\Delta y|$ 都较小,那么有如下近似计算公式

$$\Delta z=f(x+\Delta x,y+\Delta y)-f(x,y)\approx f_x(x,y)\Delta x+f_y(x,y)\Delta y=\mathrm{d}y,$$

从而有

$$f(x+\Delta x,y+\Delta y)\approx f(x,y)+f_x(x,y)\Delta x+f_y(x,y)\Delta y.$$

例 4 计算$(1.02)^{2.01}$的近似值.

解 设函数$f(x,y)=x^y$,显然要计算的值就是函数在$x=1.02,y=2.01$时的函数值$f(1.02,2.01)$.

取$x=1,y=2,\Delta x=0.02,\Delta y=0.01$,则由

$$f(x+\Delta x,y+\Delta y)\approx f(x,y)+f_x(x,y)\Delta x+f_y(x,y)\Delta y$$

得

$$f(1.02,2.01)\approx f(1,2)+yx^{y-1}\Big|_{\substack{x=1\\y=2}}\Delta x+x^y\ln x\Big|_{\substack{x=1\\y=2}}\Delta y$$

$$=1^2+2\times1\times0.02+1^2\times\ln1\times0.01=1.04.$$

习题 8-3

1. 求下列函数的全微分.

(1)$z=\dfrac{y}{\sqrt{x^2+y^2}}$; (2)$z=xy+\dfrac{x}{y}$;

(3)$u=e^x(x^2+2y+z^2)$; (4)$u=x^{yz}$.

2. 求函数$z=\dfrac{y}{x}$当$x=2,y=1,\Delta x=0.1,\Delta y=-0.2$时的全微分.

3. 计算下列各式的近似值.

(1)$\ln(\sqrt[3]{1.03}+\sqrt[4]{0.98}-1)$; (2)$\sin29°\tan46°$.

4. 某工厂要用水泥做一个无盖长方形水池,它的外形尺寸为长5 m,宽4 m,高3 m,且它的四壁及底的厚度均为20 cm,求需要使用水泥的体积(近似值).

第4节 多元复合函数的求导法则

一元函数微分学中,复合函数求导法则起着举足轻重的作用,同样,多元复合函数的求导问题也是多元函数微分学中的重点.本节将一元函数微分学中的复合函数求导法则推广到多元函数的情形,并根据多元函数的中间变量是一元还是多元的情况来推导多元复合函数的求导公式.

一、中间变量为一元函数的情形

定理 1 设函数$u=\varphi(t)$与$v=\psi(t)$在点t处都可导,且函数$z=f(u,v)$在对应点(u,v)处具有连续偏导数,则复合函数$z=f[\varphi(t),\psi(t)]$在点t处也可导,且有

$$\frac{dz}{dt}=\frac{\partial z}{\partial u}\cdot\frac{du}{dt}+\frac{\partial z}{\partial v}\cdot\frac{dv}{dt}. \tag{8-8}$$

定理1的证明略.为了更简单明了地掌握复合函数的求导公式,可以借助函数的链式结构图来帮助理解.

式(8-8)的等号右端是偏导数与导数乘积的和式,它与函数自身的结构有密

切的关系. z 是 u,v 的二元函数，而 u 和 v 都是 t 的一元函数，用函数的链式结构图来表示，如图 8-5 所示.

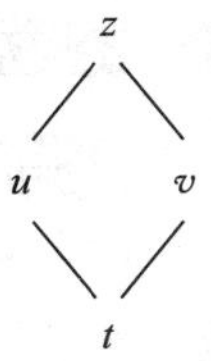

图 8-5

从图 8-5 中可以看出，z 经中间变量 u,v 到达 t 有两条路径，而式(8-8) 的等号右端正好是两个式子相加；每条路径都是由两段组成，而式(8-8) 中两个式子都是偏导数和导数的乘积.

推广　设函数 $u=\varphi(t)$，$v=\psi(t)$ 及 $w=\omega(t)$ 都在点 t 处可导，函数 $z=f(u,v,w)$ 在对应点 (u,v,w) 处具有连续偏导数，则复合函数

$$z=f[\varphi(t),\psi(t),\omega(t)]$$

在点 t 处可导，且有

$$\frac{\mathrm{d}z}{\mathrm{d}t}=\frac{\partial z}{\partial u}\cdot\frac{\mathrm{d}u}{\mathrm{d}t}+\frac{\partial z}{\partial v}\cdot\frac{\mathrm{d}v}{\mathrm{d}t}+\frac{\partial z}{\partial w}\cdot\frac{\mathrm{d}w}{\mathrm{d}t}. \tag{8-9}$$

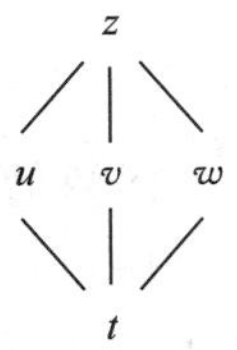

图 8-6

从函数的链式结构图(见图 8-6) 中可以看出，由 z 经中间变量 u,v,w 到达 t 有三条路径，因此式(8-9) 的等号右端是三项之和.

式(8-8) 及式(8-9) 中的导数 $\frac{\mathrm{d}z}{\mathrm{d}t}$，称为函数的**全导数**.

例 1　设函数 $z=x^2+2xy+y^2$，$x=t^2$，$y=2t$，求 $\frac{\mathrm{d}z}{\mathrm{d}t}$，$\frac{\mathrm{d}^2z}{\mathrm{d}t^2}$.

解

$$\begin{aligned}\frac{\mathrm{d}z}{\mathrm{d}t}&=\frac{\partial z}{\partial x}\cdot\frac{\mathrm{d}x}{\mathrm{d}t}+\frac{\partial z}{\partial y}\cdot\frac{\mathrm{d}y}{\mathrm{d}t}\\&=(2x+2y)\cdot 2t+(2x+2y)\cdot 2\\&=4t^3+12t^2+8t,\end{aligned}$$

$$\frac{\mathrm{d}^2z}{\mathrm{d}t^2}=12t^2+24t+8.$$

例 2　设函数 $z=uv+\ln t$，$u=\sin t$，$v=\mathrm{e}^{2t}$，求全导数 $\frac{\mathrm{d}z}{\mathrm{d}t}$.

解

$$\begin{aligned}\frac{\mathrm{d}z}{\mathrm{d}t}&=\frac{\partial z}{\partial u}\cdot\frac{\mathrm{d}u}{\mathrm{d}t}+\frac{\partial z}{\partial v}\cdot\frac{\mathrm{d}v}{\mathrm{d}t}+\frac{\partial z}{\partial t}\\&=v\cdot\cos t+u\cdot 2\mathrm{e}^{2t}+\frac{1}{t}\\&=\mathrm{e}^{2t}\cos t+\sin t\cdot 2\mathrm{e}^{2t}+\frac{1}{t}\\&=\mathrm{e}^{2t}(\cos t+2\sin t)+\frac{1}{t}.\end{aligned}$$

注　例 2 中的 $\frac{\mathrm{d}z}{\mathrm{d}t}$ 和 $\frac{\partial z}{\partial t}$ 的含义是不一样的. $\frac{\mathrm{d}z}{\mathrm{d}t}$ 表示函数复合后的一元函数 $z=f[u(t),v(t),t]$ 对 t 的全导数，而 $\frac{\partial z}{\partial t}$ 表示函数复合前的三元函数对自变量 t 的偏导数.

二、中间变量为多元函数的情形

定理 2 如果函数 $u=\varphi(x,y)$，$v=\psi(x,y)$ 都在点 (x,y) 处具有对 x 与 y 的偏导数，函数 $z=f(u,v)$ 在对应点 (u,v) 处具有连续的偏导数，则复合函数 $z=f[\varphi(x,y),\psi(x,y)]$ 在点 (x,y) 处的两个偏导数都存在，且有

$$\frac{\partial z}{\partial x}=\frac{\partial z}{\partial u}\cdot\frac{\partial u}{\partial x}+\frac{\partial z}{\partial v}\cdot\frac{\partial v}{\partial x},$$

$$\frac{\partial z}{\partial y}=\frac{\partial z}{\partial u}\cdot\frac{\partial u}{\partial y}+\frac{\partial z}{\partial v}\cdot\frac{\partial v}{\partial y}.$$

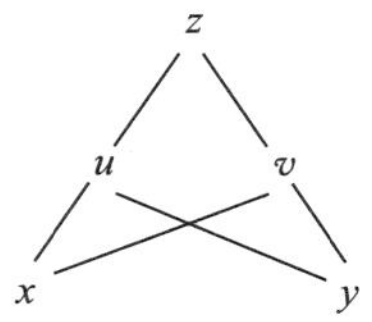

图 8-7

函数的链式结构图如图 8-7 所示.

推广 设函数 $u=\varphi(x,y)$，$v=\psi(x,y)$，$w=\omega(x,y)$ 都在点 (x,y) 处具有对 x 与 y 的偏导数，函数 $z=f(u,v,w)$ 在相应的点 (u,v,w) 处具有连续的偏导数，则复合函数 $z=f[\varphi(x,y),\psi(x,y),\omega(x,y)]$ 在点 (x,y) 处的两个偏导数都存在，且

$$\frac{\partial z}{\partial x}=\frac{\partial z}{\partial u}\cdot\frac{\partial u}{\partial x}+\frac{\partial z}{\partial v}\cdot\frac{\partial v}{\partial x}+\frac{\partial z}{\partial w}\cdot\frac{\partial w}{\partial x},$$

$$\frac{\partial z}{\partial y}=\frac{\partial z}{\partial u}\cdot\frac{\partial u}{\partial y}+\frac{\partial z}{\partial v}\cdot\frac{\partial v}{\partial y}+\frac{\partial z}{\partial w}\cdot\frac{\partial w}{\partial y}.$$

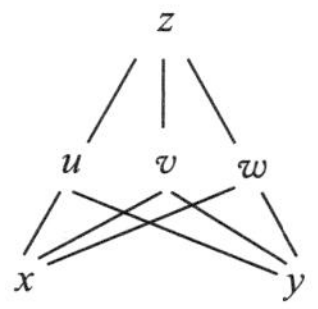

图 8-8

函数的链式结构图如图 8-8 所示.

多元函数的复合可以是多种多样的，要善于分析函数间的复合关系，灵活运用定理 1、定理 2 中的求导法则.

例如，设 $z=f(u,v)$，而 $u=\varphi(x,y)$，$v=\psi(y)$，则

$$\frac{\partial z}{\partial x}=\frac{\partial z}{\partial u}\cdot\frac{\partial u}{\partial x},\quad \frac{\partial z}{\partial y}=\frac{\partial z}{\partial u}\cdot\frac{\partial u}{\partial y}+\frac{\partial z}{\partial v}\cdot\frac{\mathrm{d}v}{\mathrm{d}y}.$$

又如，设 $z=f(u,x,y)$，而 $u=\varphi(x,y)$，则

$$\frac{\partial z}{\partial x}=\frac{\partial f}{\partial u}\cdot\frac{\partial u}{\partial x}+\frac{\partial f}{\partial x},\quad \frac{\partial z}{\partial y}=\frac{\partial f}{\partial u}\cdot\frac{\partial u}{\partial y}+\frac{\partial f}{\partial y}.$$

这里 $\frac{\partial z}{\partial x}$ 与 $\frac{\partial f}{\partial x}$ 是不同的，$\frac{\partial z}{\partial x}$ 是将复合函数 $z=f[\varphi(x,y),x,y]$ 中的 y 看作常量而对 x 求偏导数，即函数 $z=f[\varphi(x,y),x,y]$ 对自变量 x 的偏导数；而 $\frac{\partial f}{\partial x}$ 是将三元函数 $z=f(u,x,y)$ 中的 u 及 y 看作常量而对 x 求偏导数，即在 $f(u,x,y)$ 中将 x,y,u 看成地位相同的自变量，求函数 $f(u,x,y)$ 对自变量 x 的偏导数. $\frac{\partial z}{\partial y}$ 与 $\frac{\partial f}{\partial y}$ 也有类似的区别.

例 3 设函数 $z=\mathrm{e}^u v^3$，$u=xy$，$v=x-y$，求 $\frac{\partial z}{\partial x}$ 和 $\frac{\partial z}{\partial y}$.

解

$$\begin{aligned}\frac{\partial z}{\partial x}&=\frac{\partial z}{\partial u}\cdot\frac{\partial u}{\partial x}+\frac{\partial z}{\partial v}\cdot\frac{\partial v}{\partial x}\\&=\mathrm{e}^u v^3\cdot y+3\mathrm{e}^u v^2\cdot 1\end{aligned}$$

$$= e^{xy}(x-y)^3\cdot y+3e^{xy}(x-y)^2$$
$$= e^{xy}(x-y)^2(xy-y^2+3),$$
$$\frac{\partial z}{\partial y}=\frac{\partial z}{\partial u}\cdot\frac{\partial u}{\partial y}+\frac{\partial z}{\partial v}\cdot\frac{\partial v}{\partial y}$$
$$= e^u v^3\cdot x+3e^u v^2\cdot(-1)$$
$$= e^{xy}(x-y)^3\cdot x-3e^{xy}(x-y)^2$$
$$= e^{xy}(x-y)^2(x^2-xy-3).$$

例 4　设函数 $u=f(x,y,z)=e^{x^2+y^2+z^2}$，而 $z=x^2\sin y$，求 $\frac{\partial u}{\partial x}$ 和 $\frac{\partial u}{\partial y}$.

解

$$\frac{\partial u}{\partial x}=\frac{\partial f}{\partial x}+\frac{\partial f}{\partial z}\cdot\frac{\partial z}{\partial x}$$
$$=2xe^{x^2+y^2+z^2}+2ze^{x^2+y^2+z^2}\cdot 2x\sin y$$
$$=2x(1+2x^2\sin^2 y)e^{x^2+y^2+x^4\sin^2 y};$$
$$\frac{\partial u}{\partial y}=\frac{\partial f}{\partial y}+\frac{\partial f}{\partial z}\cdot\frac{\partial z}{\partial y}$$
$$=2ye^{x^2+y^2+z^2}+2ze^{x^2+y^2+z^2}\cdot x^2\cos y$$
$$=2(y+x^4\sin y\cos y)e^{x^2+y^2+x^4\sin^2 y}.$$

例 5　设函数 $w=f(x+y,xyz)$，f 具有连续偏导数，求 $\frac{\partial w}{\partial x}$，$\frac{\partial w}{\partial y}$ 及 $\frac{\partial w}{\partial z}$.

解　令 $u=x+y$，$v=xyz$，则 $w=f(u,v)$.

为了方便表达，引入记号：$f'_1=\frac{\partial f(u,v)}{\partial u}$，$f'_2=\frac{\partial f(u,v)}{\partial v}$（下标 1 表示对第一个变量 u 求偏导，下标 2 表示对第二个变量 v 求偏导）.

$$\frac{\partial w}{\partial x}=\frac{\partial f}{\partial u}\cdot\frac{\partial u}{\partial x}+\frac{\partial f}{\partial v}\cdot\frac{\partial v}{\partial x}=f'_1+yzf'_2,$$
$$\frac{\partial w}{\partial y}=\frac{\partial f}{\partial u}\cdot\frac{\partial u}{\partial y}+\frac{\partial f}{\partial v}\cdot\frac{\partial v}{\partial y}=f'_1+xzf'_2.$$
$$\frac{\partial w}{\partial z}=\frac{\partial f}{\partial v}\cdot\frac{\partial v}{\partial z}=xyf'_2.$$

思考　如果例 5 中 f 具有二阶连续偏导数，如何求 $\frac{\partial^2 w}{\partial x\partial z}$？

三、全微分形式不变性

设函数 $z=f(u,v)$ 具有连续偏导数，则有全微分

$$dz=\frac{\partial z}{\partial u}du+\frac{\partial z}{\partial v}dv.$$

如果函数 $u=u(x,y)$，$v=v(x,y)$ 也具有连续偏导数，则复合函数 $z=f[u(x,y),v(x,y)]$ 可微分，从而有

$$dz=\frac{\partial z}{\partial x}dx+\frac{\partial z}{\partial y}dy$$
$$=\left(\frac{\partial z}{\partial u}\cdot\frac{\partial u}{\partial x}+\frac{\partial z}{\partial v}\cdot\frac{\partial v}{\partial x}\right)dx+\left(\frac{\partial z}{\partial u}\cdot\frac{\partial u}{\partial y}+\frac{\partial z}{\partial v}\cdot\frac{\partial v}{\partial y}\right)dy$$

$$= \frac{\partial z}{\partial u}\left(\frac{\partial u}{\partial x}\mathrm{d}x + \frac{\partial u}{\partial y}\mathrm{d}y\right) + \frac{\partial z}{\partial v}\left(\frac{\partial v}{\partial x}\mathrm{d}x + \frac{\partial v}{\partial y}\mathrm{d}y\right)$$

$$= \frac{\partial z}{\partial u}\mathrm{d}u + \frac{\partial z}{\partial v}\mathrm{d}v.$$

由此可见,无论 z 是自变量 x,y 的函数,还是中间变量 u,v 的函数,它的全微分的形式是一样的.这个性质称为**全微分形式不变性**.

例 6 设函数 $z = \mathrm{e}^u v^3$,$u = xy$,$v = x - y$,利用全微分形式不变性求 $\frac{\partial z}{\partial x}$ 和 $\frac{\partial z}{\partial y}$.

解 由全微分形式不变性得

$$\begin{aligned}\mathrm{d}z &= \frac{\partial z}{\partial u}\mathrm{d}u + \frac{\partial z}{\partial v}\mathrm{d}v \\ &= \mathrm{e}^u v^3 \mathrm{d}u + 3\mathrm{e}^u v^2 \mathrm{d}v \\ &= \mathrm{e}^u v^3 (x\mathrm{d}y + y\mathrm{d}x) + 3\mathrm{e}^u v^2 (\mathrm{d}x - \mathrm{d}y) \\ &= \mathrm{e}^u v^2 [(vy + 3)\mathrm{d}x + (vx - 3)\mathrm{d}y] \\ &= \mathrm{e}^{xy}(x - y)^2[(xy - y^2 + 3)\mathrm{d}x + (x^2 - xy - 3)\mathrm{d}y],\end{aligned}$$

从而可得

$$\frac{\partial z}{\partial x} = \mathrm{e}^{xy}(x - y)^2(xy - y^2 + 3),$$

$$\frac{\partial z}{\partial y} = \mathrm{e}^{xy}(x - y)^2(x^2 - xy - 3).$$

以上结果和例 3 的结果一致.由此可见,全微分形式不变性不仅可以用来求多元函数的全微分,还可以用来求偏导数.

例 7 设函数 $z = f(x^2 - y^2, \mathrm{e}^{xy})$,求 $\frac{\partial z}{\partial x}, \frac{\partial z}{\partial y}$.

解 由全微分形式不变性得

$$\begin{aligned}\mathrm{d}z &= f'_1 \mathrm{d}(x^2 - y^2) + f'_2 \mathrm{d}(\mathrm{e}^{xy}) \\ &= f'_1(2x\mathrm{d}x - 2y\mathrm{d}y) + f'_2(y\mathrm{e}^{xy}\mathrm{d}x + x\mathrm{e}^{xy}\mathrm{d}y) \\ &= (2xf'_1 + y\mathrm{e}^{xy}f'_2)\mathrm{d}x + (x\mathrm{e}^{xy}f'_2 - 2yf'_1)\mathrm{d}y,\end{aligned}$$

从而有

$$\frac{\partial z}{\partial x} = 2xf'_1 + y\mathrm{e}^{xy}f'_2, \quad \frac{\partial z}{\partial y} = x\mathrm{e}^{xy}f'_2 - 2yf'_1.$$

习题 8-4

1. 求下列函数的全导数.

(1) 设 $z = \mathrm{e}^{x-2y}$,而 $x = \ln t^2$,$y = \cos t$;

(2) 设 $z = \arctan xy$,而 $y = \mathrm{e}^x$;

(3) 设 $u = \dfrac{\mathrm{e}^{ax}(y - z)}{a^2 + 1}$,而 $y = a\sin x$,$z = \cos x$.

2. 求下列函数的一阶偏导数.

(1) 设 $z = u^2 \ln v$,而 $u = \dfrac{y}{x}$,$v = x - y$;

(2) 设 $z = \mathrm{e}^{uv}$,而 $u = x^2 + y^2$,$v = \dfrac{y}{x}$.

3. 设 $z=\arctan\frac{x}{y}$，而 $x=u+v,y=u-v$，证明：

$$\frac{\partial z}{\partial u}+\frac{\partial z}{\partial v}=\frac{u-v}{u^2+v^2}.$$

4. 求下列函数的一阶偏导数(其中 f 具有一阶连续偏导数).

(1) $u=f(x^2-y^2,e^{xy})$；　　(2) $u=f\left(\frac{x}{y},\frac{y}{z}\right)$；

(3) $u=f(x,xy,xyz)$.

第 5 节　隐函数的求导方法

在一元函数微分学中，给出了由方程 $F(x,y)=0$ 所确定的隐函数的求导方法. 现在根据多元复合函数的求导法则，给出隐函数的求导公式.

隐函数存在定理 1　设函数 $F(x,y)$ 在点 $P(x_0,y_0)$ 的某一邻域内具有连续偏导数，且 $F(x_0,y_0)=0,F_y(x_0,y_0)\neq 0$，则方程 $F(x,y)=0$ 在点 $P(x_0,y_0)$ 的某一邻域内恒能唯一确定一个单值、连续且具有连续导数的函数 $y=f(x)$，它满足条件 $y_0=f(x_0)$，并有

$$\frac{\mathrm{d}y}{\mathrm{d}x}=-\frac{F_x}{F_y}. \tag{8-10}$$

式(8-10) 就是隐函数的求导公式.

下面只给出式(8-10) 的推导，对隐函数的存在性不作证明.

将方程 $F(x,y)=0$ 所确定的隐函数 $y=f(x)$ 代入方程 $F(x,y)=0$，得恒等式

$$F[x,f(x)]\equiv 0.$$

将上式等号左端看作变量 x 的复合函数，求这个复合函数的全导数. 由于恒等式两端求导后仍恒等，根据复合函数的求导法则，得

$$\frac{\partial F}{\partial x}+\frac{\partial F}{\partial y}\cdot\frac{\mathrm{d}y}{\mathrm{d}x}=0\Rightarrow F_x+F_y\frac{\mathrm{d}y}{\mathrm{d}x}=0.$$

又因为 F_y 连续，且 $F_y(x_0,y_0)\neq 0$，所以存在点 $P(x_0,y_0)$ 的一个邻域，在这个邻域内 $F_y\neq 0$，于是得

$$\frac{\mathrm{d}y}{\mathrm{d}x}=-\frac{F_x}{F_y}.$$

如果 $F(x,y)$ 存在二阶偏导数且都连续，可以将式(8-10) 的右端看作 x 的复合函数，对两端再一次求导，得二阶导数.

$$\begin{aligned}\frac{\mathrm{d}^2y}{\mathrm{d}x^2}&=\frac{\partial}{\partial x}\left(-\frac{F_x}{F_y}\right)+\frac{\partial}{\partial y}\left(-\frac{F_x}{F_y}\right)\frac{\mathrm{d}y}{\mathrm{d}x}\\&=-\frac{F_{xx}F_y-F_{yx}F_x}{F_y^2}-\frac{F_{xy}F_y-F_{yy}F_x}{F_y^2}\left(-\frac{F_x}{F_y}\right)\\&=-\frac{F_{xx}F_y^2-2F_{yx}F_xF_y+F_{yy}F_x^2}{F_y^3}\end{aligned}$$

例1 验证方程 $x^2+y^2=1$ 在点(0,1)的某一邻域内能唯一确定一个有连续导数且当 $x=0$ 时 $y=1$ 的隐函数 $y=f(x)$,并求该函数的一阶与二阶导数在点 $x=0$ 处的值.

解 设函数 $F(x,y)=x^2+y^2-1$,则 $F_x=2x,F_y=2y,F(0,1)=0,F_y(0,1)=2\neq 0$.因此,由隐函数存在定理1可知,方程 $x^2+y^2=1$ 在点(0,1)的某一邻域内能唯一确定一个有连续导数且当 $x=0$ 时 $y=1$ 的隐函数 $y=f(x)$.

$$\frac{\mathrm{d}y}{\mathrm{d}x}=-\frac{F_x}{F_y}=-\frac{x}{y},\quad \left.\frac{\mathrm{d}y}{\mathrm{d}x}\right|_{x=0}=0;$$

$$\frac{\mathrm{d}^2y}{\mathrm{d}x^2}=-\frac{y-xy'}{y^2}=-\frac{y-x\left(-\frac{x}{y}\right)}{y^2}=-\frac{y^2+x^2}{y^3}=-\frac{1}{y^3},$$

$$\left.\frac{\mathrm{d}^2y}{\mathrm{d}x^2}\right|_{x=0}=-1.$$

例2 求由方程 $y=1+xe^y$ 所确定的隐函数的导数 $\frac{\mathrm{d}y}{\mathrm{d}x},\frac{\mathrm{d}^2y}{\mathrm{d}x^2}$.

解 设函数 $F(x,y)=1+xe^y-y$,则 $F_x=e^y,F_y=xe^y-1$.当 $xe^y\neq 1$ 时,由式(8-10)得

$$\frac{\mathrm{d}y}{\mathrm{d}x}=-\frac{F_x}{F_y}=-\frac{e^y}{xe^y-1}=\frac{e^y}{1-xe^y}=\frac{e^y}{2-y},$$

$$\frac{\mathrm{d}^2y}{\mathrm{d}x^2}=\frac{\mathrm{d}}{\mathrm{d}x}\left(\frac{e^y}{2-y}\right)=\frac{e^yy'(2-y)-e^y(-y')}{(2-y)^2}=\frac{(3-y)e^y\cdot\frac{e^y}{2-y}}{(2-y)^2}=\frac{(3-y)e^{2y}}{(2-y)^3}.$$

类似于一元隐函数存在定理(隐函数存在定理1),也有多元隐函数存在定理.

隐函数存在定理2 设函数 $F(x,y,z)$ 在点 $P(x_0,y_0,z_0)$ 的某一邻域内具有连续偏导数,且 $F(x_0,y_0,z_0)=0,F_z(x_0,y_0,z_0)\neq 0$,则方程 $F(x,y,z)=0$ 在点 $P(x_0,y_0,z_0)$ 的某一邻域内恒能唯一确定一个单值、连续且具有连续偏导数的二元函数 $z=f(x,y)$,它满足条件 $z_0=f(x_0,y_0)$,并有

$$\frac{\partial z}{\partial x}=-\frac{F_x}{F_z},\quad \frac{\partial z}{\partial y}=-\frac{F_y}{F_z}. \tag{8-11}$$

与前面一样,只给出式(8-11)的推导.

将 $z=f(x,y)$ 代入 $F(x,y,z)=0$,得

$$F[x,y,f(x,y)]\equiv 0.$$

上式两端对 x 和 y 分别求导,由于左端可以看成 x 和 y 的复合函数,根据多元复合函数求导法则,得

$$F_x+F_z\cdot\frac{\partial z}{\partial x}=0,\quad F_y+F_z\cdot\frac{\partial z}{\partial y}=0.$$

又因为 F_z 连续,且 $F_z(x_0,y_0,z_0)\neq 0$,所以存在点 (x_0,y_0,z_0) 的某个邻域,使 $F_z\neq 0$,于是得

$$\frac{\partial z}{\partial x}=-\frac{F_x}{F_z},\quad \frac{\partial z}{\partial y}=-\frac{F_y}{F_z}.$$

上面关于式(8-11)的推导过程，本身就是隐函数的一种求导方法.

例

例 3　设 $x^2-y^2+z^2-4z=0$，求$\dfrac{\partial z}{\partial x},\dfrac{\partial z}{\partial y}$.

解　方法一　设 $F(x,y,z)=x^2-y^2+z^2-4z$，则 $F_x=2x, F_y=-2y, F_z=2z-4$. 当 $z\neq 2$ 时，由式(8-11)，得

$$\frac{\partial z}{\partial x}=-\frac{F_x}{F_z}=-\frac{2x}{2z-4}=\frac{x}{2-z},$$

$$\frac{\partial z}{\partial y}=-\frac{F_y}{F_z}=-\frac{-2y}{2z-4}=\frac{y}{z-2}.$$

方法二　此题也可用微分法求解，即等式左、右两端同时求微分：

$$\mathrm{d}(x^2-y^2+z^2-4z)=0,$$

$$2x\mathrm{d}x-2y\mathrm{d}y=4\mathrm{d}z-2z\mathrm{d}z,$$

$$(2-z)\mathrm{d}z=x\mathrm{d}x-y\mathrm{d}y,$$

从而有 $\mathrm{d}z=\dfrac{x}{2-z}\mathrm{d}x-\dfrac{y}{2-z}\mathrm{d}y$，则$\dfrac{\partial z}{\partial x}=\dfrac{x}{2-z},\dfrac{\partial z}{\partial y}=\dfrac{y}{z-2}$.

隐函数求导中的常见错误

例 4　求由方程$\dfrac{x}{z}=\ln\dfrac{z}{y}$所确定的隐函数 $z=f(x,y)$ 的偏导数$\dfrac{\partial z}{\partial x},\dfrac{\partial z}{\partial y}$.

解　设 $F(x,y,z)=\ln\dfrac{z}{y}-\dfrac{x}{z}$，则

$$F_x=-\frac{1}{z},\quad F_y=\frac{y}{z}\left(-\frac{z}{y^2}\right)=-\frac{1}{y},\quad F_z=\frac{y}{z}\cdot\frac{1}{y}+\frac{x}{z^2}=\frac{x+z}{z^2}.$$

根据式(8-11)，当 $F_z\neq 0$ 时，有

$$\frac{\partial z}{\partial x}=-\frac{F_x}{F_z}=\frac{z}{x+z},\quad \frac{\partial z}{\partial y}=-\frac{F_y}{F_z}=\frac{z^2}{y(x+z)}.$$

习题 8－5

1. 设 $x^2+2xy+5y^2=0$，求$\dfrac{\mathrm{d}y}{\mathrm{d}x}$.

2. 设 $2x+y+z-2\sqrt{xyz}=0$，求$\dfrac{\partial z}{\partial x}$及$\dfrac{\partial z}{\partial y}$.

3. 设$\dfrac{x}{z}=\mathrm{e}^{yz}$，求$\dfrac{\partial z}{\partial x}$及$\dfrac{\partial z}{\partial y}$.

4. 设 $2\sin(x+2y-3z)=x+2y-3z$，证明：$\dfrac{\partial z}{\partial x}+\dfrac{\partial z}{\partial y}=1$.

5. 求下列方程所确定的隐函数 $z=z(x,y)$ 的偏导数$\dfrac{\partial z}{\partial x},\dfrac{\partial z}{\partial y}$.

(1) $\mathrm{e}^z-xyz=0$；

(2) $z^3-3xz+y^2=0$.

6. 设函数 $u=f(x,y,z)$ 有连续偏导数，$y=y(x)$，$z=z(x)$ 分别由方程 $\mathrm{e}^{xy}-y=0$ 和 $\mathrm{e}^z-xz=0$ 所确定，求$\dfrac{\mathrm{d}u}{\mathrm{d}x}$.

第6节　多元函数的极值及其经济应用

一、二元函数的极值

在管理学、经济学及许多工程问题中,常常会遇到求多元函数的最大值和最小值问题.与一元函数中的情形类似,多元函数的最值也与极值有密切的联系.本节将以二元函数为例,先讨论多元函数的极值问题,再讨论多元函数的最值.

定义　设函数 $z=f(x,y)$ 在点 (x_0,y_0) 的某个邻域内有定义,若对于该邻域内任何异于点 (x_0,y_0) 的点 (x,y),都有

$$f(x,y)<f(x_0,y_0)\quad(\text{或 } f(x,y)>f(x_0,y_0)),$$

则称函数在点 (x_0,y_0) 有**极大值**(或**极小值**)$f(x_0,y_0)$.

极大值、极小值统称为**极值**.使函数取得极值的点称为**极值点**.

例1　函数 $z=x^2+(y-1)^2+4$ 在点 $P_0(0,1)$ 处有极小值,因为对点 $P_0(0,1)$ 的任一去心邻域内的任一点 $P(x,y)$,都有 $f(P)>f(P_0)=4$.从几何上看这是显然的,因为点 $(0,1,4)$ 是开口朝上的椭圆抛物面的顶点.

例2　函数 $z=3-\sqrt{x^2+y^2}$ 在点 $P_0(0,0)$ 处有极大值,因为对点 $P_0(0,0)$ 的任一去心邻域内的任一点 $P(x,y)$,都有 $f(P)<f(P_0)=3$.从图形上看,点 $(0,0,3)$ 是位于平面 $z=3$ 下方的开口朝下的圆锥面的顶点.

例3　函数 $z=x^3y$ 在点 $(0,0)$ 处既不取得极大值,也不取得极小值.因为函数 $z=x^3y$ 在点 $(0,0)$ 处的函数值为0,而在点 $(0,0)$ 的任一邻域内,总有使函数值大于0的点,也有使函数值小于0的点,所以函数 $z=x^3y$ 在点 $(0,0)$ 处不取得极值.

以上关于二元函数的极值概念,可推广到 n 元函数.设 n 元函数 $u=f(P)$ 在点 P_0 的某一邻域内有定义,若对于该邻域内任何异于 P_0 的点 P,都有

$$f(P)<f(P_0)\quad(\text{或 } f(P)>f(P_0)),$$

则称函数 $f(P)$ 在点 P_0 处有极大值(或极小值)$f(P_0)$.

对于可导的一元函数 $y=f(x)$,在点 x_0 处有极值的必要条件是 $f'(x_0)=0$.下面给出二元函数取得极值的条件.

定理1(**必要条件**)　设函数 $z=f(x,y)$ 在点 (x_0,y_0) 处具有偏导数,且在点 (x_0,y_0) 处取得极值,则有

$$f_x(x_0,y_0)=0,\quad f_y(x_0,y_0)=0.$$

证　不妨设函数 $z=f(x,y)$ 在点 (x_0,y_0) 处取得极大值.根据极大值的定义,对于点 (x_0,y_0) 的某邻域内异于点 (x_0,y_0) 的点 $(x_0+\Delta x,y_0+\Delta y)$,有

$$f(x_0+\Delta x,y_0+\Delta y)<f(x_0,y_0).$$

特别地,当 $\Delta y=0$ 时,有

$$\lim_{\Delta x \to 0^-} \frac{f(x_0 + \Delta x, y_0) - f(x_0, y_0)}{\Delta x} \geqslant 0,$$

$$\lim_{\Delta x \to 0^+} \frac{f(x_0 + \Delta x, y_0) - f(x_0, y_0)}{\Delta x} \leqslant 0.$$

从而有 $f_x(x_0, y_0) = 0$. 类似地，可证 $f_y(x_0, y_0) = 0$.

同样可推得，如果三元函数 $u = f(x, y, z)$ 在点 (x_0, y_0, z_0) 处具有偏导数，则它在点 (x_0, y_0, z_0) 具有极值的必要条件为

$$f_x(x_0, y_0, z_0) = 0, \quad f_y(x_0, y_0, z_0) = 0, \quad f_z(x_0, y_0, z_0) = 0.$$

称使 $f_x(x_0, y_0) = 0, f_y(x_0, y_0) = 0$ 同时成立的点 (x_0, y_0) 为函数 $z = f(x, y)$ 的**驻点**.

由上面的定理 1 可知，具有偏导数的函数的极值点必定是驻点. 但函数的驻点不一定是极值点.

例如，函数 $z = x^3 y$ 在点 $(0,0)$ 处的两个偏导数都是零，点 $(0,0)$ 是函数 $z = x^3 y$ 的驻点，但函数在点 $(0,0)$ 既不取得极大值，也不取得极小值. 那么，怎样判断驻点是不是极值点呢？下面讨论这个问题.

定理 2（**充分条件**）　设函数 $z = f(x, y)$ 在点 (x_0, y_0) 的某邻域内连续且有一阶与二阶连续偏导数，并且 $f_x(x_0, y_0) = 0, f_y(x_0, y_0) = 0$，令

$$f_{xx}(x_0, y_0) = A, \quad f_{xy}(x_0, y_0) = B, \quad f_{yy}(x_0, y_0) = C,$$

则 $z = f(x, y)$ 在点 (x_0, y_0) 处是否取得极值有如下结论：

(1) 当 $AC - B^2 > 0$ 时，函数 $z = f(x, y)$ 具有极值，且当 $A < 0$ 时有极大值，当 $A > 0$ 时有极小值；

(2) 当 $AC - B^2 < 0$ 时，函数 $z = f(x, y)$ 没有极值；

(3) 当 $AC - B^2 = 0$ 时，函数 $z = f(x, y)$ 可能有极值，也可能没有极值.

定理 2 的证明略.

需要注意的是，当定理 2 中的 A 和 C 同号时，结论(1) 才可能成立；当 A 和 C 异号时，结论(2) 一定成立，可直接判断函数在此点无极值.

由以上两个定理可以看出，具有二阶连续偏导数的函数 $z = f(x, y)$ 的极值，一般可按如下步骤求出.

① 求出函数 $z = f(x, y)$ 的一阶、二阶偏导数；

② 解方程组

$$\begin{cases} f_x(x, y) = 0, \\ f_y(x, y) = 0, \end{cases}$$

求出函数 $z = f(x, y)$ 的所有驻点；

③ 对于每一个驻点 (x_0, y_0)，求出其对应的二阶偏导数的值 A, B 和 C；

④ 确定 $AC - B^2$ 的符号，按定理 2 的结论判定 $f(x_0, y_0)$ 是不是极值，若是极值，则判定其是极大值还是极小值.

例 4 求函数 $f(x,y)=x^3-y^3+3x^2+3y^2-9x$ 的极值.

解 $$f_x(x,y)=3x^2+6x-9,\quad f_y(x,y)=-3y^2+6y.$$

$$f_{xx}(x,y)=6x+6,\quad f_{xy}(x,y)=0,\quad f_{yy}(x,y)=-6y+6,$$

解方程组 $$\begin{cases}f_x(x,y)=3x^2+6x-9=0,\\ f_y(x,y)=-3y^2+6y=0,\end{cases}$$

得驻点坐标为(1,0),(1,2),(−3,0),(−3,2).

在点(1,0)处,$AC-B^2=12\times6>0$,又 $A>0$,所以函数 $f(x,y)$ 在点(1,0)处有极小值 $f(1,0)=-5$.

在点(1,2)处,$AC-B^2=12\times(-6)<0$,所以 $f(1,2)$不是极值.

在点(−3,0)处,$AC-B^2=-12\times6<0$,所以 $f(-3,0)$不是极值.

在点(−3,2)处,$AC-B^2=-12\times(-6)>0$,又 $A<0$,所以函数 $f(x,y)$ 在点(−3,2)处有极大值 $f(-3,2)=31$.

在讨论一元函数的极值时,函数取得极值的点不一定全是驻点,也可能是不可导点;同样地,对于多元函数,偏导数不存在的点,也可能是极值点.

例如,函数 $z=3-\sqrt{x^2+y^2}$ 在点(0,0)处不存在偏导数,但显然在点(0,0)处取得极大值.因此,在研究函数的极值问题时,除考虑函数的驻点外,如果有偏导数不存在的点,那么也应当考虑这些点是否为极值点.

二、二元函数的最值

在求一元函数最值过程中,通过讨论函数的极值及区间端点值的大小来求函数最大值和最小值,并且本章第一节已说明,在有界闭区域 D 上连续的函数 $f(x,y)$在 D 上一定能取得最大值和最小值.这种使函数取得最大值或最小值的点既可能在 D 的内部,也可能在 D 的边界上.我们假定,函数在 D 上连续,在 D 内可微分且只有有限个驻点,这时如果函数在 D 的内部取得最大值(或最小值),那么这个最大值(或最小值)也是函数的极大值(或极小值).

因此,对在有界闭区域 D 上连续的函数 $f(x,y)$ **求其最大值和最小值的一般方法**是:求出函数 $f(x,y)$在 D 内的所有可能极值点处的函数值及在 D 的边界上的最大值和最小值,然后比较它们的大小,其中最大的就是最大值,最小的就是最小值.

在实际问题中,如果根据问题的性质,知道函数 $f(x,y)$的最大值(或最小值)一定在 D 的内部取得,而函数 $f(x,y)$在 D 内只有一个驻点,那么可以肯定该点处的函数值就是函数 $f(x,y)$在 D 上的最大值(或最小值).

例 5 要建一条横截面是等腰梯形的水槽,并且使其横截面的面积为 16 m^2,怎样选择两腰的倾角 θ 以及高度 h,使得周长最小(见图 8-9)?

解 设周长为 l,底边长为 a,则

$$S=(a+h\cot\theta)h=16,$$

$$l = a + \frac{2h}{\sin\theta}.$$

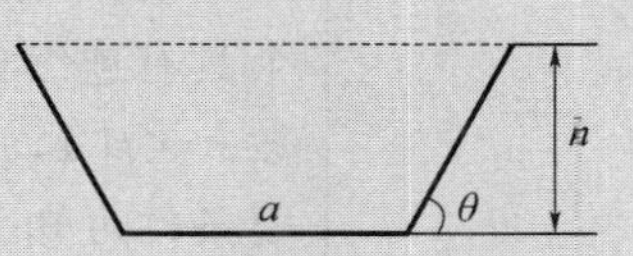

图 8-9

结合以上两式得

$$l = \frac{16}{h} - h\cot\theta + \frac{2h}{\sin\theta} = \frac{16}{h} + \frac{2-\cos\theta}{\sin\theta}h \quad \left(h > 0, 0 < \theta \leqslant \frac{\pi}{2}\right),$$

这就是目标函数.

求目标函数对两个变量 h 与 θ 的偏导数,得到方程组

$$\begin{cases} \dfrac{\partial l}{\partial h} = -\dfrac{16}{h^2} + \dfrac{2-\cos\theta}{\sin\theta} = 0, \\ \dfrac{\partial l}{\partial \theta} = \dfrac{\sin^2\theta - (2-\cos\theta)\cos\theta}{\sin^2\theta}h = \dfrac{1-2\cos\theta}{\sin^2\theta}h = 0, \end{cases}$$

在其实际定义域内解得唯一驻点 $\theta = \dfrac{\pi}{3}, h = \dfrac{4}{\sqrt[4]{3}}$,即当 $\theta = \dfrac{\pi}{3}$ 及 $h = \dfrac{4}{\sqrt[4]{3}}$ 时周长最小.

三、条件极值

在上述极值问题中,对于函数的自变量,除限制其在函数的定义域内取值外,并无其他的限制. 这一类极值称为**无条件极值**. 然而,在许多实际问题中,除给出函数的定义域外,还需要对自变量附加其他的限制条件. 这类极值则称为**条件极值**.

对于有些实际问题,可以将条件极值转化为无条件极值,如下例.

例 6　某电视机厂生产两种型号的电视机,其产量分别为 x, y(单位:万台),总成本函数为 $F(x,y) = 2x^2 + y^2 - xy$(单位:万元). 根据市场调查,这两种电视机的需求量共 10 万台. 问:应如何安排生产,才能使总成本最小?

因为总成本函数中的自变量(两种电视机的生产量 x, y)受到市场需求的限制,有 $x + y = 10$,故该问题可描述为:在约束条件 $x + y = 10$ 的限制下求函数 $F(x,y) = 2x^2 + y^2 - xy$ 的极小值,即求函数 $F(x,y)$ 在条件 $x + y = 10$ 约束下的条件极值.

由条件 $x + y = 10$,得 $y = 10 - x$,代入 $F(x,y)$ 的表达式,则条件极值问题可化为关于一元函数

$$F(x,y) = 2x^2 + (10-x)^2 - x(10-x) = 4x^2 - 30x + 100$$

的无条件极值. 求解过程请读者自行完成.

但在很多情形下,约束条件是无法解出的,所以将条件极值转化为无条件极值是很困难的. 下面介绍一种求条件极值的常用方法 —— **拉格朗日乘数法**.

拉格朗日乘数法

下面求函数 $z = f(x,y)$ 在约束条件 $\varphi(x,y) = 0$ 下取得极值的必要条件.

如果函数 $z = f(x,y)$ 在点 (x_0, y_0) 取得极值,则有

$$\varphi(x_0, y_0) = 0. \tag{8-12}$$

假设在点 (x_0, y_0) 的某一邻域内函数 $z = f(x,y)$ 与函数 $\varphi(x,y)$ 均有连续

的一阶偏导数，且 $\varphi_y(x_0,y_0)\neq 0$. 由隐函数存在定理1可知，$\varphi(x,y)=0$ 确定一个具有连续偏导数的函数 $y=\psi(x)$，代入 $z=f(x,y)$ 得到只有一个变量 x 的函数 $z=f[x,\psi(x)]$，从而将条件极值转化为无条件极值. 由一元函数取极值的必要条件可知

$$\left.\frac{\mathrm{d}z}{\mathrm{d}x}\right|_{x=x_0}=f_x(x_0,y_0)+f_y(x_0,y_0)\left.\frac{\mathrm{d}y}{\mathrm{d}x}\right|_{x=x_0}=0.$$

再由隐函数的求导公式得

$$\left.\frac{\mathrm{d}y}{\mathrm{d}x}\right|_{x=x_0}=-\frac{\varphi_x(x_0,y_0)}{\varphi_y(x_0,y_0)},$$

代入上式得

$$f_x(x_0,y_0)-f_y(x_0,y_0)\frac{\varphi_x(x_0,y_0)}{\varphi_y(x_0,y_0)}=0. \tag{8-13}$$

式(8-12)和式(8-13)就是函数 $z=f(x,y)$ 在约束条件 $\varphi(x,y)=0$ 下在点 (x_0,y_0) 取得极值的必要条件.

若令 $\dfrac{f_y(x_0,y_0)}{\varphi_y(x_0,y_0)}=-\lambda$，则上述条件变为

$$\begin{cases}f_x(x_0,y_0)+\lambda\varphi_x(x_0,y_0)=0,\\ f_y(x_0,y_0)+\lambda\varphi_y(x_0,y_0)=0,\\ \varphi(x_0,y_0)=0.\end{cases} \tag{8-14}$$

引入辅助函数 $F(x,y)=f(x,y)+\lambda\varphi(x,y)$，则方程组(8.14)中前两式就是

$$F_x(x_0,y_0)=0,\quad F_y(x_0,y_0)=0.$$

函数 $F(x,y)$ 称为拉格朗日函数，λ 称为拉格朗日乘子.

由此可以得出求条件极值的步骤：

① 构造辅助函数

$$F(x,y)=f(x,y)+\lambda\varphi(x,y);$$

② 求出方程组

$$\begin{cases}F'_x=f'_x(x,y)+\lambda\varphi'_x(x,y)=0,\\ F'_y=f'_y(x,y)+\lambda\varphi'_y(x,y)=0,\\ \varphi(x,y)=0\end{cases}$$

的解 (x_0,y_0,λ_0)，则点 (x_0,y_0) 即为可能的极值点.

这个方法还可以推广到自变量多于两个、约束条件多于一个的情形. 例如，求函数 $u=f(x,y,z,w)$ 在条件 $\varphi_1(x,y,z,w)=0$ 和 $\varphi_2(x,y,z,w)=0$ 下的极值，可以构造拉格朗日函数

$$F=f(x,y,z,w)+\lambda\varphi_1(x,y,z,w)+\mu\varphi_2(x,y,z,w),$$

其中，λ 和 μ 为两个拉格朗日乘子.

例

例7 求表面积为 $36\ \mathrm{m}^2$ 而体积最大的长方体的体积.

解 设长方体的三条棱的长分别为 x,y,z，则问题就是在条件 $2(xy+yz+zx)=36$ 下，求函数 $V=xyz$ 的最大值.

构造辅助函数 $F(x,y,z)=xyz+\lambda(2xy+2yz+2zx-36)$，

解方程组
$$\begin{cases}F_x(x,y,z)=yz+2\lambda(y+z)=0,\\F_y(x,y,z)=xz+2\lambda(x+z)=0,\\F_z(x,y,z)=xy+2\lambda(y+x)=0,\\2xy+2yz+2zx-36=0,\end{cases}$$
得 $x=y=z=\sqrt{6}$，这是唯一可能的极值点. 因为由问题本身可知最大值一定存在，所以最大值就在这个可能的极值点处取得. 此时长方体的体积为 $V=6\sqrt{6}\ \mathrm{m}^3$.

例 8　用拉格朗日乘数法求解例 6，即求函数
$$F(x,y)=2x^2+y^2-xy$$
在条件 $x+y=10$ 下的极值.

解　构造辅助函数 $F(x,y)=2x^2+y^2-xy+\lambda(x+y-10)$. 通过解方程组
$$\begin{cases}F_x=4x-y+\lambda=0,\\F_y=2y-x+\lambda=0,\\x+y-10=0,\end{cases}$$
得函数 $F(x,y)$ 的唯一可能的极值点 $x=3.75$，$y=6.25$.

由实际意义可知，总成本的最小值是存在的，所以此点就是要求的最值点. 即当两种电视机分别生产 3.75 万台和 6.25 万台时，总成本最小.

例 9　Q_1，Q_2 分别为商品 X_1，X_2 的需求量，X_1，X_2 的需求函数分别为
$$Q_1=8-P_1+2P_2,\quad Q_2=10+2P_1-5P_2,$$
总成本函数 $C_T=3Q_1+2Q_2$，若 P_1，P_2（单位：元）分别为商品 X_1，X_2 的价格. 价格 P_1，P_2 取何值时可使总利润最大？

解　根据经济理论，总利润 = 总收入 − 总成本；由题意可知，总收入函数为
$$R_T=P_1Q_1+P_2Q_2=P_1(8-P_1+2P_2)+P_2(10+2P_1-5P_2),$$
总利润函数
$$\begin{aligned}L_T&=R_T-C_T\\&=(P_1-3)(8-P_1+2P_2)+(P_2-2)(10+2P_1-5P_2).\end{aligned}$$
解方程组
$$\begin{cases}\dfrac{\partial L_T}{\partial P_1}=8-P_1+2P_2+(-1)(P_1-3)+2(P_2-2)\\\qquad=7-2P_1+4P_2=0,\\\dfrac{\partial L_T}{\partial P_2}=2(P_1-3)+(10+2P_1-5P_2)+(-5)(P_2-2)\\\qquad=14+4P_1-10P_2=0,\end{cases}$$
得驻点 $(P_1,P_2)=\left(\dfrac{63}{2},14\right)$. 又因为
$$A=\frac{\partial^2L_T}{\partial P_1^2}=-2,\quad B=\frac{\partial^2L_T}{\partial P_1\partial P_2}=4,\quad C=\frac{\partial^2L_T}{\partial P_2^2}=-10,$$
故 $AC-B^2=4>0$，且 $A<0$，所以唯一的驻点 $(P_1,P_2)=\left(\dfrac{63}{2},14\right)$ 是极大值点，同时也是最大值点. 因此，最大利润为
$$L_T=\left(\frac{63}{2}-3\right)\times\left(8-\frac{63}{2}+2\times14\right)+(14-2)\times\left(10+2\times\frac{63}{2}-5\times14\right)=164.25(\text{元})$$

习题 8-6

1. 求函数 $f(x,y)=x^3+y^3-3xy$ 的极值.
2. 求函数 $f(x,y)=e^{2x}(x+y^2+2y)$ 的极值.
3. 求函数 $z=xy^2$ 在条件 $x^2+y^2=1$ 下的最值.
4. 从斜边长为 l 的所有直角三角形中,找出有最大周长的直角三角形.
5. 求内接于半径为$\sqrt{3}$ 的球并且有最大体积的长方体的长、宽、高.
6. 某冰箱厂要生产两种型号的冰箱,产量分别为 x,y(单位:万台),其成本函数为 $C(x,y)=x^2+2xy+3y^2+8$(单位:万元),且产品价格和产量的关系为 $P_1(x)=36-3x$(单位:万元),$P_2(y)=40-5y$(单位:万元),求两种冰箱产量各为多少时利润最大.

实验7　多元函数微分的 MATLAB 实现

多元函数微分的 Python 实现

一、偏导数与全微分

求多元函数的偏导数、高阶偏导数使用的命令和一元函数求导数使用的命令相同,仍然为 diff,只需在命令中设置参数时指明是对哪一个变量求导即可.以二元函数 $f(x,y)$ 为例,求$\frac{\partial^{m+n}f}{\partial x^m\partial y^n}$ 的命令为

diff(diff(f,x,m),y,n) 或 diff(diff(f,y,n),x,m)

例 1　已知二元函数 $f(x,y)=\sin(xy)+\cos^2(x+y^2)$.

(1) 求一阶偏导数$\frac{\partial f}{\partial x}$,$\frac{\partial f}{\partial y}$ 和全微分;

(2) 求高阶偏导数$\frac{\partial^2 f}{\partial x^2}$,$\frac{\partial^2 f}{\partial x\partial y}$ 与$\frac{\partial^3 f}{\partial x\partial y\partial x}$;

(3) 求 $f(x,y)$ 在 $x=\frac{\pi}{3}$,$y=\frac{\pi}{4}$ 处的一阶偏导数、全微分.

解　(1) 求$\frac{\partial f}{\partial x}$:

```
>> syms x y dx dy df
f = sin(x * y) + (cos(x + y^2))^2;
fx = diff(f,x) ↙
fx =
cos(x * y) * y - 2 * cos(x + y^2) * sin(x + y^2)
```

求$\frac{\partial f}{\partial y}$:

```
>> fy = diff(f,y) ↙
fy =
cos(x * y) * x - 4 * cos(x + y^2) * sin(x + y^2) * y
```

求全微分:

```
>> df = fx * dx + fy * dy ↙
```

```
df =
(cos(x * y) * y - 2 * cos(x + y^2) * sin(x + y^2)) * dx + (cos(x * y) * x - 4 * cos(x + y^2) * sin(x + y^2) * y) * dy
```

(2) 求$\frac{\partial^2 f}{\partial x^2}$：

```
>> f2x2 = diff(fx,x) ↙
f2x2 =
- sin(x * y) * y^2 + 2 * sin(x + y^2)^2 - 2 * cos(x + y^2)^2
```

或

```
>> f2x2 = diff(f,x,2) ↙
f2x2 =
- sin(x * y) * y^2 + 2 * sin(x + y^2)^2 - 2 * cos(x + y^2)^2
```

求$\frac{\partial^2 f}{\partial x \partial y}$：

```
>> f2xy = diff(fx,y) ↙
f2xy =
- sin(x * y) * x * y + cos(x * y) + 4 * sin(x + y^2)^2 * y - 4 * cos(x + y^2)^2 * y
```

求$\frac{\partial^3 f}{\partial x \partial y \partial x}$：

```
>> f3xyx = diff(f2xy,x) ↙
f3xyx =
- cos(x * y) * y^2 * x - 2 * sin(x * y) * y + 16 * cos(x + y^2) * sin(x + y^2) * y
```

(3) 利用(1) 的结果计算：

```
>> syms dx dy df
x = pi/3;
y = pi/4;
fx = cos(x * y) * y - 2 * cos(x + y^2) * sin(x + y^2) ↙
fx =
    0.7198
>> fy = cos(x * y) * x - 4 * cos(x + y^2) * sin(x + y^2) * y ↙
fy =
    1.0038
>> df = (cos(x * y) * y - 2 * cos(x + y^2) * sin(x + y^2)) * dx + (cos(x * y) * x - 4 * cos(x + y^2) * sin(x + y^2) * y) * dy ↙
  df =
3241784059441389/4503599627370496 * dx + 4520677918721463/4503599627370496 * dy
```

二、多元函数的极值

通过下面两个例子来介绍用 MATLAB 求多元函数极值的一般步骤.

例 2　求函数 $z = x^4 - 8xy + 2y^2 + 7$ 的极值点和极值.

解　首先用 diff 命令求 z 关于 x,y 的偏导数:

```
>> syms x y
   z = x^4 - 8 * x * y + 2 * y^2 + 7;
   diff(z,x) ↙
ans =
4 * x^3 - 8 * y
>> diff(z,y) ↙
ans =
- 8 * x + 4 * y
```

即 $\frac{\partial z}{\partial x} = 4x^3 - 8y, \frac{\partial z}{\partial y} = -8x + 4y$.

再解方程组 $\begin{cases} \frac{\partial z}{\partial x} = 0, \\ \frac{\partial z}{\partial y} = 0, \end{cases}$ 可求得各驻点的坐标.

实验 4 中介绍过,求一般方程组的符号解用 solve 命令,当方程组不存在符号解时,solve 将给出数值解.命令如下:

```
>> [x,y] = solve('4 * x^3 - 8 * y = 0','- 8 * x + 4 * y = 0','x','y') ↙
x =
  0
  2
- 2
y =
  0
  4
- 4
```

解得三个驻点,分别为 $P(0,0)$,$Q(2,4)$,$R(-2,-4)$.然后再求二阶偏导数:

```
>> syms x y
z = x^4 - 8 * x * y + 2 * y^2 + 7;
A = diff(z,x,2) ↙
A =
12 * x^2
>> B = diff(diff(z,x),y) ↙
B =
- 8
>> C = diff(z,y,2) ↙
C =
4
```

由第 8 章第 6 节定理 2 可得,点 $Q(2,4)$ 和 $R(-2,-4)$ 都是函数的极小值点,而点 $P(0,0)$ 不是极值点.

```
>> x = 2;y = 4;
z1 = x^4 - 8 * x * y + 2 * y^2 + 7 ↙
```

```
z1 =
-9
>> x =-2;y =-4;
z2 = x^4-8*x*y+2*y^2+7 ↙
z2 =
-9
```

故极小值为 $z(2,4)=-9$，$z(-2,-4)=-9$.

例 3　求二元函数 $z=xy$ 在条件 $x+y=2$ 下的极值.

解　构造辅助函数

$$L(x,y)=xy+\lambda(x+y-2),$$

先求 L 关于 x,y,λ(程序中用 k 替代 λ) 的一阶偏导数：

```
>> syms x y k
L = x*y+k*(x+y-2);
diff(L,x) ↙
ans =
y+k
>> diff(L,y) ↙
ans =
x+k
>> diff(L,k) ↙
ans =
x+y-2
```

得 $\frac{\partial L}{\partial x}=y+\lambda,\frac{\partial L}{\partial y}=x+\lambda,\frac{\partial L}{\partial \lambda}=x+y-2.$

再解方程组求驻点：

```
>> [k,x,y] = solve('y+k = 0','x+k = 0','x+y-2 = 0','k','x','y') ↙
k =
-1
x =
1
y =
1
```

得 $x=1,y=1,\lambda=-1$，经过判断，此点为函数的极大值点，该唯一的极值点也是函数的最大值点.

```
>> x = 1;y = 1;
z = x*y ↙
z =
1
```

故所求的极大值为 $z(1,1)=1$.

三、应用举例

无论是在科学研究中，还是在经济、工程中，经常要解决如何使投资收益最大、产出最多及效率最高等问题，这些实际问题都可以转化为数学中函数的极值问题来解决. 下面通过具体实例来介绍二元函数极值的重要应用.

例4 某工厂生产某种产品的质量 S(单位:t)与所需两种原料A、B的质量 x、y(单位:t)之间的函数关系式为 $S(x,y)=0.005x^2y$. 现准备向银行贷款150万元购买原料，已知原料A、B的价格分别为1万元/t和2万元/t. 问怎样购进两种原料，才能使该产品的数量最多?

解 这是一个条件极值问题，即求函数 $S(x,y)=0.005x^2y$ 在约束条件 $x+2y=150$ 下的极大值点，应用拉格朗日乘数法，定义拉格朗日函数为

$$L(x,y,\lambda)=0.005x^2y+\lambda(x+2y-150),$$

由方程组 $\begin{cases} L_x=0.01xy+\lambda=0, \\ L_y=0.005x^2+2\lambda=0, \\ L_\lambda=x+2y-150=0, \end{cases}$ 可解得驻点.

MATLAB实现如下.

```
>> syms x y k
L = 0.005 * x^2 * y + k * (x + 2 * y - 150);
diff(L,x) ↙
ans =
1/100 * x * y + k
>> diff(L,y) ↙
ans =
1/200 * x^2 + 2 * k
>> diff(L,k) ↙
ans =
x + 2 * y - 150
>> [k,x,y] = solve('1/100 * x * y + k = 0','1/200 * x^2 + 2 * k = 0',
'x + 2 * y - 150 = 0','k','x','y') ↙
k =
0
- 25
x =
0
100
y =
75
25
```

根据实际意义，驻点取 $x=100, y=25$. 由于仅有一个驻点，且最大值一定存在，所以驻点(100,25)为最大值点，此时 $S=1\,250$. 即购进100 t原料A、25 t原料B，可使产量 S 达到最大值1 250 t.

实验题7

1. 已知二元函数 $z=x^3+y^4-4x^2y$，求 $\frac{\partial z}{\partial x}, \frac{\partial z}{\partial y}, \frac{\partial^2 z}{\partial x \partial y}$ 和 dz.

2. 求二元函数 $z=x^4+y^4-4xy-5$ 的极值.

3. 求二元函数 $f(x,y)=2x^2+3y^2$ 在圆周 $x^2+y^2=1$ 上的最大值和最小值.

4. 小王有 300 元钱,他决定用来购买两种文具:中性笔和作文本,中性笔的价格为每支 7 元,作文本的价格为每本 9 元,假设效用函数为 $U(x,y)=\ln x+\ln y$,他该如何分配这 300 元钱,才能达到最满意的效果?(所谓效用函数,就是描述人们同时购买两种产品各 x 单位、y 单位时满意程度的量,常见的形式有 $U(x,y)=x+y$,$U(x,y)=\ln x+\ln y$ 等. 而当效用函数达到最大值时,人们购买产品的分配方案最佳.)

总习题 8

一、填空题

1. 二元函数 $z=f(x,y)$ 当 $(x,y)\to(x_0,y_0)$ 时的极限存在是函数在该点连续的________条件.

2. 函数 $z=f(x,y)$ 在点 (x,y) 处可微分是 $z=f(x,y)$ 在该点连续的________条件,$z=f(x,y)$ 在点 (x,y) 处连续是 $z=f(x,y)$ 在该点可微分的________条件.

3. 函数 $z=f(x,y)$ 在点 (x,y) 处的偏导数 $\dfrac{\partial z}{\partial x}$ 及 $\dfrac{\partial z}{\partial y}$ 存在是 $z=f(x,y)$ 在该点可微分的________条件,$z=f(x,y)$ 处在点 (x,y) 处可微分是 $z=f(x,y)$ 在该点的偏导数 $\dfrac{\partial z}{\partial x}$ 及 $\dfrac{\partial z}{\partial y}$ 存在的________条件.

4. 函数 $z=f(x,y)$ 的偏导数 $\dfrac{\partial z}{\partial x}$ 及 $\dfrac{\partial z}{\partial y}$ 在点 (x,y) 处存在且连续是 $z=f(x,y)$ 在该点可微分的________条件.

5. 若函数 $z=f(x,y)$ 的两个二阶偏导数 $\dfrac{\partial^2 z}{\partial x\partial y}$ 及 $\dfrac{\partial^2 z}{\partial y\partial x}$ 在区域 D 内连续,则它们________.

二、选择题

1. 设 $z=y^x$ 在点(2,1) 处的全微分为(　　).

A. $\mathrm{d}x+2\ln 2\mathrm{d}y$　　B. $2\mathrm{d}y$

C. $2\ln 2\mathrm{d}x+\mathrm{d}y$　　D. $2\mathrm{d}x$

2. 函数 $z=x^3+y^3-3x^2-3y^2$ 的极小值点是(　　).

A. (0,0)　　B. (2,0)　　C. (0,2)　　D. (2,2)

3. 二元函数 $f(x,y)=\begin{cases}\dfrac{2xy}{x^2+y^2}, & (x,y)\neq(0,0),\\ 0, & (x,y)=(0,0)\end{cases}$ 在点(0,0) 处(　　).

A. 连续,偏导存在　　B. 不连续,偏导存在

C. 连续,偏导不存在　　D. 不连续,偏导不存在

三、解答题

1. 求下列函数的定义域.

(1) $z=\sqrt{x-\sqrt{y}}$;　　(2) $z=\ln(x-y+1)+\dfrac{\sqrt{y}}{\sqrt{a^2-x^2-y^2}}$.

2. 求下列极限.

(1) $\lim\limits_{(x,y)\to(0,1)}\dfrac{\sin xy^3}{\ln(xy+1)}$;　　(2) $\lim\limits_{(x,y)\to(0,0)}\dfrac{\ln(e^x+e^y)}{\sin x+\cos y}$.

3. 求下列函数的偏导数.

(1) $z=x^{\sin y}$,求 $\dfrac{\partial z}{\partial x}$,$\dfrac{\partial^2 z}{\partial x\partial y}$;

(2) 设 $z=f(xy,x^2+y^2)$,求 $\dfrac{\partial^2 z}{\partial x^2}$,$\dfrac{\partial^2 z}{\partial x\partial y}$;

(3) 设 $z=z(x,y)$ 由方程 $xe^x-ye^y=ze^z$ 所确定，求 $\frac{\partial z}{\partial x},\frac{\partial z}{\partial y}$.

4. 设函数 $f(x,y)=\begin{cases}\frac{x^2y^2}{(x^2+y^2)^{3/2}}, & x^2+y^2\neq 0,\\ 0, & x^2+y^2=0,\end{cases}$ 证明：$f(x,y)$ 在点 $(0,0)$ 处连续且偏导数存在，但不可微分.

5. 设函数 $u=x^y$，而 $x=\varphi(t)$，$y=\psi(t)$ 都是可微函数，求 $\frac{\mathrm{d}u}{\mathrm{d}t}$.

6. 求函数 $f(x,y)=(6x-x^2)(4y-y^2)$ 的极值.

7. 某工厂要用钢板制作一个容积为 100 m^3 的有盖长方体容器，若不计钢板的厚度，怎样制作才能使材料最省？

考研真题

第 8 章习题答案

第9章 二重积分

定积分是由某种特定形式和的极限来定义的.本章将这种和的极限的方法推广到定义在平面区域上的二元函数,得到二重积分的定义.并讨论二重积分的性质、计算方法及其部分简单的应用.

第1节 二重积分的概念及性质

我们为什么要读数学科普书（丘成桐 数学家）

思考：科学也需要人文修养，科学也需要科普的温室.

一、二重积分的概念

1. 曲顶柱体的体积

设有一立体,其底是 xOy 面上的有界闭区域 D,其侧面是以 D 的边界曲线为准线而母线平行于 z 轴的柱面,它的顶是由非负连续的函数 $z=f(x,y)$ 所表示的曲面.这种立体称为**曲顶柱体**(见图 9-1).

我们知道,平顶柱体的体积可用公式

$$体积 = 高 \times 底面积$$

来计算.但对于曲顶柱体,其高度 $f(x,y)$ 是随着点 (x,y) 的变动而变化的,所以不能直接用上式计算它的体积.可以仿照上册中计算曲边梯形的面积的方法来研究这个问题.

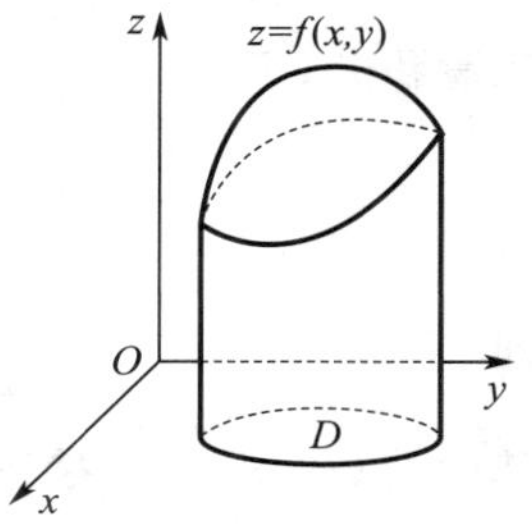

图 9-1

首先,将区域 D 任意分割成 n 个小区域

$$\Delta\sigma_1, \Delta\sigma_2, \cdots, \Delta\sigma_n,$$

并用 $\Delta\sigma_i (i=1,2,\cdots,n)$ 表示第 i 个小区域的面积.分别以这些小区域的边界曲线为准线作母线平行于 z 轴的柱面,这样就将整个曲顶柱体分割成了 n 个小的曲顶柱体.

其次，当这些小区域 $\Delta\sigma_i$ 的直径(区域内任意两点之间的距离的最大者)很小时，由于函数 $f(x,y)$ 连续，在小区域上 $f(x,y)$ 变化很小，这时小曲顶柱体可近似看作平顶柱体，在小区域 $\Delta\sigma_i$ 内任意取一点 (ξ_i,η_i)，小曲顶柱体的体积 ΔV_i 可用以 $\Delta\sigma_i$ 为底，$f(\xi_i,\eta_i)$ 为高的平顶柱体(见图 9-2)的体积来近似代替，即

$$\Delta V_i \approx f(\xi_i,\eta_i)\Delta\sigma_i \quad (i=1,2,\cdots,n).$$

于是，曲顶柱体的体积就可用 n 个小平顶柱体的体积近似地表示为

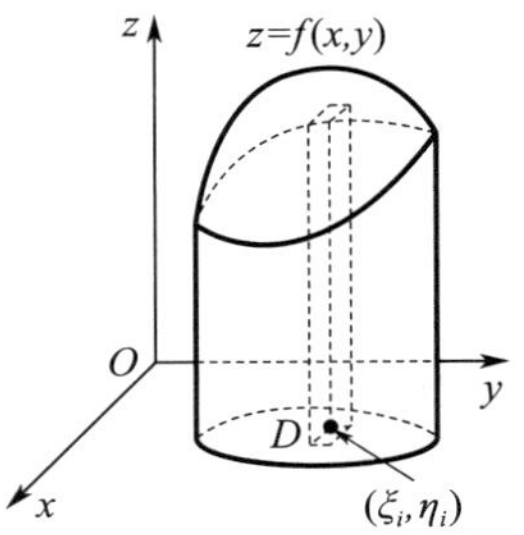

图 9-2

$$V \approx \sum_{i=1}^{n} f(\xi_i,\eta_i)\Delta\sigma_i.$$

以 λ 表示 n 个小区域的直径中的最大值，当 λ 趋于零时，上述和式的极限就是曲顶柱体的体积，即

$$V = \lim_{\lambda\to 0}\sum_{i=1}^{n} f(\xi_i,\eta_i)\Delta\sigma_i.$$

上面问题若不考虑其实际含义，所求量都可归结为和的极限. 这一和的极限形式，广泛应用于力学、几何和工程技术，因此，有必要全面地研究这种和式的极限问题，并抽象出以下二重积分的定义.

2. 二重积分的定义

定义 设函数 $f(x,y)$ 在有界闭区域 D 上有界，将闭区域 D 任意分成 n 个小闭区域

$$\Delta\sigma_1,\Delta\sigma_2,\cdots,\Delta\sigma_n,$$

其中，$\Delta\sigma_i$ 表示第 i 个小闭区域，也表示它的面积. 在每个小区域 $\Delta\sigma_i$ 上任取一点 (ξ_i,η_i)，作乘积

$$f(\xi_i,\eta_i)\Delta\sigma_i \quad (i=1,2,\cdots,n),$$

并作和式

$$\sum_{i=1}^{n} f(\xi_i,\eta_i)\Delta\sigma_i.$$

如果 n 个小区域的直径中最大值 λ 趋于零，上述和式的极限总存在，且与闭区域 D 的分法及点 (ξ_i,η_i) 的取法无关，则称此极限为函数 $f(x,y)$ 在区域 D 上的**二重积分**，记作

$$\iint_D f(x,y)\mathrm{d}\sigma,$$

即

$$\iint_D f(x,y)\mathrm{d}\sigma = \lim_{\lambda\to 0}\sum_{i=1}^{n} f(\xi_i,\eta_i)\Delta\sigma_i. \tag{9-1}$$

其中，$f(x,y)$ 称为**被积函数**，$f(x,y)\mathrm{d}\sigma$ 称为**被积表达式**，$\mathrm{d}\sigma$ 称为**面积元素**，x 和 y 称为**积分变量**，D 称为**积分区域**.

由该定义可知，曲顶柱体的体积就是函数 $f(x,y)$ 在底 D 上的二重积分，即

$$V = \iint_D f(x,y)\mathrm{d}\sigma.$$

如果式(9-1)右端的和式的极限存在，也称二元函数 $f(x,y)$ 在区域 D 上

可积.

需要特别指出的是,二重积分是一个确定的数值,它依赖于被积函数 $f(x,y)$ 和积分区域 D,而与积分区域 D 的分法以及点 (ξ_i,η_i) 的取法无关.

若函数 $f(x,y)$ 在有界闭区域 D 上连续,则函数 $f(x,y)$ 在 D 上的二重积分必定存在,即在有界闭区域上连续的函数在该区域上必可积.

二、二重积分的几何意义

由曲顶柱体体积问题的讨论可以看出,如果函数 $f(x,y)\geqslant 0$,那么二重积分 $\iint\limits_D f(x,y)\mathrm{d}\sigma$ 可以从几何上解释为以 $z=f(x,y)$ 为曲顶,以 D 为底面的曲顶柱体的体积,即二重积分的几何意义就是曲顶柱体的体积.

如果函数 $f(x,y)<0$,曲顶柱体在 xOy 面的下方,此时二重积分 $\iint\limits_D f(x,y)\mathrm{d}\sigma$ 是负的,但是它的绝对值仍然等于对应的曲顶柱体的体积.

如果 $f(x,y)$ 在区域 D 的部分区域上是正的,部分区域上是负的,那么二重积分 $\iint\limits_D f(x,y)\mathrm{d}\sigma$ 就等于 xOy 面上方的曲顶柱体的体积减去 xOy 面下方的曲顶柱体的体积.

特别地,当 $f(x,y)=1$ 时,平顶柱体的体积为

$$V=\iint\limits_D 1\cdot\mathrm{d}\sigma=\iint\limits_D \mathrm{d}\sigma.$$

它在数值上等于积分区域 D 的面积,由此可得计算平面区域 D 的面积公式

$$\sigma=\iint\limits_D \mathrm{d}\sigma.$$

三、二重积分的性质

比较二重积分与定积分的定义,可得出它们有类似的性质.设以下二元函数在对应积分区域上均连续.

性质 1　$\iint\limits_D kf(x,y)\mathrm{d}\sigma=k\iint\limits_D f(x,y)\mathrm{d}\sigma$($k$ 为常数).

性质 2　$\iint\limits_D [f(x,y)\pm g(x,y)]\mathrm{d}\sigma=\iint\limits_D f(x,y)\mathrm{d}\sigma\pm\iint\limits_D g(x,y)\mathrm{d}\sigma$.

性质 3　如果积分区域 D 被有限条曲线分成有限个部分闭区域,那么在 D 上的二重积分等于在各部分闭区域上的二重积分之和.

例如,将积分区域 D 分成两个闭区域 D_1 和 D_2,即 $D=D_1+D_2$,则

$$\iint\limits_D f(x,y)\mathrm{d}\sigma=\iint\limits_{D_1} f(x,y)\mathrm{d}\sigma+\iint\limits_{D_2} f(x,y)\mathrm{d}\sigma.$$

这个性质表示二重积分对于积分区域具有**可加性**.

性质 4　如果在区域 D 上有 $f(x,y)\geqslant g(x,y)$,则

$$\iint\limits_D f(x,y)\mathrm{d}\sigma\geqslant\iint\limits_D g(x,y)\mathrm{d}\sigma.$$

二重积分性质应用中常见错误

如果 $f(x,y)\geqslant 0$,则显然有$\iint\limits_D f(x,y)\mathrm{d}\sigma\geqslant 0$.

特别地,由于 $-|f(x,y)|\leqslant f(x,y)\leqslant |f(x,y)|$,所以有不等式

$$\iint\limits_D |f(x,y)|\mathrm{d}\sigma\geqslant\left|\iint\limits_D f(x,y)\mathrm{d}\sigma\right|.$$

性质 5　设 M 和 m 分别是函数 $f(x,y)$ 在有界闭区域 D 上的最大值和最小值,则有二重积分的估值不等式

$$m\sigma\leqslant\iint\limits_D f(x,y)\mathrm{d}\sigma\leqslant M\sigma,$$

其中,σ 是 D 的面积.

事实上,因为 $m\leqslant f(x,y)\leqslant M$,利用性质1和性质4,有

$$\iint\limits_D m\,\mathrm{d}\sigma\leqslant\iint\limits_D f(x,y)\mathrm{d}\sigma\leqslant\iint\limits_D M\mathrm{d}\sigma,$$

即

$$m\iint\limits_D \mathrm{d}\sigma\leqslant\iint\limits_D f(x,y)\mathrm{d}\sigma\leqslant M\iint\limits_D \mathrm{d}\sigma,$$

所以上述估值不等式成立.

性质 6(**二重积分的中值定理**)　设函数 $f(x,y)$ 在有界闭区域 D 上连续,则在 D 上至少存在一点 (ξ,η),使得

$$\iint\limits_D f(x,y)\mathrm{d}\sigma=f(\xi,\eta)\cdot\sigma$$

成立,其中 σ 是 D 的面积.

证　将性质5中的不等式中的各项同时除以 σ,则有

$$m\leqslant\frac{1}{\sigma}\iint\limits_D f(x,y)\mathrm{d}\sigma\leqslant M.$$

这个式子说明,$\frac{1}{\sigma}\iint\limits_D f(x,y)\mathrm{d}\sigma$ 是一个介于函数 $f(x,y)$ 的最大值 M 和最小值 m 之间的一个确定数值,根据有界闭区域上连续函数的性质,在 D 上至少存在一点 (ξ,η),使得

$$\frac{1}{\sigma}\iint\limits_D f(x,y)\mathrm{d}\sigma=f(\xi,\eta)$$

成立.两端同时乘以 σ,即得所需证明的公式.

例

例 1　利用二重积分的性质估计积分 $I=\iint\limits_D (x+y)\mathrm{d}\sigma$ 的取值范围,其中 D 是矩形闭区域:$0\leqslant x\leqslant 1, 0\leqslant y\leqslant 1$.

解　在区域 $0\leqslant x\leqslant 1, 0\leqslant y\leqslant 1$ 上,有

$$0\leqslant x+y\leqslant 2.$$

又 D 的面积 $\sigma=1\times 1=1$,从而由二重积分的估值不等式可得

$$0\leqslant\iint\limits_D (x+y)\mathrm{d}\sigma\leqslant 2.$$

习题 9－1

1. 根据二重积分的性质，比较下列积分的大小.

(1)$\iint\limits_D (x+y)^2\mathrm{d}\sigma$ 和 $\iint\limits_D (x+y)^3\mathrm{d}\sigma$，其中积分区域 D 是由圆周 $(x-2)^2+(y-1)^2=2$ 所围成的；

(2)$\iint\limits_D \ln(x+y)\mathrm{d}\sigma$ 和 $\iint\limits_D [\ln(x+y)]^2\mathrm{d}\sigma$，其中积分区域 D 是三个顶点坐标分别为 $(1,0)$，$(1,1)$，$(2,0)$ 的三角形闭区域.

2. 不求二重积分的值，根据性质，估计下列积分的值.

(1)$I=\iint\limits_D \sin^2 x\sin^2 y\mathrm{d}\sigma$，其中积分区域 D 是矩形闭区域：$0\leqslant x\leqslant\pi$，$0\leqslant y\leqslant\pi$；

(2)$I=\iint\limits_D (x+y+1)\mathrm{d}\sigma$，其中积分区域 D 是矩形闭区域：$0\leqslant x\leqslant 1$，$0\leqslant y\leqslant 2$.

3. 利用二重积分的几何意义，求下列积分的值.

(1)$I=\iint\limits_D 2\mathrm{d}\sigma$，其中积分区域 D 是矩形闭区域：$0\leqslant x\leqslant 2$，$0\leqslant y\leqslant 3$；

(2)$I=\iint\limits_D \sqrt{1-x^2-y^2}\mathrm{d}\sigma$，其中积分区域 D 是圆形闭区域：$x^2+y^2\leqslant 1$.

第 2 节　二重积分的计算方法

利用二重积分的定义，可求少数被积函数和积分区域简单的二重积分，但对一般的函数和区域，这种计算往往极其复杂，不易实现. 本节主要介绍直角坐标系和极坐标系下二重积分的计算方法.

一、利用直角坐标计算二重积分

由二重积分的定义可知，若函数 $f(x,y)$ 在区域 D 上的二重积分存在，则其积分值与区域 D 的分法以及点 (ξ_i,η_i) 的取法无关. 因此，在直角坐标系下，可以用平行于两坐标轴的直线族来划分 D，所划分成的小区域除去靠近区域 D 边界的部分外，其余的小区域都是矩形闭区域，设矩形闭区域 $\Delta\sigma_i$ 的边长分别为 Δx_j 和 Δy_k，则其面积为

$$\Delta\sigma_i=\Delta x_j\cdot\Delta y_k,$$

记作 $\mathrm{d}\sigma=\mathrm{d}x\mathrm{d}y$. 二重积分可以写成

$$\iint\limits_D f(x,y)\mathrm{d}\sigma=\iint\limits_D f(x,y)\mathrm{d}x\mathrm{d}y,$$

其中，$\mathrm{d}x\mathrm{d}y$ 称为直角坐标系下的面积元素.

下面利用几何观点计算二重积分，假定函数 $f(x,y)\geqslant 0$.

设积分区域 D 可以用不等式

$$\varphi_1(x)\leqslant y\leqslant\varphi_2(x),\quad a\leqslant x\leqslant b$$

表示（见图 9-3），其中函数 $\varphi_1(x)$，$\varphi_2(x)$ 在区间 $[a,b]$

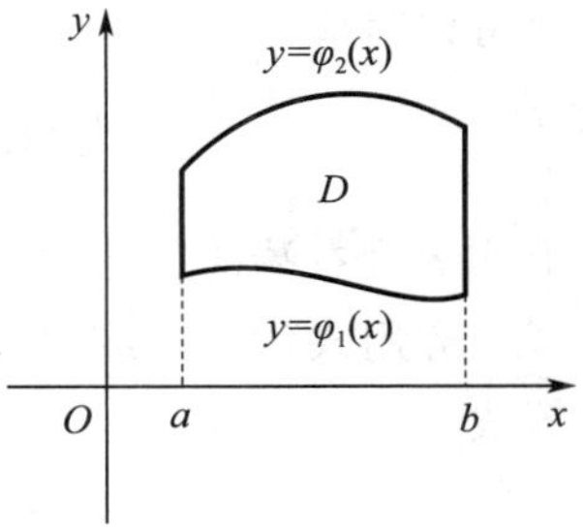

图 9-3

二重积分的计算方法（直角坐标）

上连续,这种区域称为 X- **型区域**.

一方面,由二重积分的几何意义知,以积分区域 D 为底,以函数 $f(x,y)$ 为曲顶的柱体(见图 9-4) 的体积为

$$V=\iint\limits_{D} f(x,y)\mathrm{d}x\mathrm{d}y.$$

另一方面,在区间$[a,b]$上任意取定一点 x,过该点作垂直于 x 轴的平面,该平面在曲顶柱体上的截面是一个以区间$[\varphi_1(x),\varphi_2(x)]$为底,以关于 y 的一元函数 $z=f(x,y)$(将 x 看作常数) 为曲边的曲边梯形(见图 9-4 中阴影部分),其面积记作 $A(x)$,则

$$A(x)=\int_{\varphi_1(x)}^{\varphi_2(x)} f(x,y)\mathrm{d}y.$$

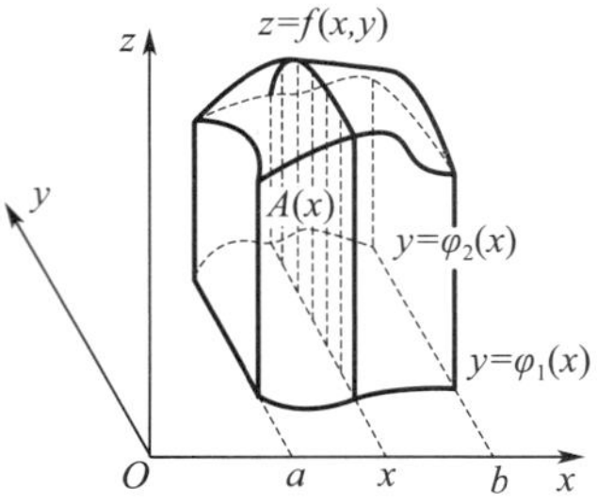

图 9-4

应用计算平行截面面积为已知的立体的体积的方法,又可得曲顶柱体的体积为

$$V=\int_a^b A(x)\mathrm{d}x=\int_a^b\left[\int_{\varphi_1(x)}^{\varphi_2(x)} f(x,y)\mathrm{d}y\right]\mathrm{d}x.$$

从而

$$\iint\limits_{D} f(x,y)\mathrm{d}x\mathrm{d}y=\int_a^b\left[\int_{\varphi_1(x)}^{\varphi_2(x)} f(x,y)\mathrm{d}y\right]\mathrm{d}x. \tag{9-2}$$

上式右端的积分称为先对 y、后对 x 的**二次积分**. 也就是说,先将 x 看作常数,$f(x,y)$ 作为 y 的一元函数,在区间$[\varphi_1(x),\varphi_2(x)]$上对 y 求定积分;然后再将所得的 x 的函数在区间$[a,b]$上求定积分,所得值就是所求的二重积分的值.

式(9-2) 也常写成

$$\iint\limits_{D} f(x,y)\mathrm{d}x\mathrm{d}y=\int_a^b\mathrm{d}x\int_{\varphi_1(x)}^{\varphi_2(x)} f(x,y)\mathrm{d}y. \tag{9-3}$$

类似地,如果积分区域 D 可以用不等式

$$\psi_1(y)\leqslant x\leqslant\psi_2(y),\quad c\leqslant y\leqslant d$$

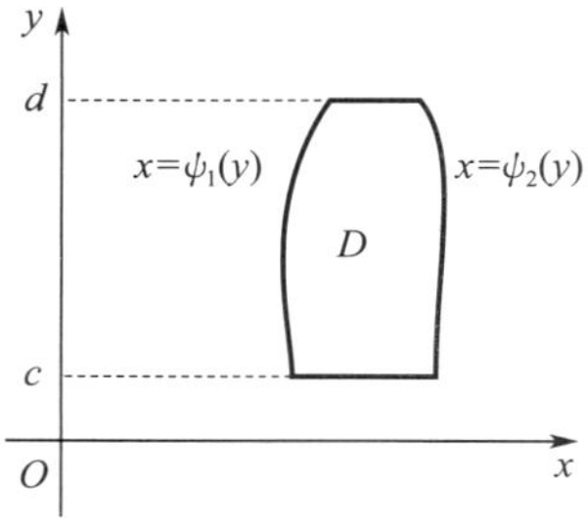

图 9-5

表示(见图 9-5),其中函数 $\psi_1(y),\psi_2(y)$ 在区间$[c,d]$上连续,这种区域称为 Y- **型区域**. 同理,有

$$\iint\limits_{D} f(x,y)\mathrm{d}x\mathrm{d}y=\int_c^d\left[\int_{\psi_1(y)}^{\psi_2(y)} f(x,y)\mathrm{d}x\right]\mathrm{d}y, \tag{9-4}$$

也可以写成

$$\iint\limits_{D} f(x,y)\mathrm{d}x\mathrm{d}y=\int_c^d\mathrm{d}y\int_{\psi_1(y)}^{\psi_2(y)} f(x,y)\mathrm{d}x. \tag{9-5}$$

上式等号右端的积分称为先对 x、后对 y 的**二次积分**.

应用式(9-3)[或式(9-2)]时,要求积分区域 D 为 X- 型区域,即 D 必须由不等式

$$\varphi_1(x)\leqslant y\leqslant\varphi_2(x),\quad a\leqslant x\leqslant b$$

表示. 从几何上看,就是要求穿过区域 D 的内部且平行于 y 轴的直线与 D 的边界线

的交点不多于两个. 同理,应用式(9-5)[或式(9-4)]时,要求积分区域 D 为 Y- 型区域,即要求 D 必须由不等式

$$\psi_1(y) \leqslant x \leqslant \psi_2(y), \quad c \leqslant y \leqslant d$$

表示,也就是要求穿过 D 的内部且平行于 x 轴的直线与 D 的边界线的交点不多于两个.

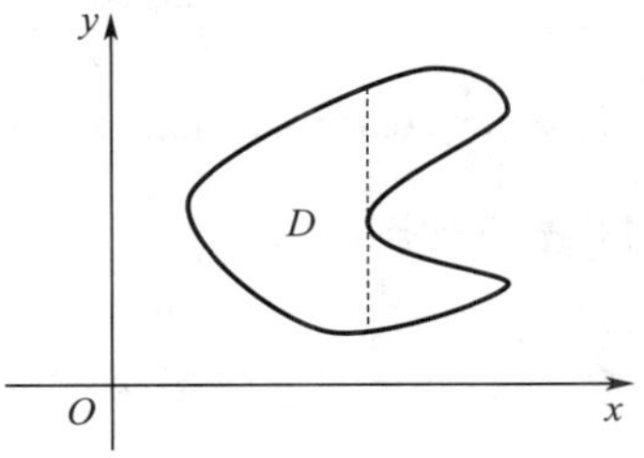

图 9-6

如果积分区域 D 不属于上述两种类型(见图 9-6),那么就必须用平行于 x 轴或 y 轴的直线将 D 划分为若干个小区域,使得每一个小区域是上述两种类型之一,然后利用式(9-3) 或式(9-5) 求出每一个小区域上的二重积分,根据本章第 1 节的性质 3,在 D 上的二重积分就是各个小区域上二重积分之和.

实际上,式(9-2) ~ 式(9-5) 的成立,并不受 $f(x,y) \geqslant 0$ 这个条件的限制.

例 1　计算 $\iint\limits_D xy\,\mathrm{d}x\mathrm{d}y$,其中 D 是由 x 轴、y 轴和圆 $x^2+y^2=1$ 所围成的在第一象限内的闭区域.

解　方法一　首先画出 D 的图形,如图 9-7 所示. 选择先对 y、后对 x 的积分次序. 由题意可知,D 上 x 的变化范围为$[0,1]$,在区间$[0,1]$上任意取定一个 x 值,作平行于 y 轴的直线穿过区域 D,可得纵坐标 y 从 $y=0$(穿入点) 变到 $y=\sqrt{1-x^2}$(穿出点),因此 D 可用不等式

$$0 \leqslant y \leqslant \sqrt{1-x^2}, \quad 0 \leqslant x \leqslant 1$$

表示. 由式(9-3) 可得

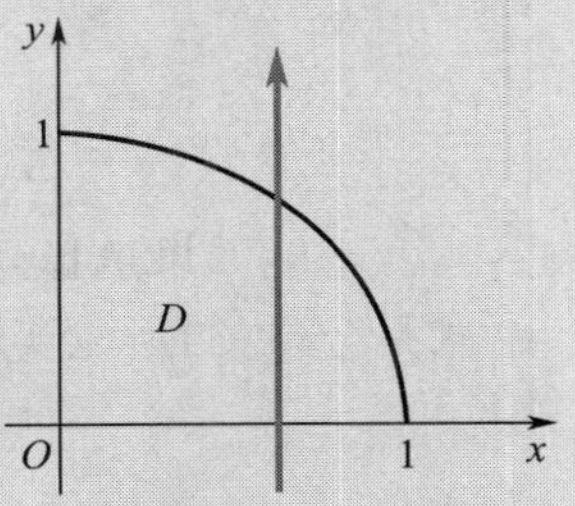

图 9-7

$$\begin{aligned}\iint\limits_D xy\,\mathrm{d}x\mathrm{d}y &= \int_0^1 \mathrm{d}x \int_0^{\sqrt{1-x^2}} xy\,\mathrm{d}y \\ &= \int_0^1 x\left[\frac{1}{2}y^2\right]_0^{\sqrt{1-x^2}} \mathrm{d}x = \frac{1}{2}\int_0^1 x(1-x^2)\,\mathrm{d}x \\ &= \frac{1}{2}\left[\frac{1}{2}x^2 - \frac{1}{4}x^4\right]_0^1 = \frac{1}{8}.\end{aligned}$$

方法二　选择先对 x、后对 y 的积分次序. D 上 y 的变化范围为$[0,1]$,在区间$[0,1]$上任意取定一个 y 值,作平行于 x 轴的直线穿过区域 D(见图 9-8),可得横坐标 x 从 $x=0$(穿入点) 变到 $x=\sqrt{1-y^2}$(穿出点),因此 D 可用不等式

$$0 \leqslant x \leqslant \sqrt{1-y^2}, \quad 0 \leqslant y \leqslant 1$$

表示. 由式(9-5) 可得

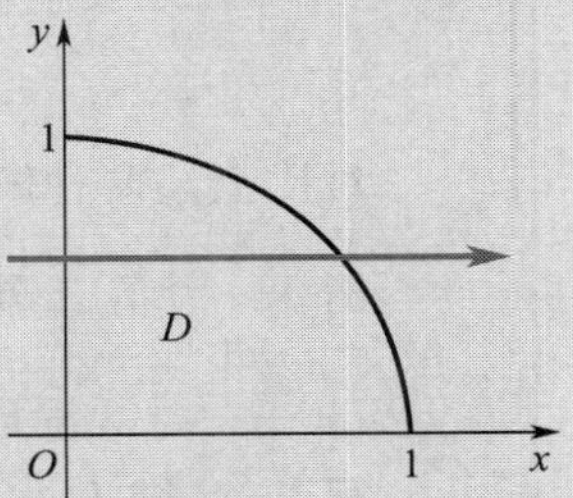

图 9-8

$$\begin{aligned}\iint\limits_D xy\,\mathrm{d}x\mathrm{d}y &= \int_0^1 \mathrm{d}y \int_0^{\sqrt{1-y^2}} xy\,\mathrm{d}x = \int_0^1 y\left[\frac{1}{2}x^2\right]_0^{\sqrt{1-y^2}} \mathrm{d}y \\ &= \frac{1}{2}\int_0^1 y(1-y^2)\,\mathrm{d}y = \frac{1}{2}\left[\frac{1}{2}y^2 - \frac{1}{4}y^4\right]_0^1 = \frac{1}{8}.\end{aligned}$$

例 2 计算 $\iint\limits_D xy\,dx\,dy$,其中 D 是由抛物线 $x=y^2$ 和直线 $y=x-2$ 所围成的闭区域.

解 区域 D 如图 9-9(a) 所示,将 D 用不等式

$$y^2\leqslant x\leqslant y+2,\quad -1\leqslant y\leqslant 2$$

表示,即选择先对 x、后对 y 的积分次序. 由式(9-5)可得

$$\iint\limits_D xy\,dx\,dy=\int_{-1}^{2}dy\int_{y^2}^{y+2}xy\,dx=\int_{-1}^{2}y\left[\frac{1}{2}x^2\right]_{y^2}^{y+2}dy$$

$$=\frac{1}{2}\int_{-1}^{2}y[(y+2)^2-y^4]dy=\frac{45}{8}.$$

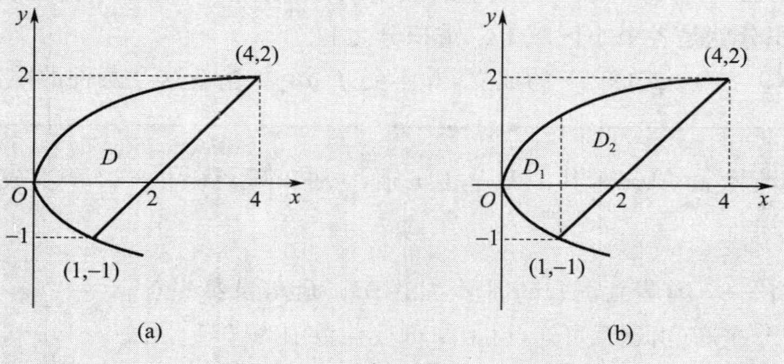

图 9-9

本题如果选择先对 y、后对 x 的积分次序[见图 9-9(b)],注意到 D 的下边界线的表达式是分段的,所以要用直线 $x=1$ 将 D 分成左、右两部分 D_1,D_2,其中

$$D_1:-\sqrt{x}\leqslant y\leqslant\sqrt{x}\ ,0\leqslant x\leqslant 1;$$

$$D_2:x-2\leqslant y\leqslant\sqrt{x},1\leqslant x\leqslant 4.$$

根据本章第 1 节的性质 3,得

$$\iint\limits_D xy\,dx\,dy=\iint\limits_{D_1}xy\,dx\,dy+\iint\limits_{D_2}xy\,dx\,dy$$

$$=\int_0^1 dx\int_{-\sqrt{x}}^{\sqrt{x}}xy\,dy+\int_1^4 dx\int_{x-2}^{\sqrt{x}}xy\,dy$$

$$=\frac{1}{2}\int_0^1[xy^2]_{-\sqrt{x}}^{\sqrt{x}}dx+\frac{1}{2}\int_1^4[xy^2]_{x-2}^{\sqrt{x}}dx$$

$$=\frac{1}{2}\int_1^4[x^2-x(x-2)^2]dx=\frac{45}{8}.$$

二重积分化为二次积分常见问题

对比上述两种解法,后一种解法要麻烦得多.

例 3 计算二重积分 $\iint\limits_D d\sigma$,其中 D 是由直线 $y=2x,x=2y$ 及 $x+y=3$ 围成的三角形区域.

解 区域 D 如图 9-10 所示,则 D 由 D_1 和 D_2 组成,故

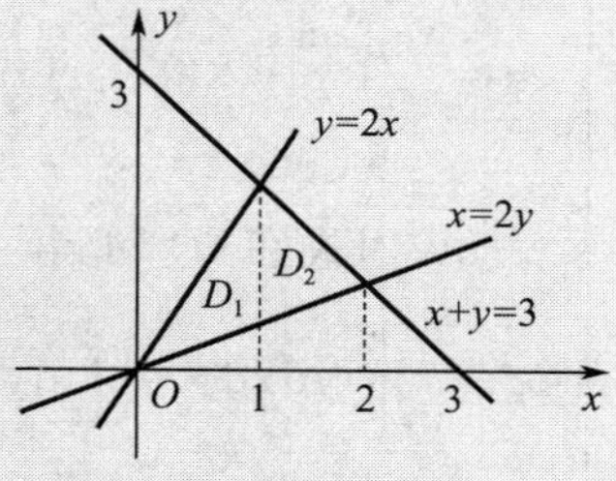

图 9-10

$$\iint\limits_D d\sigma=\iint\limits_{D_1}d\sigma+\iint\limits_{D_2}d\sigma=\int_0^1 dx\int_{\frac{x}{2}}^{2x}dy+\int_1^2 dx\int_{\frac{x}{2}}^{3-x}dy$$

$$=\int_0^1\left(2x-\frac{x}{2}\right)dx+\int_1^2\left(3-x-\frac{x}{2}\right)dx=\frac{3}{2}.$$

由上述的几个例子可知，将二重积分化为二次积分计算时，应选择恰当的积分次序，既要考虑积分区域的构成，又要考虑被积函数的特点.

例 4 交换积分次序：

$$\int_0^{\frac{1}{4}} dy \int_y^{\sqrt{y}} f(x,y)dx + \int_{\frac{1}{4}}^{\frac{1}{2}} dy \int_y^{\frac{1}{2}} f(x,y)dx.$$

解 如图 9-11 所示，积分区域 D 分成 D_1 和 D_2 两部分，其中

$$D_1:\begin{cases} y \leqslant x \leqslant \sqrt{y}, \\ 0 \leqslant y \leqslant \dfrac{1}{4}, \end{cases} \qquad D_2:\begin{cases} y \leqslant x \leqslant \dfrac{1}{2}, \\ \dfrac{1}{4} \leqslant y \leqslant \dfrac{1}{2}. \end{cases}$$

改为先对 y、后对 x 的积分，则有

$$\int_0^{\frac{1}{4}} dy \int_y^{\sqrt{y}} f(x,y)dx + \int_{\frac{1}{4}}^{\frac{1}{2}} dy \int_y^{\frac{1}{2}} f(x,y)dx = \int_0^{\frac{1}{2}} dx \int_{x^2}^{x} f(x,y)dy.$$

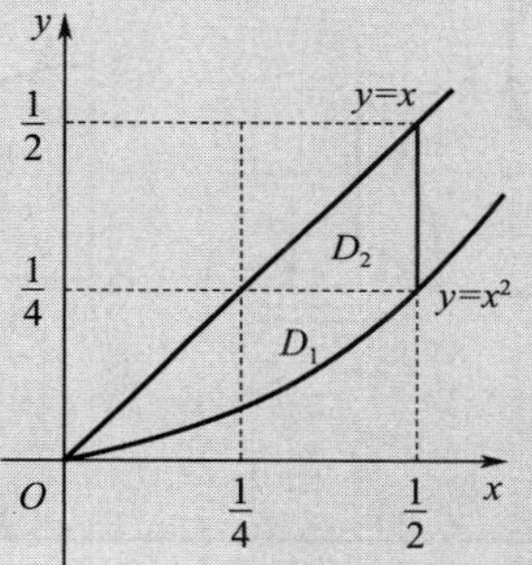

图 9-11

更换积分次序常见错误

根据二重积分的几何意义，可以利用二重积分求一些由曲面围成的立体的体积，下面举例说明.

例 5 求由曲面 $z=x^2+y^2$，抛物柱面 $y=x^2$，平面 $y=1, z=0$ 所围立体的体积.

解 如图 9-12 所示，立体的底部为区域 $D:\begin{cases} -1 \leqslant x \leqslant 1, \\ x^2 \leqslant y \leqslant 1, \end{cases}$ 顶为曲面 $z=x^2+y^2$，于是所求立体的体积为

$$\begin{aligned} V &= \iint_D (x^2+y^2)dxdy \\ &= \int_{-1}^{1} dx \int_{x^2}^{1} (x^2+y^2)dy \\ &= \int_{-1}^{1} \left[x^2y+\frac{1}{3}y^3\right]_{x^2}^{1} dx \\ &= \int_{-1}^{1} \left(x^2+\frac{1}{3}-x^4-\frac{1}{3}x^6\right)dx = \frac{88}{105}. \end{aligned}$$

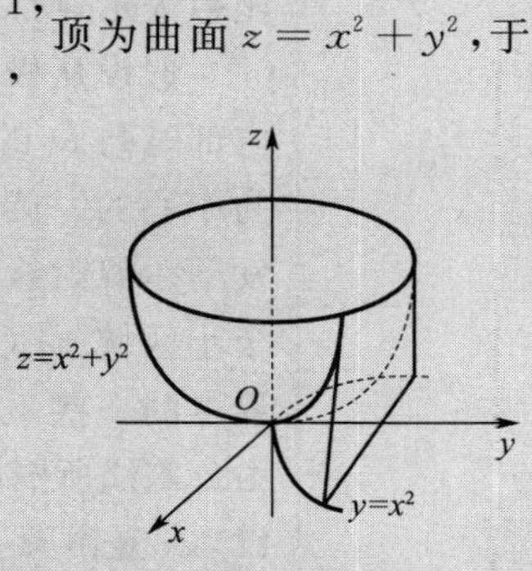

图 9-12

例 6 求底圆半径相等的两个直交圆柱面所围成的立体的体积.

解 设圆柱面的底圆半径为 R，它们的方程分别为

$$x^2+y^2=R^2 \quad 和 \quad x^2+z^2=R^2.$$

根据对称性,所求体积是图 9-13(a) 中所画出的第一卦限部分体积的 8 倍. 将立体在第一卦限的部分看作一个曲顶柱体,它的曲顶是柱面 $z=\sqrt{R^2-x^2}$,它的底如图 9-13(b) 所示,即

$$0\leqslant y\leqslant \sqrt{R^2-x^2},\quad 0\leqslant x\leqslant R.$$

故所求立体的体积为

$$V=8\iint\limits_D \sqrt{R^2-x^2}\,d\sigma=8\int_0^R dx\int_0^{\sqrt{R^2-x^2}}\sqrt{R^2-x^2}\,dy$$
$$=8\int_0^R (R^2-x^2)\,dx=\frac{16}{3}R^3.$$

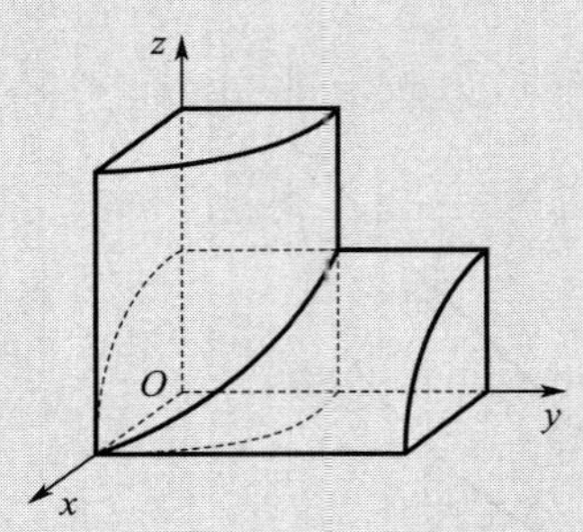

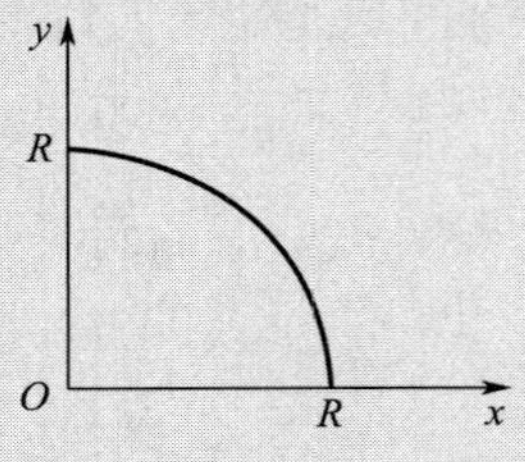

图 9-13

二、利用极坐标计算二重积分

有些二重积分,由于被积函数不能表示成初等函数,积分区域边界曲线用直角坐标表示不便,导致利用直角坐标计算比较繁杂或者无法直接计算. 例如,$\iint\limits_D e^{-(x^2+y^2)}\,d\sigma$,积分区域 D 为圆域 $x^2+y^2\leqslant 1$,由于被积函数的原函数不能用初等函数表示,所以用直角坐标是无法计算的. 可以考虑用极坐标来计算二重积分.

假设从极点 O 出发所引的射线穿过区域 D 的内部时与 D 的边界线的交点不多于两个. 用以极点为中心的一族同心圆(半径 ρ 为常数)和从极点出发的一族射线(极角 θ 为常数),将区域 D 划分为 n 个小区域 $\Delta\sigma_i(i=1,2,\cdots,n)$(见图 9-14),除包含边界点的一些不规则的小区域外,其余的小区域都是由分割线所围成的,这些小区域的形状近似于矩形. 设 $\Delta\sigma_i$ 是由圆 $\rho=\rho_i$ 和 $\rho=\rho_i+\Delta\rho_i$ 以及射线 $\theta=\theta_i$ 和 $\theta=\theta_i+\Delta\theta_i$ 所围成. 它的面积可以近似地用边长为 $\Delta\rho_i$ 和 $\rho_i\cdot\Delta\theta_i$(半径为 ρ_i、圆心角为 $\Delta\theta_i$ 所对应的弧长)的小矩形的面积来代替,即

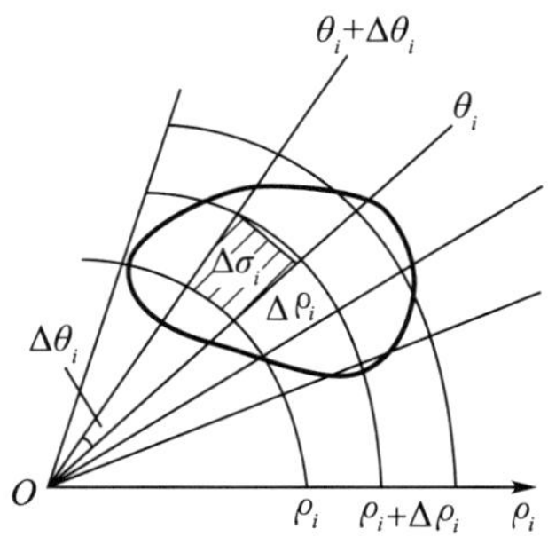

图 9-14

$$\Delta\sigma_i \approx \rho_i \cdot \Delta\rho_i \cdot \Delta\theta_i,$$

于是得到**极坐标系下的面积元素**

$$d\sigma = \rho d\rho d\theta.$$

再将直角坐标和极坐标之间的关系

$$x = \rho\cos\theta, y = \rho\sin\theta,$$

代入被积函数得 $f(x,y) = f(\rho\cos\theta, \rho\sin\theta)$.

从而得到极坐标形式的二重积分

$$\iint_D f(x,y)d\sigma = \iint_D f(\rho\cos\theta,\rho\sin\theta)\rho d\rho d\theta \tag{9-6}$$

或

$$\iint_D f(x,y)dxdy = \iint_D f(\rho\cos\theta,\rho\sin\theta)\rho d\rho d\theta \tag{9-7}$$

以上两式称为二重积分由直角坐标变换为极坐标的变换公式.

由式(9-7)可以看出,要将二重积分中的变量由直角坐标变换为极坐标,只需将被积函数中的 x,y 分别换成 $\rho\cos\theta,\rho\sin\theta$,将直角坐标系中的面积元素 $dxdy$ 换成极坐标系中的面积元素 $\rho d\rho d\theta$ 即可.

极坐标系中的二重积分,同样可以化为二次积分来计算.

在极坐标系中,区域 D 的边界曲线的方程一般用 $\rho = \rho(\theta)$ 来表示.

下面分三种情况来讨论.

(1) 如果极点在积分区域 D 的外部,D 可以用不等式

$$\varphi_1(\theta) \leqslant \rho \leqslant \varphi_2(\theta),\quad \alpha \leqslant \theta \leqslant \beta$$

表示,其中函数 $\varphi_1(\theta),\varphi_2(\theta)$ 在区间 $[\alpha,\beta]$ 上连续(见图 9-15). 在区间 $[\alpha,\beta]$ 上任意取定一个 θ,相应地,就有从极点出发穿过积分区域 D 的一条射线,它在 D 内部的极径 ρ 从 $\varphi_1(\theta)$(穿入点)变到 $\varphi_2(\theta)$(穿出点),而 θ 从 α 变到 β,于是极坐标系中的二重积分化为二次积分的公式为

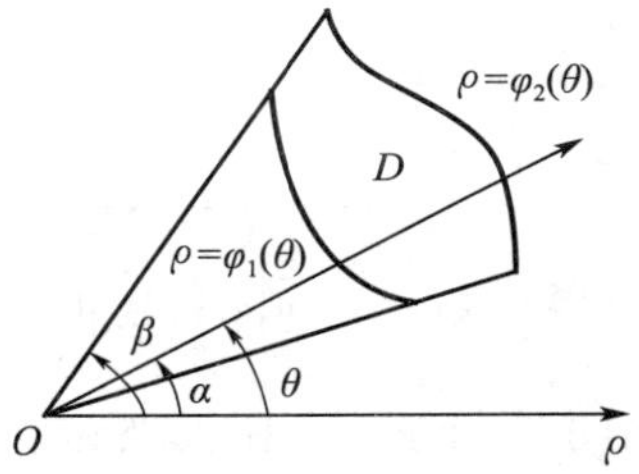

图 9-15

$$\iint_D f(\rho\cos\theta,\rho\sin\theta)\rho d\rho d\theta = \int_\alpha^\beta d\theta \int_{\varphi_1(\theta)}^{\varphi_2(\theta)} f(\rho\cos\theta,\rho\sin\theta)\rho d\rho. \tag{9-8}$$

(2) 如果极点在积分区域 D 的边界上,如图 9-16 所示,则可以将它看成(1)中当 $\varphi_1(\theta) = 0,\varphi_2(\theta) = \varphi(\theta)$ 时的特例,此时积分区域 D 用不等式

$$0 \leqslant \rho \leqslant \varphi(\theta),\quad \alpha \leqslant \theta \leqslant \beta$$

表示,从而式(9-8)成为

$$\iint_D f(\rho\cos\theta,\rho\sin\theta)\rho d\rho d\theta = \int_\alpha^\beta d\theta \int_0^{\varphi(\theta)} f(\rho\cos\theta,\rho\sin\theta)\rho d\rho. \tag{9-9}$$

(3) 如果极点在积分区域 D 的内部,如图 9-17 所示,则可以将它看成(2)中当 $\alpha = 0,\beta = 2\pi$ 时的特例,此时积分区域 D 用不等式

$$0 \leqslant \rho \leqslant \varphi(\theta),\quad 0 \leqslant \theta \leqslant 2\pi$$

表示,从而式(9-9)成为

利用极坐标计算二重积分常见错误

$$\iint_D f(\rho\cos\theta,\rho\sin\theta)\rho\mathrm{d}\rho\mathrm{d}\theta=\int_0^{2\pi}\mathrm{d}\theta\int_0^{\varphi(\theta)}f(\rho\cos\theta,\rho\sin\theta)\rho\mathrm{d}\rho. \tag{9-10}$$

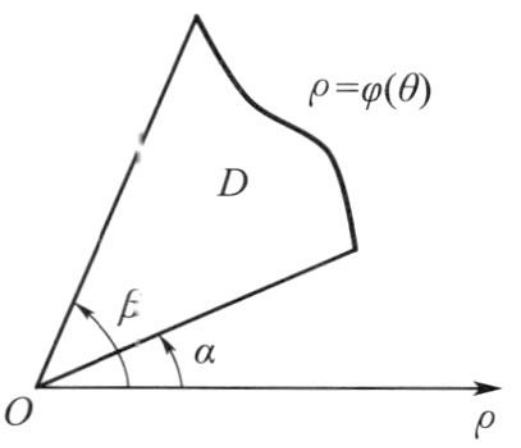

图 9-16

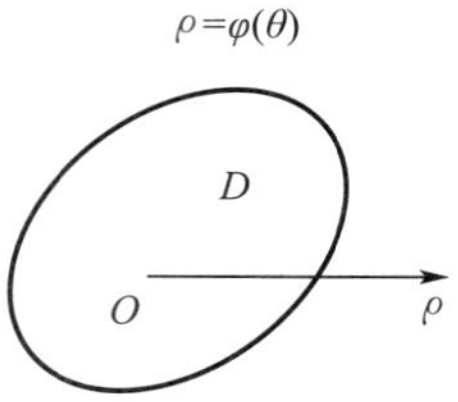

图 9-17

根据二重积分的定义,区域 D 的面积可以表示成 $\sigma=\iint\limits_D \mathrm{d}\sigma$. 由于在极坐标系中,面积元素为

$$\mathrm{d}\sigma=\rho\mathrm{d}\rho\mathrm{d}\theta,$$

所以在极坐标系中区域 D 的面积可以表示成

$$\sigma=\iint_D \rho\mathrm{d}\rho\mathrm{d}\theta.$$

如果区域 D 如图 9-15 所示,则由式(9-8)可得区域 D 的面积公式为

$$\sigma=\iint_D \rho\mathrm{d}\rho\mathrm{d}\theta=\int_\alpha^\beta\mathrm{d}\theta\int_{\varphi_1(\theta)}^{\varphi_2(\theta)}\rho\mathrm{d}\rho=\frac{1}{2}\int_\alpha^\beta[\varphi_2^2(\theta)-\varphi_1^2(\theta)]\mathrm{d}\theta.$$

特别地,如果区域 D 如图 9-16 所示,那么它的面积公式就变为

$$\sigma=\frac{1}{2}\int_\alpha^\beta\varphi^2(\theta)\mathrm{d}\theta.$$

例 7 计算 $\iint\limits_D \sqrt{x^2+y^2}\,\mathrm{d}\sigma$,其中 D 是圆域:$x^2+y^2\leqslant 2x$.

解 如图 9-18 所示,在极坐标系中,闭区域 D 可表示成

$$0\leqslant\rho\leqslant 2\cos\theta,\quad -\frac{\pi}{2}\leqslant\theta\leqslant\frac{\pi}{2}.$$

由式(9-9)可得

$$\begin{aligned}\iint_D \sqrt{x^2+y^2}\,\mathrm{d}\sigma&=\int_{-\frac{\pi}{2}}^{\frac{\pi}{2}}\mathrm{d}\theta\int_0^{2\cos\theta}\rho\cdot\rho\mathrm{d}\rho\\&=\int_{-\frac{\pi}{2}}^{\frac{\pi}{2}}\frac{1}{3}\left[\rho^3\right]_0^{2\cos\theta}\mathrm{d}\theta\\&=\frac{8}{3}\int_{-\frac{\pi}{2}}^{\frac{\pi}{2}}\cos^3\theta\mathrm{d}\theta\\&=\frac{8}{3}\left[\sin\theta-\frac{\sin^3\theta}{3}\right]_{-\frac{\pi}{2}}^{\frac{\pi}{2}}=\frac{32}{9}.\end{aligned}$$

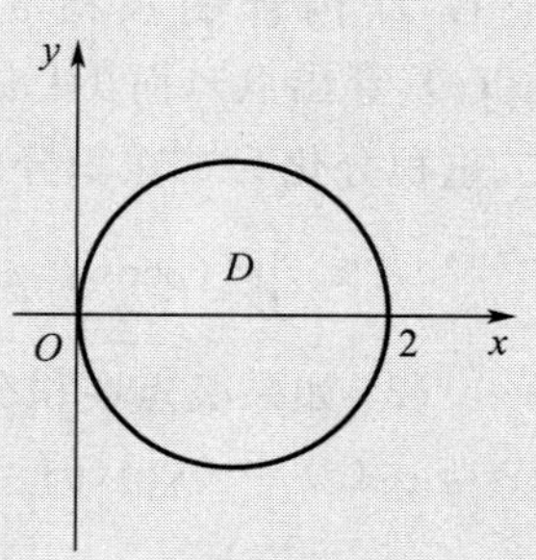

图 9-18

例 8 计算 $\iint\limits_D \mathrm{e}^{-x^2-y^2}\mathrm{d}\sigma$,其中 D 是以坐标原点为中心,半径为 R 的圆域.

解 在极坐标系中,闭区域 D 可表示成

$$0\leqslant\rho\leqslant R,\quad 0\leqslant\theta\leqslant 2\pi.$$

由式(9-10)可得

$$\iint_D e^{-x^2-y^2}d\sigma=\int_0^{2\pi}d\theta\int_0^R e^{-\rho^2}\cdot\rho d\rho=\int_0^{2\pi}\left[-\frac{1}{2}e^{-\rho^2}\right]_0^R d\theta$$

$$=\frac{1}{2}(1-e^{-R^2})\int_0^{2\pi}d\theta=\pi(1-e^{-R^2}).$$

本题如果选用直角坐标计算，由于 e^{-x^2} 的原函数不能用初等函数来表示，所以无法进行计算.

例 9　将积分 $\int_0^{2a}dx\int_0^{\sqrt{2ax-x^2}}(x^2+y^2)dy$ 转化为极坐标形式，并计算积分值.

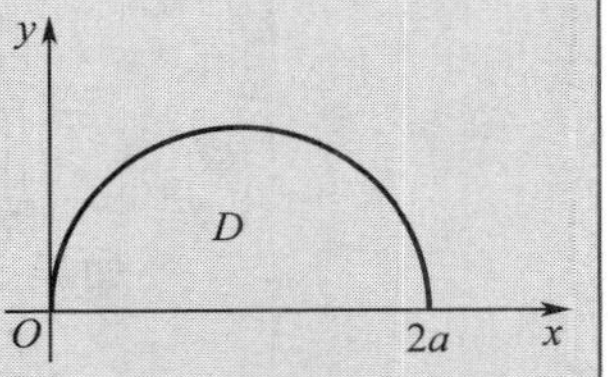

图 9-19

解　如图 9-19 所示，在极坐标系中，闭区域 D 可表示成

$$0\leqslant\rho\leqslant 2a\cos\theta,\quad 0\leqslant\theta\leqslant\frac{\pi}{2}.$$

故

$$\int_0^{2a}dx\int_0^{\sqrt{2ax-x^2}}(x^2+y^2)dy=\int_0^{\frac{\pi}{2}}d\theta\int_0^{2a\cos\theta}\rho^2\cdot\rho d\rho=4a^4\int_0^{\frac{\pi}{2}}\cos^4\theta d\theta$$

$$=4a^4\times\frac{3\times1}{4\times2}\times\frac{\pi}{2}=\frac{3}{4}\pi a^4.$$

例 10　求球体 $x^2+y^2+z^2\leqslant 4a^2$ 与圆柱体 $x^2+y^2\leqslant 2ax\,(a>0)$ 的公共部分所围成立体的体积.

解　如图 9-20 所示. 根据对称性，立体的体积等于图 9-20(a) 所画出的在第一卦限内的部分立体体积的 4 倍. 闭区域 D[见图 9-20(b)] 可表示成

$$0\leqslant\rho\leqslant 2a\cos\theta,\quad 0\leqslant\theta\leqslant\frac{\pi}{2}.$$

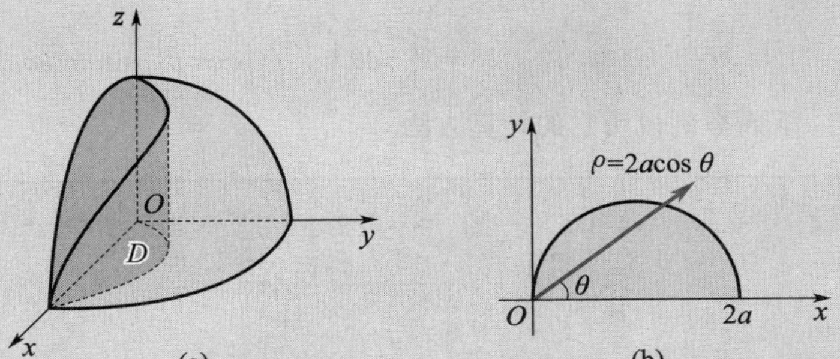

(a)　(b)

图 9-20

于是，所求立体的体积为

$$V=4\iint_D\sqrt{4a^2-x^2-y^2}\,dxdy=4\iint_D\sqrt{4a^2-\rho^2}\cdot\rho d\rho$$

$$=4\int_0^{\frac{\pi}{2}}d\theta\int_0^{2a\cos\theta}\sqrt{4a^2-\rho^2}\cdot\rho d\rho$$

$$=\frac{32}{3}a^3\int_0^{\frac{\pi}{2}}(1-\sin^3\theta)d\theta$$

$$=\frac{32a^3}{3}\left(\frac{\pi}{2}-\frac{2}{3}\right).$$

利用对称性计算二重积分的常见错误

三、无界区域上的广义二重积分

在许多实际应用问题中,经常会遇到无限区间上的积分,如概率统计中求连续型随机变量的分布函数及密度函数.与无限区间上的广义积分类似,也可以引入无界区域上的广义二重积分,化为先求有界闭区域上二重积分,再将积分结果求极限,得出广义二重积分.

如果 $D=\{(x,y)\mid a\leqslant x\leqslant b,c\leqslant y<+\infty\}$,则

$$\iint_D f(x,y)\mathrm{d}\sigma=\lim_{N\to+\infty}\int_a^b\mathrm{d}x\int_c^N f(x,y)\mathrm{d}y=\int_a^b\mathrm{d}x\int_c^{+\infty}f(x,y)\mathrm{d}y$$

或

$$\iint_D f(x,y)\mathrm{d}\sigma=\lim_{N\to+\infty}\int_c^N\mathrm{d}y\int_a^b f(x,y)\mathrm{d}x=\int_c^{+\infty}\mathrm{d}y\int_a^b f(x,y)\mathrm{d}x.$$

如果 $D=\{(x,y)\mid a\leqslant x<+\infty,c\leqslant y<+\infty\}$,则

$$\iint_D f(x,y)\mathrm{d}\sigma=\lim_{\substack{M\to+\infty\\N\to+\infty}}\int_a^M\mathrm{d}x\int_c^N f(x,y)\mathrm{d}y=\int_a^{+\infty}\mathrm{d}x\int_c^{+\infty}f(x,y)\mathrm{d}y$$

或

$$\iint_D f(x,y)\mathrm{d}\sigma=\lim_{\substack{M\to+\infty\\N\to+\infty}}\int_c^N\mathrm{d}y\int_a^M f(x,y)\mathrm{d}x=\int_c^{+\infty}\mathrm{d}y\int_a^{+\infty}f(x,y)\mathrm{d}x.$$

如果 $D=\{(x,y)\mid-\infty<x<+\infty,-\infty<y<+\infty\}$,则

$$\iint_D f(x,y)\mathrm{d}\sigma=\lim_{\substack{M\to+\infty\\N\to+\infty}}\int_{-M}^M\mathrm{d}x\int_{-N}^N f(x,y)\mathrm{d}y=\int_{-\infty}^{+\infty}\mathrm{d}x\int_{-\infty}^{+\infty}f(x,y)\mathrm{d}y$$

或

$$\iint_D f(x,y)\mathrm{d}\sigma=\lim_{\substack{M\to+\infty\\N\to+\infty}}\int_{-N}^N\mathrm{d}y\int_{-M}^M f(x,y)\mathrm{d}x=\int_{-\infty}^{+\infty}\mathrm{d}y\int_{-\infty}^{+\infty}f(x,y)\mathrm{d}x.$$

也可在极坐标系下计算无界区域上的广义二重积分:

$$\iint_D f(x,y)\mathrm{d}\sigma=\lim_{R\to+\infty}\int_0^{2\pi}\mathrm{d}\theta\int_0^R f(\rho\cos\theta,\rho\sin\theta)\rho\mathrm{d}\rho$$

$$=\int_0^{2\pi}\mathrm{d}\theta\int_0^{+\infty}f(\rho\cos\theta,\rho\sin\theta)\rho\mathrm{d}\rho.$$

下面举例说明它的计算方法.

例 11 设 $D=\{(x,y)\mid 0\leqslant x<+\infty,0\leqslant y<+\infty\}$,计算积分

$$\iint_D\frac{1}{(1+x^2)(1+y^2)}\mathrm{d}x\mathrm{d}y.$$

解 $$\iint_D\frac{1}{(1+x^2)(1+y^2)}\mathrm{d}x\mathrm{d}y=\int_0^{+\infty}\frac{1}{1+x^2}\mathrm{d}x\int_0^{+\infty}\frac{1}{1+y^2}\mathrm{d}y$$

$$=[\arctan x]_0^{+\infty}\cdot[\arctan y]_0^{+\infty}$$

$$=\frac{\pi^2}{4}.$$

例 12 计算二重积分 $\iint_D x\mathrm{e}^{-y^2}\mathrm{d}x\mathrm{d}y$,其中 D 是由曲线 $y=4x^2$,$y=9x^2$ 在第一象限所围成的区域.

解 如图 9-21 所示,积分区域为

$$D=\left\{(x,y)\mid\frac{\sqrt{y}}{3}\leqslant x\leqslant\frac{\sqrt{y}}{2},0\leqslant y<+\infty\right\}.$$

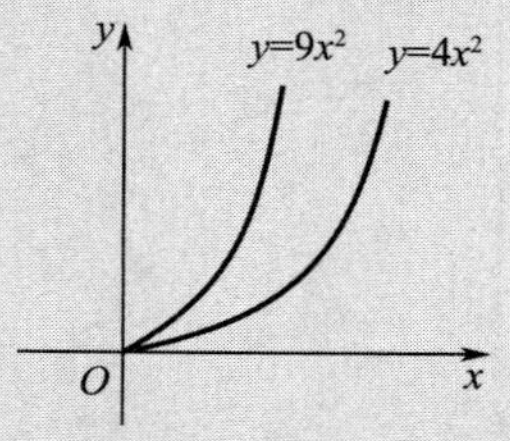

图 9-21

所求积分为 $\iint\limits_D x\mathrm{e}^{-y^2}\mathrm{d}x\mathrm{d}y=\int_0^{+\infty}\mathrm{e}^{-y^2}\mathrm{d}y\int_{\frac{\sqrt{y}}{3}}^{\frac{\sqrt{y}}{2}}x\mathrm{d}x$

$$=\frac{1}{2}\int_0^{+\infty}\left(\frac{y}{4}-\frac{y}{9}\right)\mathrm{e}^{-y^2}\mathrm{d}y$$

$$=\frac{5}{72}\int_0^{+\infty}y\mathrm{e}^{-y^2}\mathrm{d}y$$

$$=\frac{5}{72}\left[-\frac{1}{2}\mathrm{e}^{-y^2}\right]_0^{+\infty}=\frac{5}{144}.$$

例 13 计算二重积分$\iint\limits_D \mathrm{e}^{-x^2-y^2}\mathrm{d}x\mathrm{d}y$,其中 D 是整个平面.

解 利用极坐标计算,则

$$D=\{(\rho,\theta)\mid 0\leqslant\theta\leqslant 2\pi,0\leqslant\rho<+\infty\}$$

所求积分为 $\iint\limits_D \mathrm{e}^{-x^2-y^2}\mathrm{d}x\mathrm{d}y=\int_0^{2\pi}\mathrm{d}\theta\int_0^{+\infty}\mathrm{e}^{-\rho^2}\cdot\rho\mathrm{d}\rho$

$$=2\pi\cdot\left[-\frac{1}{2}\mathrm{e}^{-\rho^2}\right]_0^{+\infty}$$

$$=\pi.$$

由例 13 可推得一个重要积分$\int_0^{+\infty}\mathrm{e}^{-x^2}\mathrm{d}x=\frac{\sqrt{\pi}}{2}$. 证明如下.

由于

$$\iint\limits_D \mathrm{e}^{-x^2-y^2}\mathrm{d}x\mathrm{d}y=\int_{-\infty}^{+\infty}\mathrm{d}x\int_{-\infty}^{+\infty}\mathrm{e}^{-x^2-y^2}\mathrm{d}y$$

$$=\int_{-\infty}^{+\infty}\mathrm{e}^{-x^2}\mathrm{d}x\cdot\int_{-\infty}^{+\infty}\mathrm{e}^{-y^2}\mathrm{d}y$$

$$=\left[\int_{-\infty}^{+\infty}\mathrm{e}^{-x^2}\mathrm{d}x\right]^2$$

$$=\left[2\int_0^{+\infty}\mathrm{e}^{-x^2}\mathrm{d}x\right]^2=\pi.$$

所以

$$\int_0^{+\infty}\mathrm{e}^{-x^2}\mathrm{d}x=\frac{\sqrt{\pi}}{2}.$$

该广义积分称为泊松(Poisson) 积分,在概率统计中经常用到.

习题 9－2

1. 计算下列二重积分.

(1)$\iint\limits_D(x^2+y^2)\mathrm{d}\sigma$,其中 $D=\{(x,y)\mid |x|\leqslant 1,|y|\leqslant 1\}$;

(2)$\iint\limits_D(3x+2y)\mathrm{d}\sigma$,其中 D 是由两坐标轴及直线 $x+y=2$ 所围成的闭区域;

(3)$\iint\limits_D xy^2\mathrm{d}\sigma$,其中 D 为半圆形闭区域:$x^2+y^2\leqslant 4,x\geqslant 0$;

(4)$\iint\limits_D(x^2+y^2-x)\mathrm{d}\sigma$,其中 D 是由直线 $y=2,y=x,y=2x$ 所围成的区域.

2. 改变下列二次积分的积分次序.

(1) $\int_0^2 dy \int_{y^2}^{2y} f(x,y)dx$； (2) $\int_1^2 dx \int_{2-x}^{\sqrt{2x-x^2}} f(x,y)dy$.

3. 将 $I = \iint\limits_D f(x,y)dxdy$ 按两种不同的积分次序化为二次积分.

(1) D 是由直线 $y = x$ 与抛物线 $y^2 = 4x$ 所围成的平面闭区域；

(2) D 是由直线 $y = x, y = 2$ 及 $y = \dfrac{1}{x}(x > 0)$ 所围成的平面闭区域.

4. 利用极坐标计算下列二重积分.

(1) $\iint\limits_D e^{x^2+y^2} d\sigma$，其中 D 是圆形闭区域：$x^2 + y^2 \leqslant 4$；

(2) $\iint\limits_D \ln(1 + x^2 + y^2)d\sigma$，其中 D 是由圆周 $x^2 + y^2 = 1$ 以及坐标轴所围成的在第一象限内的闭区域；

(3) $\iint\limits_D \sqrt{x^2 + y^2} d\sigma$，其中 D 是由圆周 $x^2 + y^2 = 4$ 以及直线 $y = 0$ 和 $y = x$ 所围成的在第一象限内的闭区域.

5. 用适当的坐标计算下列二重积分.

(1) $\iint\limits_D \dfrac{x^2}{y^2} d\sigma$，其中 D 是由直线 $x = 2, y = x$ 及曲线 $xy = 1$ 所围成的区域；

(2) $\iint\limits_D (x^2 + y^2)d\sigma$，其中 D 是由曲线 $x^2 + y^2 = 4\pi^2, x^2 + y^2 = \pi^2$ 所围成的闭区域；

(3) $\iint\limits_D \sqrt{x^2 + y^2} d\sigma$，其中 D 是环形闭区域：$a^2 \leqslant x^2 + y^2 \leqslant b^2$.

6. 将下列积分化为极坐标形式，并计算积分值.

(1) $\int_0^a dx \int_0^x \sqrt{x^2 + y^2} dy$； (2) $\int_0^1 dx \int_{x^2}^x \dfrac{1}{\sqrt{x^2 + y^2}} dy$；

(3) $\int_0^a dy \int_0^{\sqrt{a^2-y^2}} (x^2 + y^2)dx$.

7. 求由平面 $x = 0, y = 0, x + y = 1$ 所围成的柱体被平面 $z = 0$ 以及抛物面 $x^2 + y^2 = 6 - z$ 截得的立体的体积.

实验 8　二重积分的 MATLAB 实现

二重积分的 Python 实现

一、利用 MATLAB 计算二重积分

MATLAB 中没有提供专门计算二重积分的命令，但由于二重积分可以化成二次积分来进行计算，因此只要确定积分区域，就可以反复使用 int 命令来计算二重积分.

例 1　计算二重积分 $I = \iint\limits_D x^4 e^{-y^2} dxdy$，其中 D 是由直线 $x = 0, y = 1, y = x$ 所围成的区域.

解　该积分可以写成

$$I=\int_0^1 dy\int_0^y x^4 e^{-y^2}dx$$

或

$$I=\int_0^1 dx\int_x^1 x^4 e^{-y^2}dy.$$

按第一种形式用 MATLAB 求解如下.

```
>> syms x y
I1 = int(x^4 * exp(- y^2),x,0,y)↙
I1 =
1/5 * exp(- y^2) * y^5
>> I = int(I1,y,0,1)↙
I =
- 1/2 * exp(- 1) + 1/5
```

即 $I=-\dfrac{1}{2e}+\dfrac{1}{5}$.

如果采用第二种形式,手工无法计算,但用 MATLAB 仍可以算出结果,命令如下.

```
>> syms x y
I1 = int(x^4 * exp(- y^2),y,x,1)↙
I1 =
1/2 * erf(1) * x^4 * pi^(1/2) - 1/2 * erf(x) * x^4 * pi^(1/2)
>> I = int(I1,x,0,1)↙
I =
- 1/2 * exp(- 1) + 1/5
```

二、二重积分的数值求解

使用 MATLAB 提供的 dblquad 函数命令可以直接求出二重积分的数值解,该函数的调用格式为

```
I = dblquad(fun,a,b,c,d)
```

该函数命令求函数 $f(x,y)$ 在 $[a,b]\times[c,d]$ 区域上的二重积分,其用法与函数命令 quad 完全相同. 例如,求 $\iint\limits_D\left[-\dfrac{y^2}{2}\sin(x+y^2)\right]d\sigma, D=[-1,2]\times[-4,3]$ 的近似解如下.

```
>> I = dblquad('(- y.^2/2). * sin(x+ y.^2)', - 1,2, - 4,3)↙
I =
- 3.0975
```

三、应用举例

例 2 湖泊体积及平均水深的估算.

椭球正弦曲面是许多湖泊的湖床形状的近似. 假定湖面的边界为椭圆 $\dfrac{x^2}{a^2}+\dfrac{y^2}{b^2}=1$,若湖泊的最大水深为 h_{max},则椭球正弦曲面由函数

$$z=-h_{max}\cos\left(\frac{\pi}{2}\sqrt{\frac{x^2}{a^2}+\frac{y^2}{b^2}}\right)$$

给出，其中$\frac{x^2}{a^2}+\frac{y^2}{b^2}\leqslant 1$. 现要求湖泊的体积$V$及平均水深$\overline{h}$.

解 设湖面的椭圆区域为$D:\frac{x^2}{a^2}+\frac{y^2}{b^2}\leqslant 1$，则湖水的总体积为

$$V=\iint_D |z|\,\mathrm{d}\sigma=\iint_D h_{\max}\cos\left(\frac{\pi}{2}\sqrt{\frac{x^2}{a^2}+\frac{y^2}{b^2}}\right)\mathrm{d}x\mathrm{d}y.$$

根据积分区域D的形状和被积函数的特点，令

$$\begin{cases}x=ar\cos\theta,\\ y=br\sin\theta,\end{cases}\quad D:\begin{cases}0\leqslant r\leqslant 1,\\ 0\leqslant\theta\leqslant 2\pi,\end{cases}$$

则$\mathrm{d}x\mathrm{d}y=abr\mathrm{d}r\mathrm{d}\theta$. 故

$$\begin{aligned}V&=\int_0^{2\pi}\mathrm{d}\theta\int_0^1 h_{\max}\cos\left(\frac{\pi}{2}r\right)abr\mathrm{d}r\\&=2\pi abh_{\max}\int_0^1\cos\left(\frac{\pi}{2}r\right)r\mathrm{d}r\\&=4abh_{\max}\int_0^1 r\mathrm{d}\sin\left(\frac{\pi}{2}r\right)\\&=4abh_{\max}\left[r\sin\left(\frac{\pi}{2}r\right)\Big|_0^1-\int_0^1\sin\left(\frac{\pi}{2}r\right)\mathrm{d}r\right]\\&=4abh_{\max}\left[1+\frac{2}{\pi}\cos\left(\frac{\pi}{2}r\right)\Big|_0^1\right]\\&=4abh_{\max}\left(1-\frac{2}{\pi}\right)\\&\approx 1.453\,5abh_{\max}.\end{aligned}$$

上述公式可以通过测量a,b和$h_{\max}$来估计湖泊的体积(即蓄水量). 容易求得湖面区域D的面积为πab，因而湖水平均深度为

$$\overline{h}=\frac{1}{\pi ab}\iint_D |z|\,\mathrm{d}\sigma\approx\frac{1.453\,5abh_{\max}}{\pi ab}\approx 0.463h_{\max},$$

即$\frac{\overline{h}}{h_{\max}}\approx 0.463$.

实际上，人们对全世界107个湖泊的研究结果表明，$\frac{\overline{h}}{h_{\max}}$的平均值为0.467.

MATLAB实现如下($h_{\max}$、$\overline{h}$与θ分别用H、h和t代替).

```
>> syms a b r t H h
I1 = int(H * cos(r * pi/2) * a * b * r,'r',0,1) ↙
I1 =
(2 * H * a * b * (pi - 2))/pi^2
>> V = int(I1,'t',0,2 * pi)↙
V =
(4 * H * a * b * (pi - 2))/pi
令 π ≈ 3.1416,则
>> V = 4 * H * a * b * (3.1416 - 2)/3.1416↙
V =
(5708 * H * a * b)/3927
>> h = V/(3.1416 * a * b) ↙
h =
```

```
7135000/15421329 * H
>> h/H↙
ans =
7135000/15421329
```

实验题 8

1. 计算二重积分$\iint\limits_D x^2 y\mathrm{d}x\mathrm{d}y$,其中 D 是由抛物线 $y^2=x$ 及直线 $y=x-2$ 所围成的闭区域.

2. 用不同的二次积分计算$\iint\limits_D \mathrm{e}^{-\frac{x^2}{2}}\sin(x+y)\mathrm{d}x\mathrm{d}y$,$D$ 为矩形区域:$-2\leqslant x\leqslant 2$,$-1\leqslant y\leqslant 1$,并比较结果.

3. 设某工厂销售 x 件 A 产品和 y 件 B 产品的利润函数为

$$L(x,y)=1000x+900y-2xy(\text{元}).$$

现已知一周内 A 产品的销售数量在 $100\sim150$ 件之间变化,B 产品的销售数量在 $70\sim90$ 件之间变化.求一周内该工厂的平均利润.(提示:平均利润为 $P=\frac{1}{\sigma}\iint\limits_D L(x,y)\mathrm{d}x\mathrm{d}y$,其中 σ 为区域 D 的面积.)

总习题 9

一、填空题

1. 设平面区域 D 为 $0\leqslant x\leqslant y$,$0\leqslant y\leqslant 1$,则$\iint\limits_D \mathrm{d}x\mathrm{d}y=$________.

2. 设 D 是由直线 $x+y=1$,$x-y=1$,$x=0$ 所围成的三角形闭域,则$\iint\limits_D \sin^3 y\mathrm{d}\sigma=$________.

3. $I=\iint\limits_D x\mathrm{e}^{\cos xy}\sin xy\mathrm{d}x\mathrm{d}y$,其中 $D=\{(x,y)\mid |x|\leqslant 1,|y|\leqslant 1\}$,则 $I=$________.

二、选择题

1. 设有平面闭区域

$$D=\{(x,y)\mid -a\leqslant x\leqslant a,x\leqslant y\leqslant a\},$$
$$D_1=\{(x,y)\mid 0\leqslant x\leqslant a,x\leqslant y\leqslant a\},$$

则$\iint\limits_D (xy+\cos x\sin y)\mathrm{d}x\mathrm{d}y=$(　　).

A. $2\iint\limits_{D_1}\cos x\sin y\mathrm{d}x\mathrm{d}y$　　B. $2\iint\limits_{D_1}xy\mathrm{d}x\mathrm{d}y$

C. $4\iint\limits_{D_1}(xy+\cos x\sin y)\mathrm{d}x\mathrm{d}y$　　D. 0

2. 设 $f(x)$ 为连续函数,$F(t)=\int_1^t\mathrm{d}y\int_y^t f(x)\mathrm{d}x$,则 $F'(2)=$(　　).

A. $2f(2)$　　B. $f(2)$　　C. $-f(2)$　　D. 0

3. 将 $I=\int_1^{\mathrm{e}}\mathrm{d}x\int_0^{\ln x}f(x,y)\mathrm{d}y$ 交换积分次序的结果是(　　).

A. $I=\int_1^{\mathrm{e}}\mathrm{d}y\int_0^{\ln x}f(x,y)\mathrm{d}x$　　B. $I=\int_{\mathrm{e}^y}^{\mathrm{e}}\mathrm{d}y\int_0^1 f(x,y)\mathrm{d}x$

C. $I=\int_0^{\ln x}\mathrm{d}y\int_1^{\mathrm{e}}f(x,y)\mathrm{d}x$　　D. $I=\int_0^1\mathrm{d}y\int_{\mathrm{e}^y}^{\mathrm{e}}f(x,y)\mathrm{d}x$

4. 设区域 D 由曲线 $y=x^2-4$，直线 $y=0$ 围成，$I=\iint\limits_D(ax+y)\mathrm{d}x\mathrm{d}y$，则(　　).

A. $I>0$　　　　B. $I=0$

C. $I<0$　　　　D. I 的符号与 a 有关

5. 设平面区域 D 为 $x^2+y^2\leqslant 1, x\geqslant 0, y\geqslant 0$，有积分 $I_1=\iint\limits_D(x^2+y^2)\mathrm{d}\sigma$，$I_2=\iint\limits_D\sin(x^2+y^2)\mathrm{d}\sigma$，$I_3=\iint\limits_D\tan(x^2+y^2)\mathrm{d}\sigma$，则它们之间的大小关系为(　　).

A. $I_1\leqslant I_2\leqslant I_3$　　　　B. $I_3\leqslant I_2\leqslant I_1$

C. $I_2\leqslant I_1\leqslant I_3$　　　　D. $I_3\leqslant I_1\leqslant I_2$

三、解答题

1. 计算下列二重积分.

(1) $\iint\limits_D(1+x)\sin y\mathrm{d}\sigma$，其中 D 是顶点分别为 $(0,0)$，$(1,0)$，$(1,2)$ 和 $(0,1)$ 的梯形闭区域；

(2) $\iint\limits_D(x^2-y^2)\mathrm{d}\sigma$，其中 D 是闭区域：$0\leqslant y\leqslant\sin x, 0\leqslant x\leqslant\pi$；

(3) $\iint\limits_D\sqrt{R^2-x^2-y^2}\mathrm{d}\sigma$，其中 D 是闭区域：$x^2+y^2\leqslant Rx$.

2. 交换下列二次积分的次序.

(1) $\int_0^4\mathrm{d}y\int_{-\sqrt{4-y}}^{\frac{1}{2}(y-4)}f(x,y)\mathrm{d}x$；

(2) $\int_0^1\mathrm{d}y\int_0^{2y}f(x,y)\mathrm{d}x+\int_1^3\mathrm{d}y\int_0^{3-y}f(x,y)\mathrm{d}x$；

(3) $\int_0^1\mathrm{d}x\int_{\sqrt{x}}^{1+\sqrt{1-x^2}}f(x,y)\mathrm{d}y$.

3. 计算 $\int_1^3\mathrm{d}x\int_{x-1}^2\mathrm{e}^{y^2}\mathrm{d}y$.

4. 计算 $\iint\limits_D(x+y)\mathrm{d}x\mathrm{d}y$，其中 D 是由曲线 $y=x^2$，$y=4x^2$ 及直线 $y=1$ 所围成的区域.

5. 计算以 xOy 面上的圆周 $x^2+y^2=ax$ 围成的闭区域为底，以曲面 $z=x^2+y^2$ 为曲顶的曲顶柱体的体积.

多元函数微积分思想的初步形成

考研真题

第9章习题答案

第10章

无穷级数

无穷级数是表示函数、研究函数的性质以及进行数值计算的一种非常有用的数学工具. 本章先讨论常数项级数的概念、性质和审敛法；然后讨论函数项级数，主要研究幂级数的概念、运算性质及函数展开成幂级数等问题. 本章最后介绍无穷级数的 MATLAB 实现，让读者在使用 MATLAB 的过程中加深对函数展开成幂级数的理解.

第 1 节　常数项级数的概念和性质

华罗庚先生的数学教育思想

思考：

基础与创新的辩证关系.

一、常数项级数的概念

在初等数学中，读者学习了数列的概念，以及求数列前 n 项和的公式. 本节讨论将数列的无穷项相加具有什么含义，以及无穷项相加有没有和.

一般地，由数列 $u_1, u_2, \cdots, u_n, \cdots$ 构成的表达式

$$u_1 + u_2 + u_3 + \cdots + u_n + \cdots$$

称为**(常数项) 无穷级数**，简称**级数**，记作 $\sum\limits_{n=1}^{\infty} u_n$，即

$$\sum_{n=1}^{\infty} u_n = u_1 + u_2 + u_3 + \cdots + u_n + \cdots,$$

其中，第 n 项 u_n 称为级数的**一般项(或通项)**. 将级数的前 n 项相加，记作

$$s_n = \sum_{i=1}^{n} u_i = u_1 + u_2 + u_3 + \cdots + u_n,$$

称 s_n 为级数 $\sum\limits_{n=1}^{\infty} u_n$ 的**部分和**.

如果级数 $\sum\limits_{n=1}^{\infty} u_n$ 的部分和数列 $\{s_n\}$ 有极限 s，即 $\lim\limits_{n\to\infty} s_n = s$，则称无穷级数 $\sum\limits_{n=1}^{\infty} u_n$ **收敛**. 这时极限 s 称为这个级数的**和**，并写成

$$s=\sum_{n=1}^{\infty}u_n=u_1+u_2+u_3+\cdots+u_n+\cdots.$$

如果部分和数列$\{s_n\}$没有极限,则称无穷级数$\sum_{n=1}^{\infty}u_n$ **发散**.

当级数$\sum_{n=1}^{\infty}u_n$收敛时,其部分和s_n是级数$\sum_{n=1}^{\infty}u_n$的和s的近似值,它们之间的差值

$$r_n=s-s_n=u_{n+1}+u_{n+2}+\cdots$$

称为级数$\sum_{n=1}^{\infty}u_n$的**余项**.余项的绝对值$|r_n|$就是用近似值s_n代替s所产生的误差.

下面举几个用定义来判定级数的敛散性的例子.

例 1 讨论级数

$$\frac{1}{1\times 2}+\frac{1}{2\times 3}+\cdots+\frac{1}{n(n+1)}+\cdots$$

的敛散性.

解 级数前n项的和为

$$\begin{aligned}s_n&=\frac{1}{1\times 2}+\frac{1}{2\times 3}+\cdots+\frac{1}{n(n+1)}\\&=\left(1-\frac{1}{2}\right)+\left(\frac{1}{2}-\frac{1}{3}\right)+\cdots+\left(\frac{1}{n}-\frac{1}{n+1}\right)=1-\frac{1}{n+1},\end{aligned}$$

因为

$$\lim_{n\to\infty}s_n=\lim_{n\to\infty}\left(1-\frac{1}{n+1}\right)=1,$$

所以此级数收敛,且其和为1.

例 2 讨论**等比级数**(几何级数)

$$\sum_{n=0}^{\infty}aq^n=a+aq+aq^2+\cdots+aq^n+\cdots$$

的敛散性,其中$a\neq 0$,q称为级数的**公比**.

解 如果$q\neq 1$,则部分和

$$s_n=a+aq+aq^2+\cdots+aq^{n-1}=\frac{a-aq^n}{1-q}.$$

当$|q|<1$时,因为$\lim\limits_{n\to\infty}s_n=\dfrac{a}{1-q}$,此时级数$\sum_{n=0}^{\infty}aq^n$收敛,其和为$\dfrac{a}{1-q}$.

当$|q|>1$时,因为$\lim\limits_{n\to\infty}s_n=\infty$,此时级数$\sum_{n=0}^{\infty}aq^n$发散.

当$|q|=1$时,则在$q=1$时,$\lim\limits_{n\to\infty}s_n=\lim\limits_{n\to\infty}na=\infty$,此时级数$\sum_{n=0}^{\infty}aq^n$发散;在$q=-1$时,级数

$$\sum_{n=0}^{\infty}aq^n=a-a+a-a+\cdots,$$

因为s_n随着n为奇数或偶数而等于a或0,所以s_n的极限不存在,此时级数$\sum_{n=0}^{\infty}aq^n$也发散.

综上所述，当 $|q|<1$ 时，级数 $\sum\limits_{n=0}^{\infty} aq^n$ 收敛，其和为 $\frac{a}{1-q}$；当 $|q|\geqslant 1$ 时，级数 $\sum\limits_{n=0}^{\infty} aq^n$ 发散.

注　应熟练掌握等比级数的敛散性，以后会经常用到相关结论.

例 3　一位病人按照医嘱，需要每天服用某种药物，假设该病人每天需要服药 0.05 mg，已知人体每天通过各种渠道可以排泄掉体内该药物的 20%，问病人长期服用此药物后体内药量将维持在怎样的水平？

解　第一天该病人体内药量为 0.05 mg；第二天该病人体内药量为第一天药量的 80% 加上新服药的药量，即

$$0.05\times 0.8+0.05=0.05\times(1+0.8)\text{mg};$$

第三天该病人体内的药量为第二天药量的 80% 加上新服药的药量，即

$$(0.05\times 0.8+0.05)\times 0.8+0.05=0.05\times(1+0.8+0.8^2)\text{mg};$$

以此类推，第 n 天该病人体内的药量是第 $n-1$ 天药量的 80% 加上新服药的药量，即

$$0.05\times(1+0.8+0.8^2+0.8^3+\cdots+0.8^{n-1})\text{mg}.$$

病人长期服药，可以看作 n 无穷大，所以体内的药量为

$$0.05(1+0.8+0.8^2+0.8^3+\cdots+0.8^{n-1}+\cdots)\text{mg}$$

这是一个公比 $q=0.8$ 的等比级数，根据等比级数敛散性的结论，此级数收敛，其和为 $\frac{0.05}{1-0.8}=0.25$. 故该病人长期服药后体内药量将维持在 0.25 mg.

例 4　某基金会拟在某校设立一永续奖学金，合同规定该基金会每年为学校提供 50 万元奖学金，永不停止. 自签约之日起支付第一笔款项，以后每年支付一笔，所有款项均通过银行兑付. 假设银行年利率为 5%，且以连续复利计算利息，问在合同签订之日，该基金会应该在银行存入多少钱才能保证合同正常履行？

解　假设银行年利率为 r，每年计息 n 次，现有存款为 P，则 t 年后银行存款余额 F 为 $F=P\left(1+\frac{r}{n}\right)^{nt}$. 由于以连续复利计算利息，可以认为 $n\to\infty$，所以 $F=\lim\limits_{n\to\infty}P\left(1+\frac{r}{n}\right)^{nt}=Pe^{rt}$，即 $P=Fe^{-rt}$.

现在 $r=0.05$，每年从银行余额中向学校拨款 50 万元，即 $F=50$ 万元. 第一笔款项在签约当天支付，其现值为 $P_1=50$ 万元；第二笔款项在 1 年后兑付，其现值为 $P_2=50\times e^{-0.05}$ 万元；第三笔款项在 2 年后兑付，其现值为 $P_3=50\times e^{-0.05\times 2}$ 万元；以此类推，第 n 笔款项在 $n-1$ 年后兑付，其现值为 $P_n=50\times e^{-0.05\times(n-1)}$ 万元；这样进行下去，则总现值为

$$P_1+P_2+\cdots+P_n+\cdots=50+50\times e^{-0.05}+50\times e^{-0.05\times 2}+\cdots+50\times e^{-0.05\times(n-1)}+\cdots,$$

这是一个公比 $q=e^{-0.05}$ 的等比级数，根据等比级数敛散性的结论，此级数收敛，其和为 $\frac{50}{1-e^{-0.05}}\approx 1\,025.21$. 所以，该基金会应该在合同签订之日在银行存入 1 025.21 万元，才能保证奖学金正常发放.

二、收敛级数的性质

性质 1 **如果级数 $\sum_{n=1}^{\infty} u_n$ 收敛,其和为 s,则它的各项同乘以一个常数 k 所得的级数 $\sum_{n=1}^{\infty} ku_n$ 也收敛,且其和为 ks.**

证 设 $\sum_{n=1}^{\infty} u_n$ 与 $\sum_{n=1}^{\infty} ku_n$ 的部分和分别为 s_n 与 σ_n,则

$$\sigma_n = ku_1 + ku_2 + \cdots + ku_n = ks_n,$$

于是

$$\lim_{n\to\infty}\sigma_n = \lim_{n\to\infty} ks_n = ks.$$

这表明级数 $\sum_{n=1}^{\infty} ku_n$ 收敛,且其和为 ks.

推论 1 当 $k \neq 0$ 时,级数 $\sum_{n=1}^{\infty} u_n$ 与 $\sum_{n=1}^{\infty} ku_n$ 的敛散性一致.

性质 2 **若级数 $\sum_{n=1}^{\infty} u_n$,$\sum_{n=1}^{\infty} v_n$ 均收敛,其和分别为 s 与 σ,则级数 $\sum_{n=1}^{\infty}(u_n \pm v_n)$ 也收敛,且其和为 $s \pm \sigma$.**

证 设 $\sum_{n=1}^{\infty} u_n$,$\sum_{n=1}^{\infty} v_n$,$\sum_{n=1}^{\infty}(u_n \pm v_n)$ 的部分和分别为 s_n,σ_n,τ_n,则

$$\begin{aligned}\tau_n &= (u_1 \pm v_1) + (u_2 \pm v_2) + \cdots + (u_n \pm v_n)\\ &= (u_1 + u_2 + \cdots + u_n) \pm (v_1 + v_2 + \cdots + v_n)\\ &= s_n \pm \sigma_n\end{aligned}$$

于是

$$\begin{aligned}\lim_{n\to\infty}\tau_n &= \lim_{n\to\infty}[(u_1 \pm v_1) + (u_2 \pm v_2) + \cdots + (u_n \pm v_n)]\\ &= \lim_{n\to\infty}[(u_1 + u_2 + \cdots + u_n) \pm (v_1 + v_2 + \cdots + v_n)]\\ &= \lim_{n\to\infty}(s_n \pm \sigma_n) = s \pm \sigma.\end{aligned}$$

因此,级数 $\sum_{n=1}^{\infty}(u_n \pm v_n)$ 也收敛,且其和为 $s \pm \sigma$.

例 5 讨论级数 $\sum_{n=1}^{\infty}\left[\frac{2^n}{3^n} + \frac{1}{n(n+1)}\right]$ 的敛散性.

解 因为几何级数 $\sum_{n=1}^{\infty}\frac{2^n}{3^n} = \sum_{n=1}^{\infty}\left(\frac{2}{3}\right)^n$ 的公比是 $\frac{2}{3}$,小于 1,所以它收敛,且其和为

$$\sum_{n=1}^{\infty}\frac{2^n}{3^n} = \frac{\frac{2}{3}}{1-\frac{2}{3}} = 2.$$

又由例 1 可知,级数 $\sum_{n=1}^{\infty}\frac{1}{n(n+1)} = 1$. 根据性质 2,级数 $\sum_{n=1}^{\infty}\left[\frac{2^n}{3^n} + \frac{1}{n(n+1)}\right]$ 收敛,其和为

$$\sum_{n=1}^{\infty}\left[\frac{2^n}{3^n} + \frac{1}{n(n+1)}\right] = 3.$$

性质 3 在级数中去掉、加上或改变有限项,级数的敛散性不变.

因为 $\sum\limits_{n=1}^{\infty} u_n = \lim\limits_{n\to\infty} s_n = \lim\limits_{n\to\infty}(u_1 + u_2 + u_3 + \cdots + u_n)$,所以在级数中去掉、加上或改变有限项与极限 $\lim\limits_{n\to\infty} s_n$ 的存在与否无关,因而级数的敛散性不变.

性质 4 如果级数 $\sum\limits_{n=1}^{\infty} u_n$ 收敛,则对该级数的项任意加括号后所成的级数仍收敛,且其和不变.

需要注意的是,如果加括号后所成的级数收敛,去掉括号后的级数不一定收敛.

例如,级数 $(1-1)+(1-1)+\cdots+(1-1)+\cdots$ 收敛于零,但级数 $1-1+1-1+\cdots$ 却是发散的.

推论 2 如果加括号后所成的级数发散,则原来的级数也发散.

性质 5(级数收敛的必要条件) 如果 $\sum\limits_{n=1}^{\infty} u_n$ 收敛,则它的一般项 u_n 趋于零,即 $\lim\limits_{n\to\infty} u_n = 0$.

证 设级数 $\sum\limits_{n=1}^{\infty} u_n$ 的部分和为 s_n,且 $\lim\limits_{n\to\infty} s_n = s$,则

$$\lim_{n\to\infty} u_n = \lim_{n\to\infty}(s_n - s_{n-1}) = \lim_{n\to\infty} s_n - \lim_{n\to\infty} s_{n-1} = s - s = 0.$$

推论 3 如果级数的一般项 u_n 不趋于零,则级数必发散.

例如,
$$\sum_{n=1}^{\infty} \frac{n}{n+1} = \frac{1}{2} + \frac{2}{3} + \frac{3}{4} \cdots + \frac{n}{n+1} + \cdots,$$
因为 $\lim\limits_{n\to\infty} u_n = \lim\limits_{n\to\infty} \dfrac{n}{n+1} = 1 \neq 0$,故此级数发散.

需要指出的是,级数的一般项趋于零并不是级数收敛的充分条件.有些级数虽然其一般项趋于零,但仍然是发散的.

应用级数性质中常见错误

例 6 证明:调和级数 $\sum\limits_{n=1}^{\infty} \dfrac{1}{n} = 1 + \dfrac{1}{2} + \dfrac{1}{3} + \cdots + \dfrac{1}{n} + \cdots$ 是发散的.

证 假设级数 $\sum\limits_{n=1}^{\infty} \dfrac{1}{n}$ 收敛,且其和为 s,s_n 是它的部分和.显然有 $\lim\limits_{n\to\infty} s_n = s$ 及 $\lim\limits_{n\to\infty} s_{2n} = s$.于是

$$\lim_{n\to\infty}(s_{2n} - s_n) = 0,$$

而
$$s_{2n} - s_n = \frac{1}{n+1} + \frac{1}{n+2} + \cdots + \frac{1}{2n} > \frac{1}{2n} + \frac{1}{2n} + \cdots + \frac{1}{2n} = \frac{1}{2},$$

故 $\lim\limits_{n\to\infty}(s_{2n} - s_n) \neq 0$,与假设矛盾.故级数 $\sum\limits_{n=1}^{\infty} \dfrac{1}{n}$ 发散.

习题 10-1

1. 写出下列级数的前五项.

(1) $\sum\limits_{n=1}^{\infty}\frac{2n}{1+n^2}$；　(2) $\sum\limits_{n=1}^{\infty}\frac{2\cdot 4\cdot\cdots\cdot 2n}{1\cdot 3\cdot\cdots\cdot(2n-1)}$；　(3) $\sum\limits_{n=1}^{\infty}\frac{(1+n)!}{n^n}$.

2. 写出下列级数的一般项.

(1) $\frac{1}{3}+\frac{1}{5}+\frac{1}{7}+\frac{1}{9}+\cdots$；　(2) $\frac{1}{2}-\frac{2}{3}+\frac{3}{4}-\frac{4}{5}+\frac{5}{6}-\cdots$；

(3) $\frac{x}{3}-\frac{x^2}{6}+\frac{x^3}{9}-\frac{x^4}{12}+\cdots$.

3. 根据级数收敛与发散的定义判定下列级数的敛散性.

(1) $\sum\limits_{n=1}^{\infty}(\sqrt{n}-\sqrt{n+1})$；　(2) $\frac{1}{3\times 5}+\frac{1}{5\times 7}+\frac{1}{7\times 9}+\cdots+\frac{1}{(2n+1)(2n+3)}+\cdots$；

(3) $\sum\limits_{n=1}^{\infty}\ln\frac{n+1}{n}$.

4. 判定下列级数的敛散性.

(1) $-\frac{2}{5}+\frac{2^2}{5^2}-\frac{2^3}{5^3}+\cdots+(-1)^n\frac{2^n}{5^n}+\cdots$；　(2) $\frac{1}{2}+\frac{1}{4}+\frac{1}{6}+\cdots+\frac{1}{2n}+\cdots$；

(3) $\sin\frac{\pi}{5}+\sin\frac{2\pi}{5}+\sin\frac{3\pi}{5}+\cdots+\sin\frac{n\pi}{5}+\cdots$；　(4) $-\frac{1}{3}-\frac{1}{\sqrt{3}}-\frac{1}{\sqrt[3]{3}}-\cdots-\frac{1}{\sqrt[n]{3}}-\cdots$；

(5) $\sum\limits_{n=1}^{\infty}\left(\frac{1}{3^n}+\frac{1}{n+1}\right)$.

第2节　正项级数敛散性的判别方法

由上一节的内容可知，利用级数收敛的定义及性质判别一个级数的敛散性是比较困难的，也有一定的局限性. 下面研究一些简单有效的判别级数敛散性的方法.

将各项都是正数或零的级数称为**正项级数**，记作

$$\sum_{n=1}^{\infty}u_n,\quad u_n\geqslant 0\quad(n=1,2,3,\cdots).$$

由于正项级数 $\sum\limits_{n=1}^{\infty}u_n$ 的部分和数列 $\{s_n\}$ 单调增加，即

$$s_1\leqslant s_2\leqslant\cdots\leqslant s_n\leqslant\cdots,$$

根据单调数列收敛准则，部分和数列 $\{s_n\}$ 收敛的充要条件是 $\{s_n\}$ 有界. 因此有下面的定理.

正项级数敛散性的判别方法

定理 1　**正项级数 $\sum\limits_{n=1}^{\infty}u_n$ 收敛的充分必要条件是，它的部分和数列 $\{s_n\}$ 有界.**

由此可知，如果正项级数 $\sum\limits_{n=1}^{\infty}u_n$ 发散，则它的部分和 $s_n\to+\infty(n\to\infty)$，即 $\sum\limits_{n=1}^{\infty}u_n=+\infty$.

例

例 1 讨论 p- 级数 $\sum_{n=1}^{\infty}\frac{1}{n^p}$ 的敛散性，其中 $p>0$，为常数.

解 当 $p=1$ 时，调和级数 $\sum_{n=1}^{\infty}\frac{1}{n}$ 发散，因其部分和数列无界.

当 $p<1$ 时，

$$s_n=1+\frac{1}{2^p}+\frac{1}{3^p}+\cdots+\frac{1}{n^p}>1+\frac{1}{2}+\frac{1}{3}+\cdots+\frac{1}{n},$$

上式右端是调和级数的部分和，它趋于无穷大，因此部分和数列 $\{s_n\}$ 无界. 此时 p- 级数发散.

当 $p>1$ 时，对于 $n\leqslant x\leqslant n+1$，有 $n^p\leqslant x^p\leqslant(n+1)^p$，所以

$$\frac{1}{(n+1)^p}\leqslant\frac{1}{x^p}\leqslant\frac{1}{n^p},$$

从而有
$$\int_n^{n+1}\frac{1}{(n+1)^p}\mathrm{d}x\leqslant\int_n^{n+1}\frac{1}{x^p}\mathrm{d}x.$$

故
$$\begin{aligned}s_n&=1+\frac{1}{2^p}+\frac{1}{3^p}+\cdots+\frac{1}{n^p}\\&=1+\int_1^2\frac{1}{2^p}\mathrm{d}x+\int_2^3\frac{1}{3^p}\mathrm{d}x+\cdots+\int_{n-1}^n\frac{1}{n^p}\mathrm{d}x\\&\leqslant1+\int_1^2\frac{1}{x^p}\mathrm{d}x+\int_2^3\frac{1}{x^p}\mathrm{d}x+\cdots+\int_{n-1}^n\frac{1}{x^p}\mathrm{d}x\\&=1+\int_1^n\frac{1}{x^p}\mathrm{d}x=1+\frac{1}{p-1}\left(1-\frac{1}{n^{p-1}}\right)\\&<1+\frac{1}{p-1}=\frac{p}{p-1},\end{aligned}$$

即 $\{s_n\}$ 有界，故此时 p- 级数 $\sum_{n=1}^{\infty}\frac{1}{n^p}$ 收敛.

综上所述，当 $p>1$ 时，p- 级数收敛；当 $p\leqslant1$ 时，p- 级数发散.

注 判断正项级数的敛散性经常用到 p- 级数，应熟记它.

利用定理 1，可以推出常用正项级数的比较审敛法.

定理 2（比较审敛法） **设** $\sum_{n=1}^{\infty}u_n$ **和** $\sum_{n=1}^{\infty}v_n$ **是正项级数，且** $u_n\leqslant v_n(n=1,2,3,\cdots)$，**(1) 若级数** $\sum_{n=1}^{\infty}v_n$ **收敛，则级数** $\sum_{n=1}^{\infty}u_n$ **收敛；(2) 若级数** $\sum_{n=1}^{\infty}u_n$ **发散，则级数** $\sum_{n=1}^{\infty}v_n$ **发散.**

证 (1) 设级数 $\sum_{n=1}^{\infty}v_n$ 收敛于和 σ，则级数 $\sum_{n=1}^{\infty}u_n$ 的部分和

$$s_n=u_1+u_2+u_3+\cdots+u_n\leqslant v_1+v_2+v_3+\cdots+v_n\leqslant\sigma\quad(n=1,2,3,\cdots),$$

即部分和数列 $\{s_n\}$ 单调增加且有界，由定理 1 可知，级数 $\sum_{n=1}^{\infty}u_n$ 收敛.

(2) 假设级数 $\sum_{n=1}^{\infty}v_n$ 收敛，由上述(1) 中证明的结论，级数 $\sum_{n=1}^{\infty}u_n$ 也收敛，与已

知矛盾.此定理得证.

推论 1 设 $\sum\limits_{n=1}^{\infty} u_n$ 和 $\sum\limits_{n=1}^{\infty} v_n$ 都是正项级数,且存在自然数 N,当 $n \geqslant N$ 时,有 $u_n \leqslant kv_n (k > 0)$ 成立.如果级数 $\sum\limits_{n=1}^{\infty} v_n$ 收敛,则级数 $\sum\limits_{n=1}^{\infty} u_n$ 收敛;如果级数 $\sum\limits_{n=1}^{\infty} u_n$ 发散,则级数 $\sum\limits_{n=1}^{\infty} v_n$ 发散.

例

例 2 判定级数 $\sum\limits_{n=1}^{\infty} \dfrac{1}{(n+1)(n+2)}$ 的敛散性.

证 因为 $\dfrac{1}{(n+1)(n+2)} < \dfrac{1}{n^2}$,而 p- 级数 $\sum\limits_{n=1}^{\infty} \dfrac{1}{n^2}$ 中 $p = 2 > 1$,是收敛的,所以该级数也是收敛的.

例 3 判定级数 $\sum\limits_{n=1}^{\infty} \dfrac{1}{\sqrt{n^2+1}}$ 的敛散性.

证 因为 $\dfrac{1}{\sqrt{n^2+1}} > \dfrac{1}{n+1}$,而级数 $\sum\limits_{n=1}^{\infty} \dfrac{1}{n+1}$ 是调和级数去掉第一项,它是发散的,所以,由比较审敛法可知,级数 $\sum\limits_{n=1}^{\infty} \dfrac{1}{\sqrt{n^2+1}}$ 发散.

例 4 判定级数 $\sum\limits_{n=1}^{\infty} \dfrac{3}{2^n+1}$ 的敛散性.

证 因为 $\dfrac{3}{2^n+1} < 3 \cdot \dfrac{1}{2^n}$,而等比级数 $\sum\limits_{n=1}^{\infty} \left(\dfrac{1}{2}\right)^n$ 收敛,则 $\sum\limits_{n=1}^{\infty} 3\left(\dfrac{1}{2}\right)^n$ 也收敛,所以级数 $\sum\limits_{n=1}^{\infty} \dfrac{3}{2^n+1}$ 收敛.

比较审敛法是判断正项级数敛散性的一种重要方法.为了应用方便,下面给出比较审敛法的极限形式.

定理 3(比较审敛法的极限形式) 设 $\sum\limits_{n=1}^{\infty} u_n$ 和 $\sum\limits_{n=1}^{\infty} v_n$ 都是正项级数,如果 $\lim\limits_{n\to\infty} \dfrac{u_n}{v_n} = l (0 < l < +\infty)$,则级数 $\sum\limits_{n=1}^{\infty} u_n$ 和级数 $\sum\limits_{n=1}^{\infty} v_n$ 的敛散性一致.

证明 根据数列极限的定义,对于 $\varepsilon = \dfrac{1}{2}l$,存在自然数 N,当 $n > N$ 时,有不等式

$$l - \frac{1}{2}l < \frac{u_n}{v_n} < l + \frac{1}{2}l, \quad \text{即} \frac{1}{2}lv_n < u_n < \frac{3}{2}lv_n,$$

由比较审敛法的推论即得所要证明的结论.

注 (1) 若 $\lim\limits_{n\to\infty} \dfrac{u_n}{v_n} = 0$,且 $\sum\limits_{n=1}^{\infty} v_n$ 收敛,则 $\sum\limits_{n=1}^{\infty} u_n$ 也收敛.

(2) 若 $\lim\limits_{n\to\infty} \dfrac{u_n}{v_n} = +\infty$,且 $\sum\limits_{n=1}^{\infty} v_n$ 发散,则 $\sum\limits_{n=1}^{\infty} u_n$ 也发散.

例 5 讨论级数 $\sum_{n=1}^{\infty} \frac{n}{\sqrt{n^4+1}}$ 的敛散性.

解 因为 $\lim\limits_{n\to\infty} \frac{n}{\sqrt{n^4+1}} \Big/ \frac{1}{n} = \lim\limits_{n\to\infty} \frac{\sqrt{n^4}}{\sqrt{n^4+1}} = \lim\limits_{n\to\infty} \sqrt{\frac{1}{1+\frac{1}{n^4}}} = 1$,

而调和级数 $\sum_{n=1}^{\infty} \frac{1}{n}$ 发散,根据比较审敛法的极限形式,级数 $\sum_{n=1}^{\infty} \frac{n}{\sqrt{n^4+1}}$ 发散.

例 6 判别级数 $\sum_{n=1}^{\infty} \sin\frac{1}{n^2}$ 的收敛性.

解 因为 $\lim\limits_{n\to\infty} \frac{\sin\frac{1}{n^2}}{\frac{1}{n^2}} = 1$,而级数 $\sum_{n=1}^{\infty} \frac{1}{n^2}$ 收敛,根据比较审敛法的极限形式,级数

$\sum_{n=1}^{\infty} \sin\frac{1}{n^2}$ 收敛.

无论用比较审敛法还是它的极限形式来判断级数的敛散性,都必须找到一个敛散性已知的级数,而寻找这个级数有时是比较困难的.下面再介绍另外两个判别法,只需要利用级数的一般项自身性质就可判断级数的敛散性.

定理 4 [**比值审敛法,达朗贝尔(d'Alembert)判别法**]

若正项级数 $\sum_{n=1}^{\infty} u_n$ 满足 $\lim\limits_{n\to\infty} \frac{u_{n+1}}{u_n} = \rho$,则当 $\rho < 1$ 时,级数收敛;当 $\rho > 1$(或 $\lim\limits_{n\to\infty} \frac{u_{n+1}}{u_n} = \infty$)时,级数发散;当 $\rho = 1$ 时,级数可能收敛,也可能发散.

例 7 判别级数 $\sum_{n=1}^{\infty} n\sin\frac{\pi}{2^n}$ 的敛散性.

解 因为

$$\lim_{n\to\infty} \frac{u_{n+1}}{u_n} = \lim_{n\to\infty} \frac{(n+1)\sin\frac{\pi}{2^{n+1}}}{n\sin\frac{\pi}{2^n}} = \lim_{n\to\infty} \frac{(n+1)\cdot\frac{\pi}{2^{n+1}}}{n\cdot\frac{\pi}{2^n}}$$

$$= \lim_{n\to\infty} \frac{n+1}{2n} = \frac{1}{2} < 1,$$

所以由比值审敛法可知,级数 $\sum_{n=1}^{\infty} n\sin\frac{\pi}{2^n}$ 收敛.

例 8 判别级数 $\sum_{n=0}^{\infty} \frac{(n+1)!}{10^n}$ 的敛散性.

解 因为 $\lim\limits_{n\to\infty} \frac{u_{n+1}}{u_n} = \lim\limits_{n\to\infty} \frac{(n+2)!}{10^{n+1}} \cdot \frac{10^n}{(n+1)!} = \lim\limits_{n\to\infty} \frac{n+2}{10} = +\infty$,

所以由比值审敛法可知,级数$\sum_{n=0}^{\infty}\frac{(n+1)!}{10^n}$发散.

例 9 判别级数$\sum_{n=1}^{\infty}\frac{1}{n\cdot(2n+1)}$的敛散性.

解 因为
$$\lim_{n\to\infty}\frac{u_{n+1}}{u_n}=\lim_{n\to\infty}\frac{n\cdot(2n+1)}{(n+1)\cdot(2n+3)}=1,$$
因$\rho=1$,所以比值审敛法失效.需考虑其他审敛法.

由于$\frac{1}{n\cdot(2n+1)}<\frac{1}{n^2}$,而级数$\sum_{n=1}^{\infty}\frac{1}{n^2}$收敛,故由比较审敛法可知,此级数收敛.

应用正项级数审敛法的常见错误

***定理 5** (根值审敛法,柯西判别法)

设$\sum_{n=1}^{\infty}u_n$是正项级数,如果它的一般项u_n的n次根的极限等于ρ,即$\lim_{n\to\infty}\sqrt[n]{u_n}=\rho$,则当$\rho<1$时级数收敛;当$\rho>1$(或$\lim_{n\to\infty}\sqrt[n]{u_n}=+\infty$)时级数发散;当$\rho=1$时级数可能收敛也可能发散.

例 10 讨论级数$\sum_{n=1}^{\infty}\frac{n}{(n+1)^n}$的敛散性.

证 因为$\lim_{n\to\infty}\sqrt[n]{\frac{n}{(n+1)^n}}=\lim_{n\to\infty}\frac{\sqrt[n]{n}}{n+1}=0$,由根值审敛法可知,所给级数收敛.

习题 10-2

1. 用比较审敛法或比较审敛法的极限形式判定下列级数的敛散性.

(1)$1+\frac{1}{3}+\frac{1}{5}+\frac{1}{7}+\cdots+\frac{1}{2n-1}+\cdots$; (2)$\sum_{n=1}^{\infty}\frac{1}{\sqrt{n+n^2}}$;

(3)$\sum_{n=1}^{\infty}\sin\frac{1}{2^n}$; (4)$\sum_{n=1}^{\infty}\sqrt{n}\left(1-\cos\frac{1}{n}\right)$;

(5)$\sum_{n=1}^{\infty}\frac{n+1}{2n^2+1}$; (6)$\sum_{n=1}^{\infty}\ln\left(1+\frac{1}{\sqrt{n}}\right)$;

(7)$\sin\frac{\pi}{6}+\sin\frac{\pi}{6^2}+\sin\frac{\pi}{6^3}+\cdots+\sin\frac{\pi}{6^n}+\cdots$; (8)$\sum_{n=1}^{\infty}\frac{1}{1+a^n}(a>0)$.

2. 用比值审敛法判定下列级数的敛散性.

(1)$\sum_{n=1}^{\infty}\frac{1}{(n-1)!}$; (2)$\frac{1}{3}+\frac{1\times2}{3^2}+\frac{1\times2\times3}{3^3}+\cdots+\frac{n!}{3^n}+\cdots$;

(3)$\sum_{n=1}^{\infty}\frac{n^2}{3^n}$; (4)$\sum_{n=1}^{\infty}\frac{2^n\cdot(n-1)!}{n^n}$;

(5)$\sum_{n=2}^{\infty}n\tan\frac{\pi}{2^n}$.

*3. 用根值审敛法判定下列级数的敛散性.

(1)$\sum_{n=1}^{\infty}\left(\frac{n}{2n+1}\right)^{n+1}$; (2)$\sum_{n=1}^{\infty}\frac{1}{[\ln(n+1)]^n}$; (3)$\sum_{n=1}^{\infty}\frac{2+(-1)^n}{3^n}$.

第3节 任意项级数的敛散性

一、交错级数的敛散性

上一节讨论了正项级数的敛散性，本节讨论交错级数以及一般常数项级数的敛散性. **交错级数**是各项正负相间的常数项级数，可以写成

$$u_1 - u_2 + u_3 - u_4 + \cdots + (-1)^{n-1}u_n + \cdots,$$

或
$$-u_1 + u_2 - u_3 + u_4 - \cdots + (-1)^n u_n + \cdots,$$

其中，$u_n > 0(n = 1,2,3,\cdots)$. 关于交错级数敛散性的判定，有下面的判别法.

定理 1（莱布尼茨定理） **如果交错级数 $\sum\limits_{n=1}^{\infty}(-1)^{n-1}u_n$ 满足条件：**

(1) $u_n \geqslant u_{n+1} \quad (n = 1,2,3,\cdots)$；

(2) $\lim\limits_{n\to\infty}u_n = 0$，

则此级数收敛，且其和 $s \leqslant u_1$，余项 r_n 的绝对值 $|r_n| \leqslant u_{n+1}$.

证 设级数 $\sum\limits_{n=1}^{\infty}(-1)^{n-1}u_n$ 的前 n 项的部分和为 s_n，先求 s_{2n} 的极限.

由
$$s_{2n} = (u_1 - u_2) + (u_3 - u_4) + \cdots + (u_{2n-1} - u_{2n})$$

及
$$s_{2n} = u_1 - (u_2 - u_3) - (u_4 - u_5) - \cdots - (u_{2n-2} - u_{2n-1}) - u_{2n} \leqslant u_1$$

可知，数列 $\{s_{2n}\}$ 单调增加且有界（$s_{2n} \leqslant u_1$），所以数列 $\{s_{2n}\}$ 收敛.

设 $\lim\limits_{n\to\infty}s_{2n} = s$，则 $s \leqslant u_1$. 又由于

$$s_{2n+1} = s_{2n} + u_{2n+1},$$

而 $\lim\limits_{n\to\infty}u_{2n+1} = 0$，所以

$$\lim_{n\to\infty}s_{2n+1} = \lim_{n\to\infty}(s_{2n} + u_{2n+1}) = s.$$

因此 $\lim\limits_{n\to\infty}s_n = s$. 从而级数是收敛的，且 $s \leqslant u_1$.

因为余项 $r_n = \pm(u_{n+1} - u_{n+2} + u_{n+3} - u_{n+4} + \cdots)$，其绝对值 $|r_n| = u_{n+1} - u_{n+2} + u_{n+3} - u_{n+4} + \cdots$，也是收敛的交错级数，所以 $|r_n| \leqslant u_{n+1}$.

例

例 1 证明：级数 $\sum\limits_{n=1}^{\infty}(-1)^{n-1}\dfrac{1}{n}$ 收敛，并估计它的和及余项.

证 这是一个交错级数.

因为
$$u_n = \frac{1}{n} > \frac{1}{n+1} = u_{n+1}(n = 1,2,3,\cdots),$$

$$\lim_{n\to\infty}u_n = \lim_{n\to\infty}\frac{1}{n} = 0,$$

根据莱布尼茨定理，此交错级数是收敛的，且其和 $s < u_1 = 1$，余项 $|r_n| \leqslant u_{n+1} = \dfrac{1}{n+1}$.

二、任意项级数的敛散性

现在讨论一般常数项级数即任意项级数的敛散性，设级数

$$\sum_{n=1}^{\infty} u_n = u_1 + u_2 + u_3 + \cdots + u_n + \cdots,$$

其中,u_n 可以是正数、负数或零.将其各项取绝对值后得到级数

$$\sum_{n=1}^{\infty} |u_n| = |u_1| + |u_2| + |u_3| + \cdots + |u_n| + \cdots,$$

显然这是一个正项级数.

任意项级数敛散性的判断

若正项级数 $\sum\limits_{n=1}^{\infty} |u_n|$ 收敛,则称级数 $\sum\limits_{n=1}^{\infty} u_n$ **绝对收敛**;若级数 $\sum\limits_{n=1}^{\infty} |u_n|$ 发散,而级数 $\sum\limits_{n=1}^{\infty} u_n$ 收敛,则称级数 $\sum\limits_{n=1}^{\infty} u_n$ **条件收敛**.

判断任意项级数敛散性的常见错误

级数 $\sum\limits_{n=1}^{\infty} (-1)^{n-1} \dfrac{1}{3^n}$ 的每一项加绝对值后所成的级数是公比为 $\dfrac{1}{3}$ 的等比级数,其收敛,所以原级数是绝对收敛的;而级数 $\sum\limits_{n=1}^{\infty} (-1)^{n+1} \dfrac{1}{n}$ 的各项加绝对值后是调和级数,其发散,又由莱布尼茨定理可知原级数收敛,故原级数是条件收敛的.

级数的绝对收敛与原级数的敛散性的关系有以下定理.

定理 2 **如果级数 $\sum\limits_{n=1}^{\infty} u_n$ 绝对收敛,那么级数 $\sum\limits_{n=1}^{\infty} u_n$ 必定收敛.**

例

例 2 证明:级数 $\sum\limits_{n=1}^{\infty} \dfrac{\sin n\alpha}{2^n}$ 绝对收敛.

证 因为 $\left|\dfrac{\sin n\alpha}{2^n}\right| \leqslant \dfrac{1}{2^n}$,而等比级数 $\sum\limits_{n=1}^{\infty} \dfrac{1}{2^n}\left(公比\ q = \dfrac{1}{2} < 1\right)$ 收敛,由比较审敛法可知,级数 $\sum\limits_{n=1}^{\infty} \left|\dfrac{\sin n\alpha}{2^n}\right|$ 收敛.由绝对收敛的定义可知,级数 $\sum\limits_{n=1}^{\infty} \dfrac{\sin n\alpha}{2^n}$ 绝对收敛.

例 3 判别下列级数是否收敛.若收敛,是绝对收敛还是条件收敛?

(1) $\sum\limits_{n=1}^{\infty} \dfrac{(-1)^{n-1}}{n^2+1}$; (2) $\sum\limits_{n=1}^{\infty} (-1)^n \ln\left(1+\dfrac{1}{n}\right)$.

解 (1) 因 $|u_n| = \left|\dfrac{(-1)^{n-1}}{n^2+1}\right| < \dfrac{1}{n^2}$,而级数 $\sum\limits_{n=1}^{\infty} \dfrac{1}{n^2}$ 收敛,所以级数 $\sum\limits_{n=1}^{\infty} \dfrac{(-1)^{n-1}}{n^2+1}$ 绝对收敛.

(2) 因
$$|u_n| = \left|(-1)^n \ln\left(1+\frac{1}{n}\right)\right| = \ln\left(1+\frac{1}{n}\right),$$

又 $\lim\limits_{n\to\infty} \dfrac{\ln\left(1+\dfrac{1}{n}\right)}{\dfrac{1}{n}} = \lim\limits_{n\to\infty} \dfrac{\dfrac{1}{n}}{\dfrac{1}{n}} = 1$,而级数 $\sum\limits_{n=1}^{\infty} \dfrac{1}{n}$ 发散,所以级数 $\sum\limits_{n=1}^{\infty} \ln\left(1+\dfrac{1}{n}\right)$ 发散.又

$$\lim_{n\to\infty} \ln\left(1+\frac{1}{n}\right) = 0, \quad 且\ \ln\left(1+\frac{1}{n}\right) > \ln\left(1+\frac{1}{n+1}\right),$$

由莱布尼茨定理可知,此级数 $\sum\limits_{n=1}^{\infty} (-1)^n \ln\left(1+\dfrac{1}{n}\right)$ 收敛,且是条件收敛.

例4 判别级数 $\sum_{n=1}^{\infty}(-1)^n\frac{n}{n+1}$ 的敛散性.

证 因为 $|u_n|=\left|(-1)^n\frac{n}{n+1}\right|=\frac{n}{n+1}$，从而 $\lim_{n\to\infty}|u_n|=1$，故 $\lim_{n\to\infty}u_n\neq 0$. 因此，级数 $\sum_{n=1}^{\infty}(-1)^n\frac{n}{n+1}$ 发散.

注 若用比值审敛法或根值审敛法判定级数 $\sum_{n=1}^{\infty}|u_n|$ 发散，则可以断定级数 $\sum_{n=1}^{\infty}u_n$ 一定发散.

习题 10-3

1. 填空.

(1) 若级数 $\sum_{n=1}^{\infty}|u_n|$ 收敛，则级数 $\sum_{n=1}^{\infty}u_n$ ________收敛；

(2) 若级数 $\sum_{n=1}^{\infty}|u_n|$ 发散，则级数 $\sum_{n=1}^{\infty}u_n$ ________发散；

(3) 若级数 $\sum_{n=1}^{\infty}u_n$ 收敛，则级数 $\sum_{n=1}^{\infty}|u_n|$ ________收敛；

(4) 若级数 $\sum_{n=1}^{\infty}u_n$ 发散，则级数 $\sum_{n=1}^{\infty}|u_n|$ ________发散.

2. 判定下列级数是否收敛. 如果收敛，是绝对收敛还是条件收敛？

(1) $\sum_{n=1}^{\infty}(-1)^n\frac{1}{\sqrt{n}}$；　(2) $\sum_{n=1}^{\infty}\frac{(-1)^n}{2^n}\sin\frac{\pi}{n}$；　(3) $\sum_{n=1}^{\infty}(-1)^n\frac{3n+1}{2^n}$；

(4) $\sum_{n=1}^{\infty}\frac{n}{2^n}\sin\frac{n\pi}{3}$；　(5) $\sum_{n=1}^{\infty}(-1)^n\frac{\ln n}{n}$；　(6) $\sum_{n=1}^{\infty}(-1)^n\frac{3^n\cdot n!}{n^n}$.

第4节 幂级数

前面几节所讨论的级数都是常数项级数. 如果级数的各项都是函数，则称其为**函数项级数**. 函数项级数在物理学、各种应用科学领域以及工程技术中都有广泛的应用. 本节主要讨论与幂级数有关的概念、性质、运算以及将函数展开成幂级数.

一、函数项级数的概念及性质

给定一个定义在区间 I 上的函数列 $\{u_n(x)\}(n=1,2,3,\cdots)$，则表达式

$$u_1(x)+u_2(x)+u_3(x)+\cdots+u_n(x)+\cdots$$

称为定义在区间 I 上的(**函数项**) **无穷级数**，简称(**函数项**) **级数**，记作

$$\sum_{n=1}^{\infty}u_n(x)=u_1(x)+u_2(x)+u_3(x)+\cdots+u_n(x)+\cdots.$$

对于区间 I 内的一定点 x_0,若常数项级数 $\sum_{n=1}^{\infty} u_n(x_0)$ 收敛,则称点 x_0 是级数 $\sum_{n=1}^{\infty} u_n(x)$ 的**收敛点**;若常数项级数 $\sum_{n=1}^{\infty} u_n(x_0)$ 发散,则称点 x_0 是级数 $\sum_{n=1}^{\infty} u_n(x)$ 的**发散点**.

函数项级数 $\sum_{n=1}^{\infty} u_n(x)$ 的所有收敛点组成的集合称为它的**收敛域**,所有发散点组成的集合称为它的**发散域**.

在收敛域上任意取定一个点 x,则函数项级数 $\sum_{n=1}^{\infty} u_n(x)$ 成为一个收敛的常数项级数,因而有确定的和 s 与之对应,这样就得到了收敛域上的一个函数,称为级数 $\sum_{n=1}^{\infty} u_n(x)$ 的**和函数**,记作 $s(x)$. 即

$$s(x) = \sum_{n=1}^{\infty} u_n(x),$$

其定义域就是级数的收敛域.

函数项级数 $\sum_{n=1}^{\infty} u_n(x)$ 的**部分和**记作 $s_n(x)$,即

$$s_n(x) = u_1(x) + u_2(x) + u_3(x) + \cdots + u_n(x).$$

在收敛域上,有 $\lim\limits_{n\to\infty} s_n(x) = s(x)$ 或 $s_n(x) \to s(x)(n \to \infty)$.

级数 $\sum_{n=1}^{\infty} u_n(x)$ 的和函数 $s(x)$ 与部分和 $s_n(x)$ 的差 $s(x) - s_n(x)$ 称为函数项级数 $\sum_{n=1}^{\infty} u_n(x)$ 的**余项**,记作 $r_n(x)$,即 $r_n(x) = s(x) - s_n(x)$.

在收敛域上有 $\lim\limits_{n\to\infty} r_n(x) = 0$.

二、幂级数及其敛散性

函数项级数中一种最简单最常用的级数就是幂级数. **幂级数的一般形式**是

$$\sum_{n=0}^{\infty} a_n (x - x_0)^n = a_0 + a_1(x - x_0) + a_2 (x - x_0)^2 + \cdots + a_n (x - x_0)^n + \cdots,$$

其中,常数 $a_0, a_1, a_2, \cdots, a_n, \cdots$ 称为幂级数的系数.

为方便起见,下面以 $x_0 = 0$ 的幂级数,即

$$\sum_{n=0}^{\infty} a_n x^n = a_0 + a_1 x + a_2 x^2 + \cdots + a_n x^n + \cdots$$

为例来进行讨论. 对于 $x_0 \neq 0$ 的情形,可以先进行变换 $t = x - x_0$,再用同样的方法处理.

下面研究幂级数的敛散性. 显然,幂级数 $\sum_{n=0}^{\infty} a_n x^n$ 在点 $x = 0$ 处是收敛的. 考察下面的例子.

幂级数$\sum\limits_{n=0}^{\infty}x^n=1+x+x^2+\cdots+x^n+\cdots$可以看成公比为$x$的几何级数，当$|x|<1$时，级数是收敛的；当$|x|\geqslant 1$时，级数是发散的. 因此，幂级数$\sum\limits_{n=0}^{\infty}x^n$的收敛域为$(-1,1)$，发散域为$(-\infty,-1]$及$[1,+\infty)$，且在收敛域内，其和函数为$s(x)=1+x+x^2+x^3+\cdots+x^n+\cdots=\dfrac{1}{1-x}$.

同样，幂级数$\sum\limits_{n=0}^{\infty}(-1)^n x^n=1-x+x^2-x^3+\cdots+(-1)^n x^n+\cdots$的收敛域为$(-1,1)$，和函数为

$$s(x)=1-x+x^2-x^3+\cdots+(-1)^n x^n+\cdots=\frac{1}{1+x}.$$

由上述例子可见，幂级数的收敛域是一个区间. 事实上，这个结论对于一般的幂级数也是成立的. 有如下定理.

定理 1 [阿贝尔(Abel)定理] **如果级数$\sum\limits_{n=0}^{\infty}a_n x^n$当$x=x_0(x_0\neq 0)$时收敛，则满足不等式$|x|<|x_0|$的一切$x$使该幂级数绝对收敛；反之，如果级数$\sum\limits_{n=0}^{\infty}a_n x^n$当$x=x_0$时发散，则满足不等式$|x|>|x_0|$的一切$x$使该幂级数发散.**

证 设幂级数$\sum\limits_{n=0}^{\infty}a_n x^n$的收敛点为$x_0$，即级数$\sum\limits_{n=0}^{\infty}a_n x_0^n$收敛. 由常数项级数收敛的必要条件，有$\lim\limits_{n\to\infty}a_n x_0^n=0$，于是存在一个常数$M$，使得$|a_n x_0^n|\leqslant M(n=1,2,3,\cdots)$. 因此，级数$\sum\limits_{n=0}^{\infty}a_n x^n$的一般项的绝对值

$$|a_n x^n|=\left|a_n x_0^n\cdot\frac{x^n}{x_0^n}\right|=|a_n x_0^n|\cdot\left|\frac{x}{x_0}\right|^n\leqslant M\left|\frac{x}{x_0}\right|^n.$$

当$|x|<|x_0|$时，等比级数$\sum\limits_{n=0}^{\infty}M\left|\dfrac{x}{x_0}\right|^n$收敛$\left(公比\ q=\left|\dfrac{x}{x_0}\right|<1\right)$，所以级数$\sum\limits_{n=0}^{\infty}|a_n x^n|$收敛，即级数$\sum\limits_{n=0}^{\infty}a_n x^n$绝对收敛.

运用反证法证明第二个结论. 若幂级数$\sum\limits_{n=0}^{\infty}a_n x^n$当$x=x_0$时发散，任意取$x_1$使$|x_1|>|x_0|$，假设在点$x_1$处级数收敛，则由本定理的已证结论得，当$x=x_0$时，幂级数$\sum\limits_{n=0}^{\infty}a_n x^n$应收敛，与假设矛盾. 定理得证.

推论 **如果级数$\sum\limits_{n=0}^{\infty}a_n x^n$不是仅在点$x=0$处收敛，也不是在整个数轴上都收敛，则必有一个确定的正数R存在，使得**

(1) 当$|x|<R$时，幂级数绝对收敛；

(2) 当$|x|>R$时，幂级数发散；

(3) 当$x=R$或$x=-R$时，幂级数可能收敛也可能发散.

幂级数的收敛半径和收敛区间

正数 R 通常称为幂级数 $\sum\limits_{n=0}^{\infty} a_n x^n$ 的**收敛半径**. 开区间 $(-R,R)$ 称为幂级数 $\sum\limits_{n=0}^{\infty} a_n x^n$ 的**收敛区间**. 结合幂级数在点 $x=\pm R$ 处的敛散性可得，幂级数 $\sum\limits_{n=0}^{\infty} a_n x^n$ 的**收敛域**一般为 $(-R,R)$，$[-R,R]$，$(-R,R]$，$[-R,R)$ 之一.

定理 2 **如果 $\lim\limits_{n\to\infty}\left|\dfrac{a_{n+1}}{a_n}\right|=\rho$，其中 a_n，a_{n+1} 是幂级数 $\sum\limits_{n=0}^{\infty} a_n x^n$ 的相邻两项的系数，则该幂级数的收敛半径**

$$R=\begin{cases}+\infty, & \rho=0,\\ \dfrac{1}{\rho}, & \rho\neq 0,\\ 0, & \rho=+\infty.\end{cases}$$

证 因为
$$\lim_{n\to\infty}\left|\frac{a_{n+1}x^{n+1}}{a_n x^n}\right|=\lim_{n\to\infty}\left|\frac{a_{n+1}}{a_n}\right|\cdot|x|=\rho|x|,$$
所以由比值审敛法可知：

(1) 如果 $0<\rho<+\infty$，则当 $\rho|x|<1$ 时，幂级数收敛，当 $\rho|x|>1$ 时，幂级数发散，故 $R=\dfrac{1}{\rho}$；

(2) 如果 $\rho=0$，则幂级数总是收敛的，故 $R=+\infty$；

(3) 如果 $\rho=+\infty$，则只有当 $x=0$ 时，幂级数收敛，故 $R=0$.

例 1 求幂级数 $\sum\limits_{n=1}^{\infty}\dfrac{1}{n}x^n$ 的收敛半径.

解 因为
$$\rho=\lim_{n\to\infty}\left|\frac{a_{n+1}}{a_n}\right|=\lim_{n\to\infty}\frac{\frac{1}{n+1}}{\frac{1}{n}}=\lim_{n\to\infty}\frac{n}{n+1}=1,$$
所以收敛半径为 $R=1$.

例 2 求幂级数
$$\sum_{n=0}^{\infty}(-1)^n\frac{1}{(n+1)!}x^n=1-\frac{1}{2!}x+\frac{1}{3!}x^2-\cdots+(-1)^n\frac{1}{(n+1)!}x^n+\cdots$$
的收敛半径.

解 因为
$$\rho=\lim_{n\to\infty}\left|\frac{a_{n+1}}{a_n}\right|=\lim_{n\to\infty}\frac{\frac{1}{(n+2)!}}{\frac{1}{(n+1)!}}=\lim_{n\to\infty}\frac{(n+1)!}{(n+2)!}=\lim_{n\to\infty}\frac{1}{n+2}=0,$$
所以收敛半径为 $R=+\infty$.

例 3 求幂级数 $\sum\limits_{n=0}^{\infty}(n+1)!x^n$ 的收敛半径.

解 因为 $\rho=\lim\limits_{n\to\infty}\left|\dfrac{a_{n+1}}{a_n}\right|=\lim\limits_{n\to\infty}\dfrac{(n+2)!}{(n+1)!}=+\infty$，所以收敛半径为 $R=0$，即幂级数仅在点 $x=0$ 处收敛.

例 4　求幂级数$\sum_{n=0}^{\infty}\frac{x^{2n+1}}{4^n}$的收敛半径及收敛区间.

解　幂级数缺少偶次幂的项，不能直接应用本节定理 2. 将 x 看作常数，根据比值审敛法来求收敛半径. 因为

$$\lim_{n\to\infty}\left|\frac{u_{n+1}(x)}{u_n(x)}\right|=\lim_{n\to\infty}\left|\frac{x^{2n+3}}{4^{n+1}}\cdot\frac{4^n}{x^{2n+1}}\right|=\frac{1}{4}|x|^2,$$

由比值审敛法可得：

当$\frac{|x|^2}{4}<1$，即$|x|<2$时，幂级数收敛；

当$\frac{|x|^2}{4}>1$，即$|x|>2$时，幂级数发散，由阿贝尔定理可知，幂级数的收敛半径为$R=2$，收敛区间为$(-2,2)$.

例 5　求幂级数　$\sum_{n=1}^{\infty}\frac{x^n}{n^2+1}=\frac{x}{2}+\frac{x^2}{5}+\frac{x^3}{10}+\cdots+\frac{x^n}{n^2+1}+\cdots$

的收敛半径与收敛域.

解　因为

$$\rho=\lim_{n\to\infty}\left|\frac{a_{n+1}}{a_n}\right|=\lim_{n\to\infty}\frac{\frac{1}{(n+1)^2+1}}{\frac{1}{n^2+1}}=\lim_{n\to\infty}\frac{n^2+1}{(n+1)^2+1}=1,$$

所以收敛半径为$R=\frac{1}{\rho}=1$.

当$x=1$时，幂级数变为$\sum_{n=1}^{\infty}\frac{1}{n^2+1}$，因为$\frac{1}{n^2+1}<\frac{1}{n^2}$，而级数$\sum_{n=1}^{\infty}\frac{1}{n^2}$收敛，所以级数$\sum_{n=1}^{\infty}\frac{1}{n^2+1}$收敛.

当$x=-1$时，幂级数变为$\sum_{n=1}^{\infty}\frac{(-1)^n}{n^2+1}$，因为$\sum_{n=1}^{\infty}\left|\frac{(-1)^n}{n^2+1}\right|=\sum_{n=1}^{\infty}\frac{1}{n^2+1}$收敛，所以级数$\sum_{n=1}^{\infty}\frac{(-1)^n}{n^2+1}$绝对收敛. 因此，收敛域为$[-1,1]$.

例 6　求幂级数$\sum_{n=1}^{\infty}\frac{(-1)^n(x-1)^n}{2^n}$的收敛域.

解　令$t=x-1$，原级数变为$\sum_{n=1}^{\infty}\frac{(-1)^n t^n}{2^n}$. 因为

$$\rho=\lim_{n\to\infty}\left|\frac{a_{n+1}}{a_n}\right|=\lim_{n\to\infty}\frac{2^n}{2^{n+1}}=\frac{1}{2},$$

所以收敛半径$R=2$.

当$t=2$时，级数为$\sum_{n=1}^{\infty}(-1)^n$，此时级数发散；当$t=-2$时，级数为$\sum_{n=1}^{\infty}1$，$\lim\limits_{n\to\infty}u_n=1\neq 0$，此时级数发散.

因此,级数 $\sum_{n=1}^{\infty}\frac{(-1)^n t^n}{2^n}$ 的收敛域为

$$-2<t<2,$$

即

$$-2<x-1<2.$$

故原级数的收敛域为(−1,3).

三、幂级数的运算及和函数的性质与求法

设幂级数 $\sum_{n=0}^{\infty}a_n x^n$ 及 $\sum_{n=0}^{\infty}b_n x^n$ 分别在区间 $(-R,R)$ 及 $(-R',R')$ 内收敛,则在区间 $(-R,R)$ 与区间 $(-R',R')$ 的公共区间内有

① $\sum_{n=0}^{\infty}a_n x^n+\sum_{n=0}^{\infty}b_n x^n=\sum_{n=0}^{\infty}(a_n+b_n)x^n$;

② $\sum_{n=0}^{\infty}a_n x^n-\sum_{n=0}^{\infty}b_n x^n=\sum_{n=0}^{\infty}(a_n-b_n)x^n$.

幂级数求和中的常见错误

幂级数的和函数有下列性质.

性质1 **幂级数 $\sum_{n=0}^{\infty}a_n x^n$ 的和函数 $s(x)$ 在其收敛域 I 上连续.**

性质2 **幂级数 $\sum_{n=0}^{\infty}a_n x^n$ 的和函数 $s(x)$ 在其收敛域 I 上可积,且有逐项积分公式**

$$\int_0^x s(x)\mathrm{d}x=\int_0^x\left(\sum_{n=0}^{\infty}a_n x^n\right)\mathrm{d}x=\sum_{n=0}^{\infty}\int_0^x a_n x^n\mathrm{d}x=\sum_{n=0}^{\infty}\frac{a_n}{n+1}x^{n+1}\quad(x\in I),$$

逐项积分后所得到的幂级数和原级数有相同的收敛半径.

求幂级数的和函数举例

性质3 **幂级数 $\sum_{n=0}^{\infty}a_n x^n$ 的和函数 $s(x)$ 在其收敛区间 $(-R,R)$ 内可导,且有逐项求导公式**

$$s'(x)=\left(\sum_{n=0}^{\infty}a_n x^n\right)'=\sum_{n=0}^{\infty}(a_n x^n)'=\sum_{n=1}^{\infty}na_n x^{n-1}\quad(|x|<R),$$

逐项求导后所得到的幂级数和原级数有相同的收敛半径.

例

例7 求幂级数 $\sum_{n=1}^{\infty}\frac{x^n}{n}$ 的和函数,并求级数 $\sum_{n=1}^{\infty}\frac{(-1)^n}{n}$ 的和.

解 易知,幂级数的收敛域为 $[-1,1)$. 设和函数为 $s(x)$,即 $s(x)=\sum_{n=1}^{\infty}\frac{x^n}{n}$,$x\in[-1,1)$. 显然 $s(0)=0$. 对 $s(x)=\sum_{n=1}^{\infty}\frac{x^n}{n}$ 的两端求导得

$$s'(x)=\left(\sum_{n=1}^{\infty}\frac{x^n}{n}\right)'=\sum_{n=1}^{\infty}\left(\frac{x^n}{n}\right)'=\sum_{n=1}^{\infty}x^{n-1}=\frac{1}{1-x},\quad x\in(-1,1).$$

再对上式从0到 x 积分,得

$$s(x)=s(x)-s(0)=\int_0^x s'(x)\mathrm{d}x=\int_0^x\frac{1}{1-x}\mathrm{d}x=-\ln(1-x),\quad x\in[-1,1).$$

令 $x=-1$，得 $s(-1)=\sum\limits_{n=1}^{\infty}\frac{(-1)^n}{n}$，故 $\sum\limits_{n=1}^{\infty}\frac{(-1)^n}{n}=-\ln 2$.

例 8 求幂级数 $\sum\limits_{n=1}^{\infty}nx^n$ 的和函数.

解 易知，幂级数的收敛域为 $(-1,1)$. $\sum\limits_{n=1}^{\infty}nx^n=x\sum\limits_{n=1}^{\infty}nx^{n-1}$. 设 $s(x)=\sum\limits_{n=1}^{\infty}nx^{n-1}$，$x\in(-1,1)$. 对 $s(x)=\sum\limits_{n=1}^{\infty}nx^{n-1}$ 的两端积分得

$$\int_0^x s(x)\mathrm{d}x=\int_0^x\left[\sum_{n=1}^{\infty}nx^{n-1}\right]\mathrm{d}x=\sum_{n=1}^{\infty}\int_0^x nx^{n-1}\mathrm{d}x=\sum_{n=1}^{\infty}x^n=\frac{x}{1-x},$$

即
$$\int_0^x s(x)\mathrm{d}x=\frac{x}{1-x},\quad x\in(-1,1).$$

再对 $\int_0^x s(x)\mathrm{d}x=\frac{x}{1-x}$ 两端求导得 $s(x)=\left(\frac{x}{1-x}\right)'=\frac{1}{(1-x)^2}$，$x\in(-1,1)$. 故幂级数 $\sum\limits_{n=1}^{\infty}nx^n$ 的和函数为 $\frac{x}{(1-x)^2}$，$x\in(-1,1)$.

习题 10－4

1. 求下列幂级数的收敛半径及收敛域.

(1) $-x+\frac{x^2}{2}-\frac{x^3}{3}+\cdots+(-1)^n\frac{x^n}{n}+\cdots$；

(2) $\frac{x-1}{1\times3}+\frac{(x-1)^2}{2\times3^2}+\frac{(x-1)^3}{3\times3^3}+\cdots+\frac{(x-1)^n}{n\cdot3^n}+\cdots$；

(3) $x+\frac{x^2}{4}+\frac{x^3}{9}+\cdots+\frac{x^n}{n^2}+\cdots$；

(4) $\sum\limits_{n=0}^{\infty}(-1)^n\frac{x^{2n}}{2n+1}$；

(5) $\sum\limits_{n=1}^{\infty}\frac{2n+1}{2^n}x^{2n-1}$.

2. 利用逐项求导或逐项积分，求下列级数的和函数.

(1) $\sum\limits_{n=0}^{\infty}\frac{1}{n+1}x^n$；　　(2) $\sum\limits_{n=0}^{\infty}(-1)^{n+1}(2n+1)x^{2n}$；

(3) $\sum\limits_{n=1}^{\infty}\frac{x^{2n+1}}{2n}$，并求级数 $\sum\limits_{n=1}^{\infty}\frac{1}{2n\cdot2^n}$ 的和.

第 5 节　函数的幂级数展开

通过上一节的讨论可知，对于收敛的幂级数，在其收敛域内可以求出它的和函数. 然而，在实际问题中，往往需要针对给定的函数 $f(x)$，研究它能否在某个定义区间内表示成幂级数. 也就是说，是否能找到一个在某区间内收敛的幂级

数,且其和恰好就是给定的函数 $f(x)$. 如果这样的幂级数存在,就称函数 $f(x)$ 在该区间内能展开成幂级数,或简单地称函数 $f(x)$ 能展开成幂级数,而该级数在收敛区间内就表达了函数 $f(x)$.

一、泰勒级数

由泰勒公式可知,如果函数 $f(x)$ 在点 x_0 的某邻域内具有 $n+1$ 阶导数,则在该邻域内 $f(x)$ 可表示为

$$f(x)=f(x_0)+f'(x_0)(x-x_0)+\frac{f''(x_0)}{2!}(x-x_0)^2+\cdots+\frac{f^{(n)}(x_0)}{n!}(x-x_0)^n+R_n(x),$$

其中,$R_n(x)=\dfrac{f^{(n+1)}(\xi)}{(n+1)!}(x-x_0)^{n+1}$($\xi$ 介于 x 与 x_0 之间).

猜想:如果 $f(x)$ 在点 x_0 的某邻域内具有任意阶导数,那么 $f(x)$ 的泰勒公式的展开项可无限增加. 由此给出定义:

如果 $f(x)$ 在 x_0 的某邻域内具有任意阶导数,那么幂级数

$$f(x_0)+f'(x_0)(x-x_0)+\frac{f''(x_0)}{2!}(x-x_0)^2+\cdots+\frac{f^{(n)}(x_0)}{n!}(x-x_0)^n+\cdots$$

称为函数 $f(x)$ 的**泰勒级数**.

显然,当 $x=x_0$ 时,$f(x)$ 的泰勒级数收敛于 $f(x_0)$. 除 $x=x_0$ 外,$f(x)$ 的泰勒级数是否收敛?如果收敛,它是否一定收敛于 $f(x)$?为此给出如下定理.

定理 **设函数 $f(x)$ 在点 x_0 的某一邻域 $U(x_0)$ 内具有各阶导数,则 $f(x)$ 在该邻域内能展开成泰勒级数的充要条件是 $f(x)$ 的泰勒公式中的余项 $R_n(x)$ 当 $n\to\infty$ 时的极限为零,即**

$$\lim_{n\to\infty}R_n(x)=0,\quad x\in U(x_0).$$

证 **必要性** 设函数 $f(x)$ 在邻域 $U(x_0)$ 内能展开为泰勒级数,即

$$f(x)=f(x_0)+f'(x_0)(x-x_0)+\frac{f''(x_0)}{2!}(x-x_0)^2+\cdots+\frac{f^{(n)}(x_0)}{n!}(x-x_0)^n+\cdots.$$

设

$$s_{n+1}(x)=f(x_0)+f'(x_0)(x-x_0)+\frac{f''(x_0)}{2!}(x-x_0)^2+\cdots+\frac{f^{(n)}(x_0)}{n!}(x-x_0)^n,$$

在 $U(x_0)$ 内,$s_{n+1}(x)\to f(x)\ (n\to\infty)$. 而 $f(x)=s_{n+1}(x)+R_n(x)$,于是 $R_n(x)=f(x)-s_{n+1}(x)\to 0(n\to\infty)$.

充分性 设 $R_n(x)\to 0(n\to\infty)$ 对一切 $x\in U(x_0)$ 成立.

因为 $f(x)$ 的 n 阶泰勒公式可写成 $f(x)=s_{n+1}(x)+R_n(x)$,所以

$$s_{n+1}(x)=f(x)-R_n(x)\to f(x)(n\to\infty).$$

故 $f(x)$ 的泰勒级数在 $U(x_0)$ 内收敛,并且收敛于 $f(x)$.

在泰勒级数中取 $x_0=0$,得

$$f(0)+f'(0)x+\frac{f''(0)}{2!}x^2+\cdots+\frac{f^{(n)}(0)}{n!}x^n+\cdots.$$

此级数称为 $f(x)$ 的**麦克劳林级数**.

二、函数展开成幂级数

如果函数 $f(x)$ 能展开成 x 的幂级数，那么这种展开式是唯一的，它与 $f(x)$ 的麦克劳林级数一致.

这是因为，如果函数 $f(x)$ 在点 $x_0=0$ 的某邻域 $(-R,R)$ 内能展开成 x 的幂级数，即

$$f(x)=a_0+a_1x+a_2x^2+\cdots+a_nx^n+\cdots,$$

那么根据幂级数和函数在收敛区间内可以逐项求导，有

$$f'(x)=a_1+2a_2x+3a_3x^2+\cdots+na_nx^{n-1}+\cdots;$$

$$f''(x)=2!a_2+3\cdot 2a_3x+\cdots+n(n-1)a_nx^{n-2}+\cdots;$$

$$f'''(x)=3!a_3+\cdots+n(n-1)(n-2)a_nx^{n-3}+\cdots;$$

$$\cdots\cdots\cdots\cdots$$

$$f^{(n)}(x)=n!a_n+(n+1)n(n-1)\cdots 2a_{n+1}x+\cdots.$$

于是，得到 $a_0=f(0),a_1=f'(0),a_2=\dfrac{1}{2!}f''(0),\cdots,a_n=\dfrac{1}{n!}f^{(n)}(0),\cdots$.

函数 $f(x)$ 展开成 x 的幂级数的步骤如下(直接展开法).

① 求出 $f(x)$ 的各阶导数：

$$f'(x),f''(x),f'''(x),\cdots,f^{(n)}(x),\cdots;$$

② 求函数及其各阶导数在 $x=0$ 处的值：

$$f(0),f'(0),f''(0),f'''(0),\cdots,f^{(n)}(0),\cdots;$$

③ 写出幂级数

$$f(0)+f'(0)x+\frac{f''(0)}{2!}x^2+\cdots+\frac{f^{(n)}(0)}{n!}x^n+\cdots,$$

并求出其收敛半径 R；

④ 考察在区间 $(-R,R)$ 内是否有 $R_n(x)\to 0(n\to\infty)$，即

$$\lim_{n\to\infty}R_n(x)=\lim_{n\to\infty}\frac{f^{(n+1)}(\xi)}{(n+1)!}x^{n+1}$$

是否为零. 如果 $R_n(x)\to 0(n\to\infty)$，则函数 $f(x)$ 在区间 $(-R,R)$ 内有展开式

$$f(x)=f(0)+f'(0)x+\frac{f''(0)}{2!}x^2+\cdots+\frac{f^{(n)}(0)}{n!}x^n+\cdots,-R<x<R.$$

例 1 将函数 $f(x)=\mathrm{e}^x$ 展开成 x 的幂级数.

解 所给函数的各阶导数为 $f^{(n)}(x)=\mathrm{e}^x\quad(n=1,2,3,\cdots)$，因此 $f^{(n)}(0)=1(n=1,2,3,\cdots)$. 于是，得级数

$$1+x+\frac{1}{2!}x^2+\cdots\frac{1}{n!}x^n+\cdots,$$

它的收敛半径为 $R=+\infty$.

对于任何有限的数 x,ξ (ξ 介于 0 与 x 之间)，有

$$|R_n(x)|=\left|\frac{\mathrm{e}^{\xi}}{(n+1)!}x^{n+1}\right|<\mathrm{e}^{|x|}\cdot\frac{|x|^{n+1}}{(n+1)!},$$

考察正项级数 $\sum_{n=0}^{\infty}\frac{|x|^{n+1}}{(n+1)!}$，由于 $\lim_{n\to\infty}\frac{\frac{|x|^{n+2}}{(n+2)!}}{\frac{|x|^{n+1}}{(n+1)!}}=0$，所以级数 $\sum_{n=0}^{\infty}\frac{|x|^{n+1}}{(n+1)!}$ 收敛. 于是，有 $\lim_{n\to\infty}\frac{|x|^{n+1}}{(n+1)!}=0$，从而 $\lim_{n\to\infty}|R_n(x)|=0$，故有展开式

$$e^x=\sum_{n=0}^{\infty}\frac{x^n}{n!}=1+x+\frac{1}{2!}x^2+\cdots+\frac{1}{n!}x^n+\cdots\quad(-\infty<x<+\infty).$$

例 2 将函数 $f(x)=\cos x$ 展开成 x 的幂级数.

解 所给函数的各阶导数为

$$f^{(n)}(x)=\cos\left(x+n\cdot\frac{\pi}{2}\right)\quad(n=1,2,3,\cdots),$$

因此 $f^{(n)}(0)(n=0,1,2,3,\cdots)$ 循环地取 $1,0,-1,0,\cdots$. 于是，得级数

$$1-\frac{x^2}{2!}+\frac{x^4}{4!}-\cdots+(-1)^n\frac{x^{2n}}{(2n)!}+\cdots,$$

它的收敛半径为 $R=+\infty$.

对于任何有限的数 x,ξ（ξ 介于 0 与 x 之间），有

$$|R_n(x)|=\left|\frac{\cos\left[\xi+\frac{(n+1)\pi}{2}\right]}{(n+1)!}x^{n+1}\right|\leqslant\frac{|x|^{n+1}}{(n+1)!},$$

而 $\lim_{n\to\infty}\frac{|x|^{n+1}}{(n+1)!}=0$，所以 $\lim_{n\to\infty}|R_n(x)|=0$，从而有展开式

$$\cos x=\sum_{n=0}^{\infty}(-1)^n\frac{x^{2n}}{(2n)!}=1-\frac{x^2}{2!}+\frac{x^4}{4!}-\cdots+(-1)^n\frac{x^{2n}}{(2n)!}+\cdots\quad(-\infty<x<+\infty).$$

同理，将函数 $f(x)=\sin x$ 展开成 x 的幂级数为

$$\sin x=\sum_{n=0}^{\infty}(-1)^n\frac{x^{2n+1}}{(2n+1)!}=x-\frac{x^3}{3!}+\frac{x^5}{5!}-\cdots+(-1)^n\frac{x^{2n+1}}{(2n+1)!}+\cdots\quad(-\infty<x<+\infty).$$

将函数 $f(x)=(1+x)^m$ 展开成 x 的幂级数为

$$(1+x)^m=1+mx+\frac{m(m-1)}{2!}x^2+\cdots+\frac{m(m-1)\cdots(m-n+1)}{n!}x^n+\cdots\quad(-1<x<1).$$

利用直接展开法将函数展开成幂级数往往比较烦琐，所以通常用间接展开法将函数展开成幂级数.

三、间接展开法

例

例 3 将函数 $f(x)=\frac{1}{1+x^2}$ 展开成 x 的幂级数.

解 因为 $\frac{1}{1-x}=\sum_{n=0}^{\infty}x^n=1+x+x^2+\cdots+x^n+\cdots\quad(-1<x<1)$，

将 x 换成 $-x^2$，得

$$\frac{1}{1+x^2}=\sum_{n=0}^{\infty}(-1)^n x^{2n}=1-x^2+x^4-\cdots+(-1)^n x^{2n}+\cdots\quad(-1<x<1).$$

例 4　将函数 $f(x)=\ln(1+x)$ 展开成 x 的幂级数.

解　因为 $f'(x)=\dfrac{1}{1+x}$，而 $\dfrac{1}{1+x}=\sum\limits_{n=0}^{\infty}(-1)^n x^n(-1<x<1)$，即

$$\frac{1}{1+x}=1-x+x^2-x^3+\cdots+(-1)^n x^n+\cdots\quad(-1<x<1),$$

所以将上式从 0 到 x 逐项积分，得

$$\ln(1+x)=x-\frac{x^2}{2}+\frac{x^3}{3}-\frac{x^4}{4}+\cdots+(-1)^n\frac{x^{n+1}}{n+1}+\cdots\quad(-1<x<1).$$

当 $x=1$ 时，级数 $\sum\limits_{n=0}^{\infty}(-1)^n\dfrac{1}{n+1}$ 收敛，且函数 $f(x)=\ln(1+x)$ 在点 $x=1$ 处连续. 当 $x=-1$ 时，函数 $f(x)=\ln(1+x)$ 无定义.

所以
$$\ln(1+x)=\sum_{n=0}^{\infty}(-1)^n\frac{x^{n+1}}{n+1}\quad(-1<x\leqslant 1).$$

间接法将函数展开成幂级数

例 5　将函数 $f(x)=\dfrac{1}{x^2-3x+2}$ 展开成 x 的幂级数.

解　因为

$$f(x)=\frac{1}{x^2-3x+2}=\frac{1}{(x-1)(x-2)}=\frac{1}{1-x}-\frac{1}{2-x}=\frac{1}{1-x}-\frac{1}{2\left(1-\frac{x}{2}\right)},$$

又 $\dfrac{1}{1-x}=\sum\limits_{n=0}^{\infty}x^n(-1<x<1)$，而 $\dfrac{1}{2\left(1-\frac{x}{2}\right)}=\sum\limits_{n=0}^{\infty}\dfrac{x^n}{2^{n+1}}(-2<x<2)$，所以

$$f(x)=\frac{1}{x^2-3x+2}=\frac{1}{1-x}-\frac{1}{2\left(1-\frac{x}{2}\right)}=\sum_{n=0}^{\infty}x^n-\sum_{n=0}^{\infty}\frac{x^n}{2^{n+1}}$$

$$=\sum_{n=0}^{\infty}\frac{2^{n+1}-1}{2^{n+1}}x^n\quad(-1<x<1).$$

习题 10－5

1. 求函数 $f(x)=\sin x$ 的泰勒级数，并验证它在整个数轴上收敛于该函数.

2. 将下列函数展开成 x 的幂级数，并求展开式成立的区间.

(1) $(1-x)\ln(1+x)$；　　(2) xe^{-x}；

(3) $\dfrac{1}{(1+x)^2}$；　　(4) $\ln(a+x)(a>0)$.

3. 将函数 $f(x)=\cos x$ 在点 $x=\dfrac{\pi}{4}$ 处展开成幂级数.

4. 将函数 $f(x)=\ln x$ 展开成 $x-3$ 的幂级数.

5. 将函数 $f(x)=\dfrac{1}{x^2+3x+2}$ 展开成 $x-1$ 的幂级数.

实验9 无穷级数的MATLAB实现

无穷级数的Python实现

一、级数求和的MATLAB实现

级数求和的命令为symsum,其调用格式为

symsum(s,t,a,b)

该命令对表达式s中的符号变量t求从a到b的级数和(t为缺省状态时,设定为x或字母表上最接近x的字母).

例1 求下列级数的和.

(1) $\sum_{n=1}^{\infty}\frac{2n-1}{2^n}$; (2) $\sum_{n=1}^{\infty}\frac{1}{n(2n+1)}$.

解 命令如下:

```
>> syms n
symsum((2*n-1)/2^n,1,inf)↙
ans =
  3
>> symsum(1/(n*(2*n+1)),1,inf)↙
ans =
  2-2*log(2)
```

即$\sum_{n=1}^{\infty}\frac{2n-1}{2^n}=3$,$\sum_{n=1}^{\infty}\frac{1}{n(2n+1)}=2-2\ln 2$.

上面两个级数都是收敛的.如果级数发散,则求得的和为inf,因此symsum函数可同时解决敛散性问题与求和问题.同时,symsum也可以用来求函数项级数的和函数.

例2 求下列级数的和函数:

(1) $\sum_{n=1}^{\infty}\frac{\sin x}{2^n}$; (2) $\sum_{n=1}^{\infty}\frac{(-1)^{n-1}x^n}{n}$.

解 命令如下:

```
>> syms n x
symsum(sin(x)/2^n,n,1,inf)↙
ans =
sin(x)
>> symsum((-1)^(n-1)*x^n/n,n,1,inf)↙
ans =
  log(1+x)
```

即$\sum_{n=1}^{\infty}\frac{\sin x}{2^n}=\sin x$,$\sum_{n=1}^{\infty}\frac{(-1)^{n-1}x^n}{n}=\ln(1+x)$.

二、函数展开成幂级数的MATLAB实现

上册实验4中已经介绍了taylor函数的用法,现在用它来将函数展开成幂级数.

例 3 将函数 $(1+x)^m$ 展开为 x 的幂级数，m 为任意常数，展开至 4 次幂.

解 命令如下.

```
>> syms x m
taylor((1+x)^m,x,0,'order',4)↙
ans =
   1+m*x+1/2*m*(m-1)*x^2+1/6*m*(m-1)*(m-2)*x^3+1/24*m*(m-1)*(m-2)*(m-3)*x^4
```

即 $(1+x)^m=1+mx+\frac{1}{2}m(m-1)x^2+\frac{1}{6}m(m-1)(m-2)x^3+\frac{1}{24}m(m-1)(m-2)(m-3)x^4.$

三、应用举例

许多经济问题都可以转化为无穷级数的问题来解决.

例 4 经济学中的乘数效应.

设想某国政府通过一项削减 100 亿美元税收的法案，假设每人将花费这笔额外收入的 93%，并将其余的存起来. 试估算削减税收对经济活动的总效应.

解 削减税收后人们的收入增加了，由题设可知，增加的收入的 93%，即 100×0.93 亿美元将被用于消费. 消费出去的钱对这些钱的接受者来说又变成了额外的收入，它的 93% 又被用于消费，因此又增加了 $100\times0.93\times0.93$ 亿美元的消费. 这些钱(100×0.93^2 亿美元) 的接受者又将花费它的93%，即又增加了 $100\times0.93^2\times0.93=100\times0.93^3$ 亿美元的消费. 如此进行下去，削减税收后所产生的新的消费的总和为无穷级数

$$100\times0.93+100\times0.93^2+100\times0.93^3+\cdots+100\times0.93^n+\cdots,$$

这是一个几何级数，且是收敛的.

MATLAB 实现如下.

```
>> syms n
symsum(100*0.93^n,1,inf)↙
ans =
9300/7
>> format short,9300/7↙
ans =
   1.3286e+003
```

通过计算，该级数的和为 $\frac{9\,300}{7}\approx1\,328.6$，即削减 100 亿美元的税收产生的附加消费约为 1 328.6 亿美元.

例 4 描述了经济学中的乘数效应. 每人花费额外收入的比例称为"边际消费倾向"(the marginal propensity to consume，MPC)，记作 MPC. 在例 4 中，MPC $=0.93$，而削减税收后所产生的附加消费的总和为 $100\times\frac{0.93}{1-0.93}$. 由此可以得到公式

$$附加消费的总和=削减税额\times\frac{\text{MPC}}{1-\text{MPC}},$$

即削减税额乘以"乘数" $\frac{\text{MPC}}{1-\text{MPC}}$ 就是它的实际效应.

实验题 9

1. 求级数 $\sum_{n=1}^{\infty}\frac{n+1}{n\cdot 3^n}$ 的和.

2. 求级数 $\sum_{n=1}^{\infty}\frac{n^2}{2^n}$ 的和.

3. 将函数 $\cos x$ 展开成 $x-2$ 的幂级数,取前 10 项.

4. 患有某种慢性病的病人需长期服用一种药物进行治疗,已知该药物在体内的清除速率与体内该药物的含量成正比,一天(24 h)约有 10% 的药物被清除.假设病人每天服用 0.05 mg 的药物,估算治疗较长一段时间后该病人体内这种药物的总量.

总习题 10

一、填空题

1. $\lim\limits_{n\to\infty}u_n=0$ 是级数 $\sum_{n=1}^{\infty}u_n$ 收敛的________条件.

2. 若级数 $\sum_{n=1}^{\infty}u_n$ 收敛于 s,则级数 $\sum_{n=1}^{\infty}ku_n(k\neq 0)$ 收敛于________.

3. 若级数 $\sum_{n=1}^{\infty}u_n$ 绝对收敛,则级数 $\sum_{n=1}^{\infty}u_n$ 必定________.

4. 幂级数 $\sum_{n=1}^{\infty}\frac{(x-1)^n}{n\cdot 2^n}$ 的收敛域为________.

二、选择题

1. 下列级数中条件收敛的是(　　).

A. $\sum_{n=1}^{\infty}(-1)^{2n+1}\frac{1}{2n+3}$　　B. $\sum_{n=1}^{\infty}(-1)^n\frac{n}{n^2+1}$

C. $\sum_{n=1}^{\infty}(-1)^n\frac{7^n}{2^n}$　　D. $\sum_{n=1}^{\infty}\frac{\cos n\pi}{n^2}$

2. 级数 $\sum_{n=1}^{\infty}(-1)^n\frac{b+n}{n^2}$ 为(　　).

A. 绝对收敛　　B. 条件收敛

C. 收敛性与 b 的取值有关　　D. 发散

3. 下列结论中正确的是(　　).

A. 若 $\lim\limits_{n\to\infty}a_n=0$,则级数 $\sum_{n=1}^{\infty}a_n$ 收敛

B. 若级数 $\sum_{n=1}^{\infty}a_n$ 收敛,$a_n\geqslant b_n$,则级数 $\sum_{n=1}^{\infty}b_n$ 收敛

C. 若级数 $\sum_{n=1}^{\infty}|a_nb_n|$ 收敛,则级数 $\sum_{n=1}^{\infty}a_n^2$,$\sum_{n=1}^{\infty}b_n^2$ 均收敛

D. 若级数 $\sum_{n=1}^{\infty}a_n^2$,$\sum_{n=1}^{\infty}b_n^2$ 均收敛,则级数 $\sum_{n=1}^{\infty}(a_n+b_n)^2$ 收敛

4. 级数 $\sum_{n=1}^{\infty}a_n(x-3)^n$ 在点 $x=-1$ 处收敛,则此级数在点 $x=6$ 处(　　).

A. 绝对收敛　　B. 条件收敛　　C. 发散　　D. 不能确定

三、解答题

1. 判定下列级数的敛散性.

(1) $\sum_{n=1}^{\infty}\frac{\sqrt[n]{n}}{n^2}$；

(2) $\sum_{n=1}^{\infty}\frac{(n!)^2}{2n^2}$；

(3) $\sum_{n=1}^{\infty}\frac{n\sin^2\frac{n\pi}{3}}{n!}$；

(4) $\sum_{n=1}^{\infty}\frac{3^n}{n\cdot 2^n}$；

(5) $\sum_{n=1}^{\infty}\frac{a^n}{n^s}(a>0,s>0)$.

2. 讨论下列级数的敛散性，若收敛，说明是绝对收敛还是条件收敛.

(1) $\sum_{n=1}^{\infty}(-1)^n\frac{1}{n^{p-1}}(p>0)$；

(2) $\sum_{n=1}^{\infty}(-1)^{n+1}\frac{\cos\frac{\pi}{n}}{\pi^n}$；

(3) $\sum_{n=1}^{\infty}(-1)^n\frac{(n^2+1)^n}{n^{n+2}}$.

3. 设正项级数 $\sum_{n=1}^{\infty}u_n$ 收敛，证明：级数 $\sum_{n=1}^{\infty}u_n^2$ 收敛.

4. 证明：极限 $\lim_{n\to\infty}\frac{n^{n+1}}{(n!)^2}=0$.

5. 求下列幂级数的收敛域.

(1) $\sum_{n=1}^{\infty}\frac{2^n-3^n}{n}x^n$；

(2) $\sum_{n=1}^{\infty}2^n(x-1)^n$；

(3) $\sum_{n=1}^{\infty}\frac{n^2}{2^n}x^{2n-1}$.

6. 求下列幂级数的和函数.

(1) $\sum_{n=1}^{\infty}\frac{n+2}{n+1}x^n$；

(2) $\sum_{n=0}^{\infty}(2n+1)x^n$；

(3) $\sum_{n=1}^{\infty}\frac{n^2}{n!}x^n$.

7. 将下列函数展开成 x 的幂级数.

(1) $\frac{e^x+e^{-x}}{2}$；

(2) $\sin^2 x$；

(3) a^x.

8. 将下列函数展开成 $x-4$ 的幂级数.

(1) $\frac{1}{2-x}$；

(2) $\ln\frac{x}{1+x}$.

几位科学家在无穷级数发展中的贡献

考研真题

第 10 章习题答案

第11章

微分方程

在研究物理、几何、经济及许多实际问题时，常常需要寻求相关变量之间的函数关系. 这种函数关系往往不能直接找到，有时只能根据问题所提供的条件，得到自变量与所求函数及其导数（或微分）之间的关系式，这样的关系式就是微分方程. 建立微分方程以后，求出满足这个微分方程的函数的过程，就是解微分方程.

苏步青

本章主要介绍微分方程的一些基本概念，讨论常用的几种微分方程的解法，并结合实际问题介绍微分方程在经济学及管理学中的简单应用.

为祖国的前途而奋斗，是时代赋予我们的神圣职责.
—— 苏步青

第1节　微分方程的基本概念

在前面的学习过程中，实际上已经遇到了一些简单的微分方程. 下面通过几个具体的例子来说明微分方程的基本概念.

例 1　一曲线通过点(1,3)，且在该曲线上任一点 $P(x,y)$ 处的切线斜率为 $4x^3$，求该曲线的方程.

解　设所求曲线的方程为 $y=y(x)$. 根据导数的几何意义，未知函数 $y=y(x)$ 应满足关系式

$$\frac{\mathrm{d}y}{\mathrm{d}x}=4x^3. \tag{11-1}$$

此外，未知函数 $y=y(x)$ 还应满足下列条件：

$$\begin{cases}x=1,\\ y=3.\end{cases} \tag{11-2}$$

对式(11-1)两端积分，得

$$y=\int 4x^3\,\mathrm{d}x,\quad 即\ y=x^4+C, \tag{11-3}$$

其中，C 是任意常数.

将式(11-2)代入式(11-3)，解得 $C=2$. 将 $C=2$ 代入式(11-3)，即得所求曲线方程为

$$y=x^4+2. \tag{11-4}$$

例2 已知做自由落体运动的物体下落的加速度为常数 g，求下落的距离 s 与时间 t 的关系 $s(t)$.

解 由前面学过的知识可知，加速度是距离 s 对时间 t 的二阶导数，因此有

$$\frac{d^2s}{dt^2}=g. \tag{11-5}$$

由题意可知，$s(0)=0$，$s'(0)=0$. 对式(11-5)两端积分一次得

$$\frac{ds}{dt}=gt+C_1, \tag{11-6}$$

再积分一次得

$$s=\frac{1}{2}gt^2+C_1t+C_2. \tag{11-7}$$

其中，C_1，C_2 是任意常数.

将条件 $s(0)=0$，$s'(0)=0$ 代入式(11-6)和式(11-7)，得 $C_1=C_2=0$. 因此，做自由落体运动的物体下落的距离 s 与时间 t 的关系为

$$s=\frac{1}{2}gt^2. \tag{11-8}$$

在上述两例中，都无法直接找到变量之间的函数关系，而是利用问题的实际意义，建立含有未知函数、未知函数的导数与自变量的方程，这种方程就是微分方程. 一般地，表示未知函数、未知函数的导数(或微分)及自变量之间的关系的方程称为**微分方程**. 未知函数是一元函数的微分方程，称为常微分方程；未知函数是多元函数的微分方程，称为偏微分方程. 微分方程有时也简称方程. 本章只讨论常微分方程.

微分方程中出现的未知函数导数的最高阶的阶数，称为**微分方程的阶**. 例如，方程(11-1)是一阶微分方程；方程(11-5)是二阶微分方程. 又如，方程

$$x^3y'''-4x^4y'=x^2+1 \quad 和 \quad y^{(4)}-5y''-6y=x\cos x$$

分别是三阶和四阶微分方程.

一般地，n 阶微分方程的形式是

$$F(x,y,y',\cdots,y^{(n)})=0, \tag{11-9}$$

其中，F 是 $n+2$ 个变量的函数. 这里还需要注意，在方程(11-9)中，$y^{(n)}$ 必须出现，而 $x,y,y',\cdots,y^{(n-1)}$ 在方程中可以不出现.

若将函数 $y=f(x)$ 代入微分方程后能使微分方程两端恒等，则称函数 $y=f(x)$ 是**微分方程的解**. 即设函数 $y=f(x)$ 在区间 I 上有 n 阶连续的导数，如果在区间 I 上，

$$F[x,f(x),f'(x),\cdots,f^{(n)}(x)]\equiv 0,$$

则称函数 $y=f(x)$ 为微分方程(11-9)在区间 I 上的解.

例如，式(11-3)和式(11-4)是方程(11-1)的解；式(11-7)和式(11-8)是方程(11-5)的解.

需要注意的是，微分方程的解也可能是隐函数 $\varphi(x,y)=0$；对于微分方程的

解,能够写为显函数形式的,一般写为显函数的形式.

如果微分方程的解中含有任意常数,且相互独立的任意常数的个数与微分方程的阶数相同,称这样的解为**微分方程的通解**.例如,式(11-7)是微分方程(11-5)的通解.

注 通解含有微分方程的无数个解,但含有无数个解的函数却不一定是通解.例如,$s=\frac{1}{2}gt^2+C_1t+1$ 也是微分方程(11-5)的解,但它不是通解.

称式(11-4)和式(11-8)这样的不含任意常数的解为**微分方程的特解**.这样的解,是满足某些附加条件的解.这些附加条件称为**初值条件**.

一阶微分方程的初值条件是 $x=x_0$ 时 $y=y_0$,通常记作

$$y|_{x=x_0}=y_0 \quad 或 \quad y(x_0)=y_0.$$

二阶微分方程的初值条件是 $x=x_0$ 时 $y=y_0, y'=y'_0$,通常记作

$$y|_{x=x_0}=y_0, y'|_{x=x_0}=y'_0.$$

一般地,n 阶微分方程 $F(x,y,y',\cdots,y^{(n)})=0$ 给定 n 个初值条件,

$$y|_{x=x_0}=y_0, y^{(i)}|_{x=x_0}=y_0^{(i)} \quad (i=1,2,\cdots,n-1),$$

可以确定微分方程的通解中所含的 n 个任意常数,从而得到满足初值条件的微分方程的一个特解.

微分方程的每一个解的图形是一条曲线,称为**微分方程的积分曲线**.微分方程的通解中含有任意常数,所以其积分曲线是含有参数(通解中的任意常数)的积分曲线族(见图11-1).

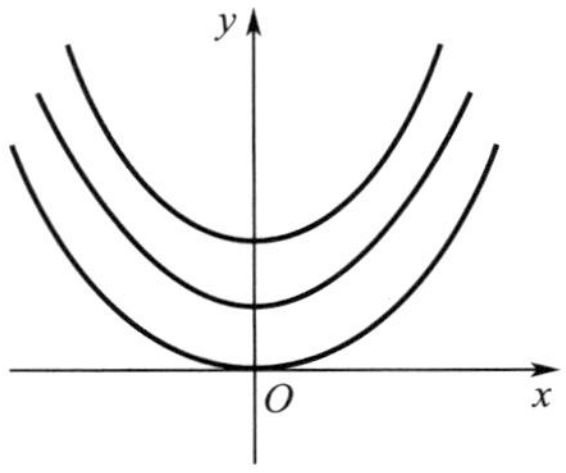

图 11-1

例3 验证函数 $y=C_1\cos 2x+C_2\sin 2x$(C_1,C_2 是任意常数)是微分方程

$$y''+4y=0 \tag{11-10}$$

的通解.

解 对所给函数求导得

$$\frac{dy}{dx}=-2C_1\sin 2x+2C_2\cos 2x, \tag{11-11}$$

$$\frac{d^2y}{dx^2}=-4C_1\cos 2x-4C_2\sin 2x. \tag{11-12}$$

将式(11-12)代入式(11-10)的左端,得

$$y''+4y=-4y+4y=0.$$

即 $y=C_1\cos 2x+C_2\sin 2x$ 是微分方程(11-10)的通解.

习题 11-1

1. 检验下列各题中的函数是不是所给微分方程的解,若是,请指出是不是通解.

(1) $y'=x^2$,函数 $y=\frac{1}{3}x^3-1$;

(2) $y''-3y'+2y=0$,函数 $y=C_1e^x+C_2e^{2x}$(C_1,C_2 是任意常数);

(3) $xy'=y+x^2\sin x, y(\pi)=0$,函数 $y=-x\cos x-x$.

2. 已知某个人口模型方程为 $\frac{dP}{dt}=1.2P\left(1-\frac{P}{4\,200}\right)$,其中 P 为人口数量,t 为时间.

(1)P 为何值时,人口函数 $P(t)$ 单调增加?

(2)P 为何值时,人口函数 $P(t)$ 单调减少?

(3) 求该方程的平衡解$\left(当\dfrac{dP}{dt}=0 时,对应的 P(t) 即为平衡解\right)$.

3. 写出下列条件确定的曲线所满足的微分方程.

(1) 曲线在点(x,y)处的切线斜率等于该点横坐标的平方;

(2) 曲线上点 $P(x,y)$ 处的法线与 x 轴的交点为 Q,且线段 PQ 被 y 轴平分.

第 2 节　一阶微分方程及其解法

谈谈怎样学好数学(苏步青 数学家、教育家)

本节讨论几种常见的一阶微分方程的形式及其解法.

一阶微分方程的一般形式为

$$F(x,y,y')=0. \tag{11-13}$$

如果由这个方程可以解出 y',则写为

$$y'=f(x,y) \tag{11-14}$$

的形式.

一阶微分方程有时也写成如下对称形式:

$$P(x,y)\mathrm{d}x+Q(x,y)\mathrm{d}y=0. \tag{11-15}$$

由上一节的内容可知,一阶微分方程的通解含有一个任意常数,要确定这个任意常数,必须给出一个初值条件 $y|_{x=x_0}=y_0$;有的微分方程的解,可以直接用求积分的方法求得. 但并非所有的微分方程都能这样求解,即使它是最简单的一阶微分方程,如

$$\frac{\mathrm{d}y}{\mathrm{d}x}=\frac{xy+y^2}{x^2-3xy},\quad y'=\tan x\cdot y-\cos x$$

等就无法直接用求积分的方法求得解.

由此可见,在实际问题中,遇到的微分方程是多种多样的,它们的解法也不尽相同. 因此,需要探讨微分方程的类型及其对应解法.

思考:

有时,理论需要走在实践的前面,更好地发挥理论的指导作用.

一、可分离变量的微分方程

如果一个一阶微分方程能写成

$$\frac{\mathrm{d}y}{\mathrm{d}x}=f(x)g(y)\quad 或\quad g(y)\mathrm{d}y=f(x)\mathrm{d}x \tag{11-16}$$

的形式,就称其为**可分离变量的微分方程**,其中 $f(x)$ 和 $g(y)$ 连续. 例如,

$$x\mathrm{d}y=-2y\mathrm{d}x,\quad \frac{\mathrm{d}y}{\mathrm{d}x}=\mathrm{e}^{x-y},\quad \frac{\mathrm{d}y}{\mathrm{d}x}=\mathrm{e}^y\cos x$$

等都是可分离变量的微分方程.

设 $y=\varphi(x)$是方程(11-16) 的一个解,将它代入方程(11-16) 中得恒等式

$$g[\varphi(x)]\varphi'(x)\mathrm{d}x=f(x)\mathrm{d}x,$$

对上式两端对 x 积分,得

$$\int g[\varphi(x)]\varphi'(x)\mathrm{d}x = \int f(x)\mathrm{d}x.$$

由于 $y=\varphi(x)$,应用第一类换元法,得

$$\int g(y)\mathrm{d}y = \int f(x)\mathrm{d}x. \tag{11-17}$$

假设 $G(y)$ 和 $F(x)$ 分别是函数 $g(y)$ 和 $f(x)$ 的原函数,于是,方程(11-16)的通解为

$$G(y) = F(x) + C, \tag{11-18}$$

其中,C 为任意常数.式(11-18)称为方程(11-16)的**隐式通解**.如果给出初值条件,就可以确定出任意常数 C,从而得到方程(11-16)的特解.

由此可见,求解可分离变量的微分方程时,只需要分离变量,使方程的一端只含关于 y 的函数和 $\mathrm{d}y$,另一端只含关于 x 的函数和 $\mathrm{d}x$,然后对两端积分即可得到通解.

例1 求微分方程 $\frac{\mathrm{d}y}{\mathrm{d}x}+yx^2=0$ 的通解.

解 这是可分离变量的微分方程.当 $y\neq 0$ 时,分离变量,得

$$\frac{1}{y}\mathrm{d}y = -x^2\mathrm{d}x,$$

对上式两端积分有

$$\int \frac{1}{y}\mathrm{d}y = -\int x^2\mathrm{d}x,$$

得

$$\ln|y| = -\frac{1}{3}x^3 + C_1,$$

即

$$y = \pm \mathrm{e}^{-\frac{1}{3}x^3+C_1} = \pm \mathrm{e}^{C_1}\cdot \mathrm{e}^{-\frac{1}{3}x^3}.$$

记 $C=\pm \mathrm{e}^{C_1}$,则原方程的通解为

$$y = C\mathrm{e}^{-\frac{1}{3}x^3}\quad (C\text{ 为任意常数}).$$

显然,$y=0$ 也是方程的解.它可以并入通解之中,只需取 $C=0$ 即可.

例2 求微分方程 $xy'-y\ln y=0$ 满足初值条件 $y|_{x=1}=\mathrm{e}$ 的特解.

解 这是可分离变量的微分方程.当 $y\neq 1$ 时,分离变量,得

$$\frac{1}{y\ln y}\mathrm{d}y = \frac{1}{x}\mathrm{d}x,$$

对上式两端积分有

$$\int \frac{1}{y\ln y}\mathrm{d}y = \int \frac{1}{x}\mathrm{d}x,$$

得

$$\ln|\ln y| = \ln|x| + \ln|C|,$$

即

$$\ln y = Cx.$$

原方程的通解为

可分离变量微分方程常见问题

$$y = e^{Cx} \quad (C\text{ 为任意常数}).$$

又由初值条件 $y\big|_{x=1} = e$ 得，$e = e^C$，即 $C = 1$. 所以原方程的特解为 $y = e^x$.

有些微分方程可以经过变量变换化为可分离变量方程，如 $\frac{dy}{dx} = (x + y)^2$，令 $x + y = u$，则 $y = u - x$，微分方程可化为 $\frac{du}{dx} = 1 + u^2$，这是一个可分离变量的微分方程.

二、齐次方程

如果一阶微分方程能表示成

$$\frac{dy}{dx} = \varphi\left(\frac{y}{x}\right) \tag{11-19}$$

的形式，就称其为**齐次方程**. 例如，

$$(xy + y^2)dx - (x^2 - 6xy)dy = 0$$

是齐次方程，因为

$$\frac{dy}{dx} = \frac{xy + y^2}{x^2 - 6xy} = \frac{\frac{y}{x} + \left(\frac{y}{x}\right)^2}{1 - 6\left(\frac{y}{x}\right)}.$$

齐次方程(11-19)不能直接分离变量，但通过变换

$$u = \frac{y}{x}, \tag{11-20}$$

它就可以转化为可分离变量的微分方程.

事实上，在齐次方程(11-19)中作变量代换 $u = \frac{y}{x}$，则 $y = ux$，$\frac{dy}{dx} = x\frac{du}{dx} + u$，代入式(11-19)，得

$$x\frac{du}{dx} + u = \varphi(u),$$

即

$$x\frac{du}{dx} = \varphi(u) - u.$$

上式分离变量，得

$$\frac{du}{\varphi(u) - u} = \frac{dx}{x},$$

对两端积分，得

$$\int \frac{du}{\varphi(u) - u} = \int \frac{dx}{x}.$$

求出积分后，再将 $u = \frac{y}{x}$ 代入，便得所求齐次方程(11-19)的通解.

利用变量代换求解一阶微分方程

例 3 求微分方程 $(x^2 + y^2)dx - xydy = 0$ 的通解.

解 这是齐次方程，可化为如下形式：

$$\frac{dy}{dx} = \frac{x^2 + y^2}{xy}, \quad \frac{dy}{dx} = \frac{1 + \left(\frac{y}{x}\right)^2}{\frac{y}{x}}.$$

令 $u=\dfrac{y}{x}$,则 $y=ux$,$\dfrac{\mathrm{d}y}{\mathrm{d}x}=u+x\dfrac{\mathrm{d}u}{\mathrm{d}x}$.将其代入上述方程,得

$$u+x\frac{\mathrm{d}u}{\mathrm{d}x}=\frac{1+u^2}{u},$$

即

$$x\frac{\mathrm{d}u}{\mathrm{d}x}=\frac{1}{u}.$$

上式分离变量,得

$$u\mathrm{d}u=\frac{\mathrm{d}x}{x},$$

对两端积分,得

$$u^2=2\ln|x|+C.$$

将 $u=\dfrac{y}{x}$ 代入上式,便得所给微分方程的通解为

$$y^2=x^2(2\ln|x|+C)\quad(C\text{ 为任意常数}).$$

三、一阶线性微分方程

1.一阶线性微分方程

方程

$$\frac{\mathrm{d}y}{\mathrm{d}x}+P(x)y=Q(x)\tag{11-21}$$

称为**一阶线性微分方程**.这是因为它对于未知函数 y 及其导数是一次线性方程.如果 $Q(x)\equiv 0$,则称方程(11-21)为**齐次**的;如果 $Q(x)\not\equiv 0$,则方程(11-21)称为**非齐次**的.

设方程(11-21)为非齐次线性方程,为了求非齐次线性方程(11-21)的解,先来看方程

$$\frac{\mathrm{d}y}{\mathrm{d}x}+P(x)y=0.\tag{11-22}$$

方程(11-22)称为对应于非齐次线性方程(11-21)的**齐次线性方程**.显然,方程(11-22)是可分离变量的微分方程,分离变量得

$$\frac{\mathrm{d}y}{y}=-P(x)\mathrm{d}x,$$

对两端积分,得

$$\ln|y|=-\int P(x)\mathrm{d}x+C_1,$$

即

$$y=C\mathrm{e}^{-\int P(x)\mathrm{d}x}\quad(C=\pm\mathrm{e}^{C_1}),$$

这是对应的齐次线性方程(11-22)的通解.

下面利用**常数变易法**来求非齐次线性方程(11-21)的通解.此方法是将齐次方程(11-22)的通解中的常数 C 换成关于 x 的未知函数 $u(x)$,即设函数

$$y=u\mathrm{e}^{-\int P(x)\mathrm{d}x}\tag{11-23}$$

是非齐次线性方程(11-21)的解,于是

$$\frac{\mathrm{d}y}{\mathrm{d}x}=u'\mathrm{e}^{-\int P(x)\mathrm{d}x}-uP(x)\mathrm{e}^{-\int P(x)\mathrm{d}x}. \tag{11-24}$$

将式(11-23)和式(11-24)代入方程(11-21),得

$$u'\mathrm{e}^{-\int P(x)\mathrm{d}x}-uP(x)\mathrm{e}^{-\int P(x)\mathrm{d}x}+P(x)u\mathrm{e}^{-\int P(x)\mathrm{d}x}=Q(x),$$

即

$$u'\mathrm{e}^{-\int P(x)\mathrm{d}x}=Q(x),$$

$$u'=Q(x)\mathrm{e}^{\int P(x)\mathrm{d}x}.$$

对两端积分,得

$$u=\int Q(x)\mathrm{e}^{\int P(x)\mathrm{d}x}\mathrm{d}x+C.$$

将上式代入式(11-23),得非齐次线性方程(11-21)的通解

$$y=\mathrm{e}^{-\int P(x)\mathrm{d}x}\left(\int Q(x)\mathrm{e}^{\int P(x)\mathrm{d}x}\mathrm{d}x+C\right)\quad (C\text{ 为任意常数}). \tag{11-25}$$

将式(11-25)改写成两项之和得

$$y=C\mathrm{e}^{-\int P(x)\mathrm{d}x}+\mathrm{e}^{-\int P(x)\mathrm{d}x}\int Q(x)\mathrm{e}^{\int P(x)\mathrm{d}x}\mathrm{d}x,$$

上式右端第一项是对应的齐次线性方程(11-22)的通解,第二项是非齐次线性方程(11-21)的一个特解.由此可知,**一阶非齐次线性微分方程的通解等于对应的齐次方程的通解与非齐次方程的一个特解之和.**

一阶线性微分方程常见问题

概括起来,一阶非齐次线性微分方程(11-21)的求解方法及步骤如下.

(1) **常数变易法.**

① 求对应的齐次线性方程(11-22)的通解;

② 设 $y=u\mathrm{e}^{-\int P(x)\mathrm{d}x}$,代入非齐次线性方程(11-21),解出

$$u=\int Q(x)\mathrm{e}^{\int P(x)\mathrm{d}x}\mathrm{d}x+C;$$

③ 写出微分方程的通解 $y=\mathrm{e}^{-\int P(x)\mathrm{d}x}\left(\int Q(x)\mathrm{e}^{\int P(x)\mathrm{d}x}\mathrm{d}x+C\right)$($C$ 为任意常数).

(2) **公式法.**

① 写出一阶非齐次线性方程对应的 $P(x),Q(x)$;

② 代入式(11-25)直接求出通解.

例 4 求微分方程

$$\frac{\mathrm{d}y}{\mathrm{d}x}+3x^2y=6x^2$$

的通解.

解 先求对应的齐次线性方程

$$\frac{\mathrm{d}y}{\mathrm{d}x}+3x^2y=0$$

的通解.将上式分离变量,得

$$\frac{\mathrm{d}y}{y}=-3x^2\mathrm{d}x,$$

对两端积分,得

$$\ln|y| = -x^3 + \ln|C|,$$

即

$$y = Ce^{-x^3}.$$

设 $y = u(x)e^{-x^3}$ 为非齐次线性方程的解,则

$$\frac{dy}{dx} = u'e^{-x^3} - 3x^2ue^{-x^3},$$

代入所给非齐次线性方程,得

$$u' = 6x^2e^{x^3},$$

对两端积分,得

$$u = 2e^{x^3} + C.$$

所求微分方程的通解为

$$y = Ce^{-x^3} + 2 \quad (C \text{为任意常数}).$$

需要注意的是,一阶非齐次线性方程有时表示为

$$\frac{dx}{dy} + P(y)x = Q(y)$$

求解更方便(x 和 y 交换位置),通解为

$$x = e^{-\int P(y)dy}\left(\int Q(y)e^{\int P(y)dy}dy + C\right) \quad (C \text{为任意常数}).$$

例

例 5 求微分方程

$$\frac{dy}{dx} = \frac{1}{x+y}$$

的通解.

解 将微分方程变形,得

$$\frac{dx}{dy} = x + y,$$

移项得

$$\frac{dx}{dy} - x = y,$$

这是一个以 x 为函数,y 为自变量的一阶线性微分方程,其中

$$P(y) = -1, \quad Q(y) = y.$$

于是

$$\begin{aligned} x &= e^{-\int -1cy}\left[\int ye^{\int -1dy}dy + C\right] = e^y\left[\int ye^{-y}dy + C\right] \\ &= e^y[-(1+y)e^{-y} + C] = -1 - y + Ce^y, \end{aligned}$$

所以微分方程的通解为

$$x = Ce^y - y - 1 \quad (C \text{为任意常数}).$$

2. 可化为线性微分方程的一阶微分方程

有些一阶微分方程不是线性的,但通过变量代换,可以将它化为一阶线性微

分方程.

例如,**伯努利**(Bernoulli) **方程**

$$\frac{dy}{dx}+P(x)y=Q(x)y^n \quad (n\neq 0,1). \tag{11-26}$$

当 $n=0$ 或 $n=1$ 时,这是线性微分方程.当 $n\neq 0$ 且 $n\neq 1$ 时,此方程不是线性的.但是方程(11-26)的两端同时除以 y^n,得

$$y^{-n}\frac{dy}{dx}+P(x)y^{1-n}=Q(x), \tag{11-27}$$

容易看出,上式左端第一项与$\frac{d}{dx}(y^{1-n})$只差一个常数因子$1-n$,由此可以引入新的变量

$$z=y^{1-n},$$

则

$$\frac{dz}{dx}=(1-n)y^{-n}\frac{dy}{dx}.$$

将上述代换代入式(11-27),就得到一阶非齐次线性方程

$$\frac{dz}{dx}+(1-n)P(x)z=(1-n)Q(x).$$

求出此方程的通解后,将 $z=y^{1-n}$ 代入上式,便得到伯努利方程的通解.

例 6 求伯努利方程

$$\frac{dy}{dx}-y=xy^5$$

的通解.

解 令 $z=y^{-4}$,则$\frac{dz}{dx}=-4y^{-5}\frac{dy}{dx}$,原方程可化为

$$\frac{dz}{dx}+4z=-4x,$$

所以
$$z=e^{-\int 4dx}\left[\int(-4x)e^{\int 4dx}dx+C\right]=-x+\frac{1}{4}+Ce^{-4x}.$$

故原方程的通解为

$$\frac{1}{y^4}=-x+\frac{1}{4}+Ce^{-4x} \quad (C\text{ 为任意常数}).$$

注 在例 6 中,原方程另有一个特解 $y=0$.

习题 11-2

1. 求下列微分方程的通解.

(1) $\frac{dy}{dx}=\frac{x^2}{y^2}$;

(2) $\frac{dy}{dx}=\frac{6x^2}{2y+\cos y}$;

(3) $y'=x^2y$.

2. 求下列微分方程满足所给初值条件的特解.

(1) $\frac{dy}{dx}=\frac{x}{y}, y(0)=-3$;

(2) $\frac{dy}{dx}=\frac{\ln x}{xy}, y(1)=2$;

(3) $\frac{dy}{dx}=\frac{2x+\sec^2 x}{2y}, y(0)=-5$;

(4) $y'=\frac{xy\sin x}{y+1}, y(0)=1$.

3. 求解下列齐次方程.

(1) $y'=\frac{y}{x}(1+\ln y-\ln x), y|_{x=1}=\mathrm{e}$;

(2) $xy'+y=2\sqrt{xy}$;

(3) $\frac{y-xy'}{x+yy'}=2, y|_{x=1}=1$.

4. 求解下列一阶线性微分方程.

(1) $xy'+y=2x$;

(2) $x^2y'+xy=1, x>0, y|_{x=1}=2$;

(3) $x^2y'+2xy=\ln x, y|_{x=1}=2$;

(4) $xy'=y+x^2\sin x, y|_{x=\pi}=0$.

5. 用适当的变量代换,将下列微分方程变为可分离变量的微分方程或一阶线性微分方程,然后求出其通解.

(1) $\frac{dy}{dx}=(y-x)^2$;　　(2) $xy'+y=y(\ln x+\ln y)$;

(3) $y'=y^2+2(\sin x-1)y+\sin^2 x-2\sin x-\cos x+1$.

6. 设可导函数 $\varphi(x)$ 满足 $\varphi(x)\cos x+2\int_0^x \varphi(t)\sin t\,dt=x+1$,求 $\varphi(x)$.

第3节　一阶微分方程在经济学中的应用举例

第2节中研究了常见的一阶微分方程的解法. 在经济管理中,经常遇到需要研究各经济变量之间的联系及其变化的内在规律等的问题. 希望下面几个不同的模型,让读者对微分方程在经济管理中的应用有所体会.

例1　设某商品的需求量 Q 对价格 P 的弹性为 $kP(k<0)$,若该商品的最大需求量为 N,试建立需求量 Q 与价格 P 的数学模型;求出需求量 Q 与价格 P 的函数关系;并求当 $k=-\ln 4, N=2\,100, P=1$ 时,市场对该商品的需求量;当价格无限增加时,需求量的变化趋势如何?

解　由已知条件可建立如下数学模型:

$$\frac{P}{Q}\cdot\frac{dQ}{dP}=kP,$$

即
$$\frac{\mathrm{d}Q}{\mathrm{d}P}=kQ,\quad Q|_{P=0}=N.$$
分离变量并求解此微分方程，得
$$\frac{\mathrm{d}Q}{Q}=k\mathrm{d}P,$$
$$Q=C\mathrm{e}^{kP}.$$
由 $Q|_{P=0}=N$，得 $C=N$，故
$$Q=N\mathrm{e}^{kP}.$$
当 $k=-\ln 4, N=2\,100, P=1$ 时，$Q=2\,100\times \mathrm{e}^{-\ln 4}=525$.

显然当 $P\to+\infty$ 时，$Q\to 0$，即随着价格的无限增大，需求量将趋于零.

例 2 已知某厂的纯利润 L 对广告费 x 的变化率与 $A-L$（A 为常数）成正比，且当 $x=0$ 时，$L=L_0$. 试求纯利润 L 与广告费 x 之间的函数关系.

解 由题意可得
$$\frac{\mathrm{d}L}{\mathrm{d}x}=k(A-L),$$
其中，k 为常数，且 $L|_{x=0}=L_0$. 这是一个可分离变量的微分方程，分离变量，得
$$\frac{\mathrm{d}L}{A-L}=k\mathrm{d}x,$$
两端积分，得
$$-\ln(A-L)=kx+\ln C_1,$$
即
$$A-L=C\mathrm{e}^{-kx}\left(\text{其中 } C=\frac{1}{C_1}\right),$$
所以
$$L=A-C\mathrm{e}^{-kx}.$$
由初值条件 $L|_{x=0}=L_0$，解得 $C=A-L_0$.

所以，纯利润 L 与广告费 x 之间的函数关系为
$$L=A-(A-L_0)\mathrm{e}^{-kx}.$$

例 3 以 $x(t)$ 表示 t 时刻的人口总数，$x'(t)$ 表示 t 时刻的人口的增长率. 称 t 时刻的人口增长率 $x'(t)$ 与 t 时刻的人口总数之比 $\frac{x'}{x}$ 为相对增长率. 设 t 时刻的人口出生率为 $p(t)$，死亡率为 $q(t)$，

(1) 试建立人口总数与人口的增长率的数学模型；

(2) 在一定环境下，当人口数量少时，资源相对丰富，出生率增加，死亡率降低；当人口数量增大时，资源相对匮乏，生存环境变差，出生率降低而死亡率增加. 现假设出生率 $p(t)$ 及死亡率 $q(t)$ 都是人口总数的线性函数，请给出人口总数 $x(t)$ 的函数表达式并研究随着时间的增长人口总数的变化趋势.

解 (1) 由已知条件可建立如下数学模型：
$$\frac{x'}{x}=p(t)-q(t),\quad x(0)=x_0.$$
(2) 由于出生率 $p(t)$ 及死亡率 $q(t)$ 都是人口总数的线性函数，故可设

$$p(t)=a-bx(t),\quad q(t)=\alpha-\beta x(t).$$

于是,

$$\frac{x'}{x}=p(t)-q(t)=(a-\alpha)-(b-\beta)x.$$

记 $r=a-\alpha,k=b-\beta$,这里 $r>0,k>0$,则有

$$\frac{x'}{x}=r-kx. \tag{11-28}$$

这是一个可分离变量的微分方程,分离变量,得

$$\frac{\mathrm{d}x}{x(r-kx)}=\mathrm{d}t$$

两端积分,得

$$\ln x-\ln(r-kx)=rt+\ln C,$$

故方程(11-28) 的通解为

$$\frac{x}{r-kx}=Ce^{rt}. \tag{11-29}$$

将初值条件 $x(0)=x_0$ 代入方程(11-29) 可解得

$$C=\frac{x_0}{r-kx_0},$$

从而可得

$$x=\frac{r}{k+\frac{r-kx_0}{x_0}e^{-rt}} \tag{11-30}$$

由方程(11-30) 可知,当 $t\to+\infty$ 时,$x\to\frac{r}{k}$,即人口总数随着时间的增长而趋于稳定. $\frac{r}{k}$ 对应的状态为种群在一定环境下的平衡态. 方程(11-28) 称为自然生长方程,它的解(11-30) 所对应的曲线呈 S 形,称为逻辑斯谛(Logistic) 曲线.

注 习惯上,将

$$\frac{\mathrm{d}x}{\mathrm{d}t}=kx(N-x)\quad(k>0)$$

称为逻辑斯谛**方程**,该方程的解的曲线 $x(t)=\frac{N}{1+Be^{-Nkt}}$ 称为逻辑斯蒂**曲线**. 在经济学、生物学等领域中,常遇到这样的变化规律.

例 4 随着我国经济的高速增长,环境污染问题已成为大家共同关注的问题. 本例说明如何运用微分方程来研究水污染问题.

设某水库的现有库存量为 V(单位:km^3),水库已被严重污染. 经计算,目前污染物总量已达 Q_0(单位:t),且污染物均匀地分散在水中. 如果现已不再向水库排污,清水以不变的速度 r(单位:km^3/a) 流入水库,并立即和水库的水相混合,水库的水也以同样的速度 r 流出. 如果记当前的时刻为 $t=0$(单位:a),

(1) 求经过时间 t,水库中残留污染物的数量 $Q(t)$;

(2) 问需经过多少年才能使水库中污染物的数量降至原来的 10%.

解 (1) 根据题意，$Q(t)$的变化率 $=-$(污染物流出速度)，其中负号表示禁止排污后，Q将随时间逐渐减少. 这时，污染物的质量浓度为 $Q(t)/V$. 因为水库的水以速度 r 流出，所以

$$\text{污染物流出速度} = \text{水流出速度} \times \frac{Q}{V} = \frac{rQ}{V}.$$

由此可得微分方程

$$\frac{dQ}{dt} = -\frac{r}{V}Q.$$

这是一个可分离变量的微分方程，分离变量，得

$$\frac{dQ}{Q} = -\frac{r}{V}dt,$$

对两端积分，得

$$\ln Q = -\frac{r}{V}t + C_1,$$

即

$$Q = Ce^{-\frac{r}{V}t}, \quad C = e^{C_1}.$$

由题意可知，初值条件为$Q|_{t=0} = Q_0$，代入上式，得 $C = Q_0$. 故微分方程的特解为

$$Q = Q_0 e^{-\frac{r}{V}t}.$$

(2) 当污染物降至原来的 10% 时，有 $Q(t) = 0.1Q_0$. 代入上式得

$$0.1Q_0 = Q_0 e^{-\frac{r}{V}t},$$

解得

$$t = -\frac{V}{r}\ln 0.1 \approx \frac{2.30V}{r}.$$

例如，当水库的库存量 $V = 500\ \text{km}^3$，水流入(出)速度为 $r = 150\ \text{km}^3/\text{a}$ 时，可得 $t \approx 7.6$ a.

习题 11-3

1. 令需求与供给函数分别为

$$Q_d = 12 - 2P + P' + 3P'', \quad Q_s = -4 + 6P - P' + 2P''.$$

假设在每一时刻市场均是出清的，价格 P 是时间 t 的函数，初值条件为 $P(0) = 10$，$P'(0) = 4$. 求 $P(t)$.

2. 已知某商品的需求量 D 和供给量 S 都是价格 P 的函数：$D = D(P) = \frac{a}{P^2}$，$S = S(P) = bP$，其中 a 和 b 都是大于 0 的常数，价格 P 是时间 t 的函数，且满足方程$\frac{dP}{dt} = k[D(P) - S(P)]$($k$ 为正的常数).

假设当 $t = 0$ 时价格为 1，试求：

(1) 需求量等于供给量时的均衡价格 P_e；

(2) 价格函数 $P(t)$；

(3) 极限$\lim\limits_{t\to\infty}P(t)$.

3. [马尔萨斯(Malthus)模型] 英国人口统计学家马尔萨斯(1766—1834)通过查看 100 多年的人口出生统计资料，发现人口出生率是一个常数. 他于 1798 年在《人口原理》一书中提出了闻名于世的马尔萨斯模型. 他的基本假设是：在人口自然增长过程中，净相对增长率(出生率与死亡率之差)是常数，即单位时间内人口的增长量与人口成正比，比例系数设为 r. 在此假设下，请推导人口随时间变化的数学模型(只考虑增长率，其他因素的影响暂不考虑).

4. 每年的大学毕业生(含硕士、博士研究生)中都要有一定比例的人员充实教师队伍,其余的从事科技管理方面的工作. 设 t 年时教师人数为 $x_1(t)$,科技管理人员人数为 $x_2(t)$;又设一个教师每年平均培养 α 个毕业生,每年退休、死亡或调出教师人员的比例为 $\lambda(0<\lambda<1)$,每年毕业生中从事教师职业的比例为 $\beta(0<\beta<1)$. 试建立教师人数 $x_1(t)$、科技管理人员人数 $x_2(t)$ 的数学模型,给出 $x_1(t)$,$x_2(t)$ 的函数表达式,并研究随着时间的增长对应的变化趋势(当 $\beta=1$ 和 $\beta\to 0$ 时).

第4节　可降阶的高阶微分方程

第2节中讨论了几种常见的一阶微分方程,从本节起,将讨论二阶及二阶以上的微分方程,即**高阶微分方程**.

对于有些简单的高阶微分方程,可以考虑通过代换将它化为较低阶的微分方程来求解. 例如,对二阶微分方程

$$y''=f(x,y,y'),\tag{11-31}$$

如果能设法用代换将它从二阶降至一阶,那么就有可能应用第2节中所给的方法求解.

可降阶的微分方程

下面介绍3种容易降阶的高阶微分方程的形式及解法.

一、$y^{(n)}=f(x)$ 型的微分方程

微分方程

$$y^{(n)}=f(x)\tag{11-32}$$

的右端仅含自变量 x. 对方程两端积分,得到一个 $n-1$ 阶微分方程

$$y^{(n-1)}=\int f(x)\mathrm{d}x+C_1,$$

再次积分,得到一个 $n-2$ 阶微分方程

$$y^{(n-2)}=\int\left[\int f(x)\mathrm{d}x+C_1\right]\mathrm{d}x+C_2,$$

按此方法积分 n 次,便得到方程(11-32)的含有 n 个任意常数的通解.

例

例1　求微分方程 $y'''=x^2+\sin x$ 的通解.

解　对所给微分方程连续进行三次积分,得

$$y''=\frac{1}{3}x^3-\cos x+C,$$

$$y'=\frac{1}{12}x^4-\sin x+Cx+C_2,$$

$$y=\frac{1}{60}x^5+\cos x+C_1x^2+C_2x+C_3\quad\left(C_1=\frac{C}{2},C_2,C_3\text{ 为任意常数}\right),$$

这就是方程的通解.

例2　汽车在平直的高速公路上以30 m/s的速度行驶,前方有紧急情况需要停车. 已知汽车刹车时获得加速度 $-0.6\ \mathrm{m/s^2}$,问汽车开始刹车后经过多长时间才能停住?汽车刹车的距离是多少?

解 令 $s=s(t)$ 表示 t 时刻汽车的位移.由题意可得微分方程

$$\frac{\mathrm{d}^2 s}{\mathrm{d}t^2}=-0.6,$$

且有初值条件 $s(0)=0, v(0)=\left.\frac{\mathrm{d}s}{\mathrm{d}t}\right|_{t=0}=30.$

对所得微分方程两端积分,得

$$\frac{\mathrm{d}s}{\mathrm{d}t}=-0.6t+C_1,$$

将 $v(0)=\left.\frac{\mathrm{d}s}{\mathrm{d}t}\right|_{t=0}=30$ 代入上式得 $C_1=30$.所以有

$$\frac{\mathrm{d}s}{\mathrm{d}t}=-0.6t+30.$$

对上式两端积分,得

$$s=-0.3t^2+30t+C_2,$$

又已知 $s(0)=0$,代入上式得 $C_2=0$.故所得方程的特解为

$$s=-0.3t^2+30t.$$

再由 $v(t)=\frac{\mathrm{d}s}{\mathrm{d}t}=-0.6t+30=0$,可得 $t=50$.也就是说,开始刹车后经过 50 s 才能停住.汽车刹车的距离为

$$s=s(50)=(-0.3\times 50^2+30\times 50)\ \mathrm{m}=750\ \mathrm{m}.$$

二、$y''=f(x,y')$ 型的微分方程

方程

$$y''=f(x,y') \tag{11-33}$$

的右端不显含未知函数 y.令 $y'=p(x)$,则 $y''=\frac{\mathrm{d}p}{\mathrm{d}x}=p'$,方程(11-33)就变为

$$p'=f(x,p).$$

这是一个关于变量 x,p 的一阶微分方程.设其通解为

$$p=\varphi(x,C_1).$$

由于 $p=\frac{\mathrm{d}y}{\mathrm{d}x}$,得一阶微分方程

$$\frac{\mathrm{d}y}{\mathrm{d}x}=\varphi(x,C_1).$$

对上式两端积分,得方程(11-33)的通解为

$$y=\int\varphi(x,C_1)\mathrm{d}x+C_2\quad(C_1,C_2\text{ 为任意常数}).$$

例 3 求微分方程 $y''=y'+x$ 的通解.

解 所给方程不显含 y,令 $y'=p$,则 $y''=p'$,代入原方程,得

$$p'-p=x.$$

由式(11-25)可得

$$y' = p = e^{\int dx}\left(\int x e^{-\int dx} dx + C_1\right)$$
$$= C_1 e^x - x - 1.$$

对上式两端积分,得所求方程的通解为

$$y = C_1 e^x - \frac{x^2}{2} - x + C_2 \quad (C_1, C_2 \text{ 为任意常数}).$$

三、$y'' = f(y, y')$ 型的微分方程

方程

$$y'' = f(y, y') \tag{11-34}$$

的右端不显含自变量 x. 令 $y' = p(y)$,则 $y'' = \frac{dp}{dy} \cdot \frac{dy}{dx} = p \cdot \frac{dp}{dy}$,方程(11-34)变为

$$p \frac{dp}{dy} = f(y, p).$$

这是一个关于变量 y, p 的一阶微分方程. 设其通解为

$$p = \varphi(y, C_1).$$

由于 $p = \frac{dy}{dx}$,得一阶微分方程

$$\frac{dy}{dx} = \varphi(y, C_1).$$

分离变量后再积分,得方程(11-34)的通解为

$$\int \frac{dy}{\varphi(y, C_1)} = x + C_2 \quad (C_1, C_2 \text{ 为任意常数}).$$

可降阶的高阶微分方程的常见问题

例 4 求微分方程 $y'' = 2yy'$ 满足初值条件 $y|_{x=0} = -1, y'|_{x=0} = 1$ 的特解.

解 所给方程不显含 x,令 $y' = p$,则

$$y'' = \frac{dp}{dx} = \frac{dp}{dy} \cdot \frac{dy}{dx} = p \frac{dp}{dy},$$

代入所给微分方程,得

$$p \frac{dp}{dy} = 2yp,$$

即

$$\frac{dp}{dy} = 2y.$$

分离变量,解得

$$p = y^2 + C_1.$$

将初值条件 $y|_{x=0} = -1, y'|_{x=0} = 1$ 代入上式,得 $C_1 = 0$. 故

$$\frac{dy}{dx} = p = y^2.$$

上式分离变量,两端积分,得

$$y = -\frac{1}{x + C_2}.$$

将初值条件 $y|_{x=0} = -1$ 代入上式,得 $C_2 = 1$.

从而,所求的特解为

$$y = -\frac{1}{x + 1}.$$

习题 11－4

1. 求下列微分方程的通解.

(1) $y'''=xe^x$；　　(2) $xy''+y'=0$；

(3) $y''+y'^2+1=0$；　　(4) $xy''=y'(\ln y'-\ln x)$；

(5) $y''=(y')^3+y'$.

2. 求下列方程满足初值条件的特解.

(1) $yy''+y'^2=0, y|_{x=0}=1, y'|_{x=0}=\frac{1}{2}$；

(2) $y^3y''+1=0, y|_{x=1}=1, y'|_{x=1}=0$；

(3) $y''-ay'^2=0, y|_{x=0}=0, y'|_{x=0}=-1$；

(4) $y''=\frac{3}{2}y^2, y|_{x=0}=1, y'|_{x=0}=1$.

3. 试求 $y''=6x$ 的经过点 $M(0,-3)$ 且在此点与直线 $y=2x-3$ 相切的积分曲线方程.

第 5 节　二阶常系数线性微分方程

本节讨论高阶线性微分方程，首先讨论它的解的结构，再讨论它的解法. 由于二阶线性微分方程是实际问题中最常见的类型，下面以二阶线性微分方程解的结构为主进行讨论.

n 阶线性微分方程的一般形式为

$$y^{(n)}+a_1(x)y^{(n-1)}+\cdots+a_{n-1}(x)y'+a_n(x)y=f(x),$$

其中，$a_1(x),\cdots,a_{n-1}(x),a_n(x),f(x)$ 是在某一区间 (a,b) 上连续的函数. 由于该方程中未知函数 y 和未知函数的各阶导数 $y',y'',\cdots,y^{(n)}$ 都是一次的，故称为线性的. 如果 $f(x)\equiv 0$，该方程称为 **n 阶齐次线性微分方程**；如果 $f(x)\not\equiv 0$，该方程称为 **n 阶非齐次线性微分方程**. 如果系数 $a_1(x),a_{n-1}(x),\cdots,a_n(x)$ 都为常数，该方程称为常系数线性微分方程；否则，称为变系数线性微分方程.

一、二阶线性微分方程解的结构

形如

$$\frac{d^2y}{dx^2}+P(x)\frac{dy}{dx}+Q(x)y=f(x) \tag{11-35}$$

的方程称为**二阶非齐次线性微分方程**.

当 $f(x)\equiv 0$ 时，即

$$\frac{d^2y}{dx^2}+P(x)\frac{dy}{dx}+Q(x)y=0, \tag{11-36}$$

该方程称为**二阶齐次线性微分方程**.

定理 1　**如果函数 $y_1(x)$ 与 $y_2(x)$ 是方程(11-36)的两个解，则**

$$y=C_1y_1(x)+C_2y_2(x) \tag{11-37}$$

也是方程(11-36)的解，其中 C_1,C_2 是任意常数.

证 将式(11-37)代入方程(11-36)的左端,得

$$(C_1y_1''+C_2y_2'')+P(x)(C_1y_1'+C_2y_2')+Q(x)(C_1y_1+C_2y_2)$$
$$=C_1[y_1''+P(x)y_1'+Q(x)y_1]+C_2[y_2''+P(x)y_2'+Q(x)y_2].$$

由于 $y_1(x)$ 与 $y_2(x)$ 是方程的解,上式右端括号里的表达式都为零,即上式等于零,所以式(11-37)是方程(11-36)的解.

齐次方程的这条性质表明它的解符合**叠加原理**.

不过还需要注意的是,式(11-37)从形式上看含有两个任意常数 C_1 和 C_2,但它不一定是方程(11-36)的通解,因为 C_1 和 C_2 不一定是两个独立的任意常数.例如,若 $y_2=4y_1$,则式(11-37)变为 $y=(C_1+4C_2)y_1=Cy_1$,即 C_1 和 C_2 可以合并为一个常数,这显然不可能是方程(11-36)的通解.那么,式(11-37)在什么情况下才是方程(11-36)的通解呢?为解决这个问题,先引入两个新的概念,即**线性相关**与**线性无关**.

设 $y_1(x),y_2(x),\cdots,y_n(x)$ 为定义在区间 I 上的 n 个函数,若存在 n 个不全为零的常数 $k_1,k_2,\cdots,k_n$,使得当 $x\in I$ 时,有恒等式

$$k_1y_1(x)+k_2y_2(x)+\cdots+k_ny_n(x)\equiv 0$$

成立,那么称这 n 个函数在区间 I 上**线性相关**;否则,称这 n 个函数在区间 I 上**线性无关**.

例如,函数 $1,\sec^2x,\tan^2x$ 在整个数轴上是线性相关的,因为存在三个不全为零的数 $k_1=1,k_2=-1,k_3=1$,使得

$$1-\sec^2x+\tan^2x\equiv 0.$$

又如,x,x^2,x^3 在任何区间上都线性无关.因为要使

$$k_1x+k_2x^2+k_3x^3\equiv 0,$$

必有 $k_1=k_2=k_3=0$.

特别地,对于两个函数,只要它们的比为常数,它们就线性相关,否则它们线性无关.即两个函数 $y_1(x)$ 与 $y_2(x)$ 线性无关的充要条件为 $\dfrac{y_1(x)}{y_2(x)}\neq$ 常数.

由此,二阶齐次线性微分方程的通解的结构定理可表述如下.

定理2 **如果函数 $y_1(x)$ 与 $y_2(x)$ 是方程(11-36)的两个线性无关的特解,则**

$$y=C_1y_1(x)+C_2y_2(x)\quad(C_1,C_2\ \text{是任意常数})$$

就是方程(11-36)的通解.

例如,方程 $y''+9y=0$ 是二阶齐次线性微分方程,容易验证 $y_1=\sin 3x$ 与 $y_2=\cos 3x$ 是该方程的两个解,且 $\dfrac{y_1}{y_2}=\tan 3x$ 不是常数,即 y_1,y_2 线性无关,所以

$$y=C_1\sin 3x+C_2\cos 3x\quad(C_1,C_2\ \text{是任意常数})$$

为方程 $y''+9y=0$ 的通解.

由本章第2节可知,一阶非齐次线性微分方程的通解由两部分构成:一部分为对应的齐次方程的通解,另一部分是所给非齐次方程自身的一个特解.实际上,不仅一阶线性微分方程的通解有这样的结构,而且二阶以及更高阶的非齐次线性微分方程的通解也具有同样的结构.

定理 3　设 $y^*(x)$ 是二阶非齐次线性微分方程(11-35)的一个特解，$Y(x)$ 是与方程(11-35)对应的齐次方程(11-36)的通解，则

$$y = Y(x) + y^*(x) \tag{11-38}$$

是二阶非齐次线性微分方程(11-35)的通解.

二阶线性微分方程的通解结构常见问题

证　将式(11-38)代入方程(11-35)的左端，得

$$\begin{aligned}&(Y'' + y^{*\prime\prime}) + P(x)(Y' + y^{*\prime}) + Q(x)(Y + y^*)\\ &= [Y'' + P(x)Y' + Q(x)Y] + [y^{*\prime\prime} + P(x)y^{*\prime} + Q(x)y^*]\\ &= 0 + f(x) = f(x).\end{aligned}$$

显然，$y = Y(x) + y^*(x)$ 能使方程(11-35)恒成立，因此是方程(11-35)的解.又由于 $Y(x)$ 中含有两个独立的任意常数，因此 $y = Y(x) + y^*(x)$ 中也含有两个独立的任意常数，所以它是方程(11-35)的通解.

例如，方程 $y'' + 9y = 9x^2 + 18x + 2$ 是二阶非齐次方程，已知 $y = C_1\sin 3x + C_2\cos 3x$ 是其对应的齐次方程的通解，又容易验证 $y^* = x^2 + 2x$ 是所给方程的一个特解，因此

$$y = C_1\sin 3x + C_2\cos 3x + x^2 + 2x \quad (C_1, C_2 \text{ 为任意常数})$$

是所给方程 $y'' + 9y = 9x^2 + 18x + 2$ 的通解.

定理 4　设二阶非齐次线性微分方程(11-35)的右端 $f(x)$ 是几个函数之和，如

$$y'' + P(x)y' + Q(x)y = f_1(x) + f_2(x),$$

而 $y_1^*(x)$ 和 $y_2^*(x)$ 分别是方程

$$y'' + P(x)y' + Q(x)y = f_1(x)$$

与

$$y'' + P(x)y' + Q(x)y = f_2(x)$$

的特解，则 $y_1^*(x) + y_2^*(x)$ 就是原方程的一个特解.

这一定理称为非齐次线性微分方程的解的叠加原理.

二阶线性微分方程的解的结构定理可以推广到 n 阶线性微分方程的情况.下面进行简单的叙述.

定理 5　设 $y_1(x), y_2(x), \cdots, y_n(x)$ 是 n 阶齐次线性微分方程

$$y^{(n)} + a_1(x)y^{(n-1)} + \cdots + a_{n-1}(x)y' + a_n(x)y = 0 \tag{11-39}$$

的 n 个线性无关的解，则

$$Y = C_1y_1(x) + C_2y_2(x) + \cdots + C_ny_n(x) \quad (C_1, C_2, \cdots, C_n \text{ 为任意常数})$$

为方程(11-39)的通解.

定理 6　若 $y^*(x)$ 是非齐次线性微分方程

$$y^{(n)} + a_1(x)y^{(n-1)} + \cdots + a_{n-1}(x)y' + a_n(x)y = f(x) \tag{11-40}$$

的一个特解，$Y = C_1y_1(x) + C_2y_2(x) + \cdots + C_ny_n(x)$ 是对应的 n 阶齐次线性微分方程(11-39)的通解，则

$$y = C_1y_1(x) + C_2y_2(x) + \cdots + C_ny_n(x) + y^*(x)$$
$$(C_1, C_2, \cdots, C_n \text{ 为任意常数})$$

是方程(11-40)的通解.

二、二阶常系数齐次线性微分方程

在二阶齐次线性微分方程(11-36)中,如果 $P(x)$ 和 $Q(x)$ 均为常数,即方程(11-36)变为

$$y''+py'+qy=0, \tag{11-41}$$

其中,p,q 是常数,则称方程(11-41)为**二阶常系数齐次线性微分方程**.

由本节定理2可知,只要找出方程(11-41)的两个线性无关的特解,就可以写出方程(11-41)的通解.

方程(11-41)的左端是 y'',py',qy 三项之和,右端为0.如果能找到一个函数 $y(x)\neq 0$,使得 $y'=by$,$y''=ay$,且 $a+pb+q=0$,则该函数为方程(11-41)的解.

什么样的函数满足它的各阶导数与自身只相差一个常系数?自然会想到指数函数 $y=e^{rx}$,r 为常数.将它代入方程(11-41),得

$$e^{rx}(r^2+pr+q)=0,$$

由于 $e^{rx}\neq 0$,必有

$$r^2+pr+q=0. \tag{11-42}$$

这就是说,如果 r 是方程(11-42)的根,则 $y=e^{rx}$ 一定是方程(11-41)的解.称方程(11-42)为微分方程(11-41)的**特征方程**,特征方程的根称为**特征根**.

二阶常系数齐次线性微分方程的解法

方程(11-42)是一个二次代数方程,按照根的判别式 p^2-4q 的符号,它的根有三种情况,即两个不同实根、二重实根和一对共轭复根.因此,方程(11-41)的通解也相应地有三种情况.下面就这三种情况分别加以讨论.

(1) 当 $p^2-4q>0$ 时,方程(11-42)有两个不等的实根,且

$$r_1=\frac{-p-\sqrt{p^2-4q}}{2},\quad r_2=\frac{-p+\sqrt{p^2-4q}}{2}.$$

这时,函数 $y_1=e^{r_1x}$,$y_2=e^{r_2x}$ 是方程(11-41)的两个解.由于它们之比不等于常数,所以它们线性无关.因此,方程(11-41)的通解为

$$y=C_1e^{r_1x}+C_2e^{r_2x}\quad (C_1,C_2\text{ 为任意常数}).$$

(2) 当 $p^2-4q=0$ 时,方程(11-42)有两个相等的实根,且 $r_1=r_2=-\dfrac{p}{2}$.这时得到方程(11-41)的一个特解 $y_1=e^{r_1x}$.因此,还需要找另一个特解.

由于另一个特解 y_2 应满足$\dfrac{y_2}{y_1}$不为常数,所以$\dfrac{y_2}{y_1}$应是 x 的某个函数,设$\dfrac{y_2}{y_1}=u(x)$,即 $y_2=u(x)e^{r_1x}$,其中 $u(x)$ 为待定函数.将 $y_2=u(x)e^{r_1x}$ 代入方程(11-41)得

$$e^{r_1x}[(u''+2r_1u'+r_1^2u)+p(u'+r_1u)+qu]=0,$$

即

$$u''+(2r_1+p)u'+(r_1^2+pr_1+q)u=0.$$

由于 r_1 是方程(11-42)的二重根,所以 $2r_1+p=0$,$r_1^2+pr_1+q=0$.于是,$u''=0$.

满足上式的 $u(x)$ 很多,取其中一个简单的非常数函数 $u(x)=x$,则 $y_2=xe^{r_1x}$ 是方程(11-41)的另一个与 $y_1=e^{r_1x}$ 线性无关的解.所以方程(11-41)的通解为

$$y=C_1e^{r_1x}+C_2xe^{r_1x}=(C_1+C_2x)e^{r_1x}\quad (C_1,C_2\text{ 为任意常数}).$$

(3) 当 $p^2-4q<0$ 时，方程(11-42) 有一对共轭复根，且

$$r_1=\alpha+\mathrm{i}\beta,\quad r_2=\alpha-\mathrm{i}\beta\quad(\beta\neq 0).$$

这时，$y_1=\mathrm{e}^{(\alpha+\mathrm{i}\beta)x}$，$y_2=\mathrm{e}^{(\alpha-\mathrm{i}\beta)x}$ 是微分方程(11-41) 的两个线性无关的特解，但它们是复数值函数形式. 为了得出实数值函数形式，利用欧拉(Euler) 公式

$$\mathrm{e}^{\mathrm{i}\theta}=\cos\theta+\mathrm{i}\sin\theta,$$

将 y_1，y_2 改写为

$$y_1=\mathrm{e}^{(\alpha-\mathrm{i}\beta)x}=\mathrm{e}^{\alpha x}(\cos\beta x+\mathrm{i}\sin\beta x),$$
$$y_2=\mathrm{e}^{(\alpha+\mathrm{i}\beta)x}=\mathrm{e}^{\alpha x}(\cos\beta x-\mathrm{i}\sin\beta x).$$

由本节定理 1 可知，

$$\overline{y}_1=\frac{1}{2}(y_1+y_2)=\mathrm{e}^{\alpha x}\cos\beta x,$$

$$\overline{y}_2=\frac{1}{2\mathrm{i}}(y_1-y_2)=\mathrm{e}^{\alpha x}\sin\beta x,$$

仍然是方程(11-41) 的解. 又因为 $\dfrac{\overline{y}_1}{\overline{y}_2}=\dfrac{\mathrm{e}^{\alpha x}\cos\beta x}{\mathrm{e}^{\alpha x}\sin\beta x}=\cot\beta x$ 不是常数，所以方程(11-41) 的通解为

$$y=\mathrm{e}^{\alpha x}(C_1\cos\beta x+C_2\sin\beta x)\quad(C_1,C_2\text{ 为任意常数}).$$

综上所述，求二阶常系数齐次线性微分方程

$$y''+py'+qy=0\tag{11-41}$$

的通解的步骤如下.

① 写出方程(11-41) 的特征方程 $r^2+pr+q=0$；

② 求出特征方程的两个根 r_1 和 r_2；

③ 根据特征方程的两个根的不同情形，按照表 11-1 所示写出方程(11-41) 的通解.

表 11-1

特征方程 $r^2+pr+q=0$ 的两个特征根 r_1，r_2	微分方程 $y''+py'+qy=0$ 的通解
两个不相等的实根 r_1，r_2	$y=C_1\mathrm{e}^{r_1x}+C_2\mathrm{e}^{r_2x}$
两个相等的实根 $r_1=r_2$	$y=(C_1+C_2x)\mathrm{e}^{r_1x}$
一对共轭复根 $r_{1,2}=\alpha\pm\mathrm{i}\beta$	$y=\mathrm{e}^{\alpha x}(C_1\cos\beta x+C_2\sin\beta x)$

例

例 1 求下列微分方程的通解：

(1) $y''-5y'+6y=0$； (2) $y''+4y'+4y=0$；

(3) $y''-2y'+5y=0$.

解 (1) 所给微分方程的特征方程为

$$r^2-5r+6=0.$$

它有两个不相等的实根 $r_1=2$，$r_2=3$，因此所求微分方程的通解为

$$y=C_1\mathrm{e}^{2x}+C_2\mathrm{e}^{3x}.$$

(2) 所给微分方程的特征方程为

$$r^2+4r+4=0.$$

它有两个相等的实根 $r_1=r_2=-2$,因此所求微分方程的通解为

$$y=(C_1+C_2x)e^{-2x}.$$

(3) 所给微分方程的特征方程为

$$r^2-2r+5=0.$$

它有一对共轭复根 $r_{1,2}=1\pm 2i$,因此所求微分方程的通解为

$$y=e^x(C_1\cos 2x+C_2\sin 2x)\quad (C_1,C_2\text{ 为任意常数}).$$

例 2 求解初值问题

$$\begin{cases} y''-4y'+4y=0, \\ y(0)=1, y'(0)=1. \end{cases}$$

解 特征方程为

$$r^2-4r+4=0.$$

特征方程有两个相等的实根 $r_1=r_2=2$,

所以所求微分方程的通解为

$$y=(C_1+C_2x)e^{2x}.$$

对上式求导得

$$y'=2e^{2x}(C_1+C_2x)+C_2e^{2x}.$$

将初值条件分别代入上面两式,解得 $C_1=1, C_2=-1$.

故该初值问题的解为

$$y=e^{2x}(1-x).$$

微分方程通解中任意常数的确定常见问题

三、二阶常系数非齐次线性微分方程

二阶常系数非齐次线性微分方程的一般形式是

$$y''+py'+qy=f(x), \tag{11-43}$$

其对应的齐次方程为

$$y''+py'+qy=0.$$

由本节定理 3 可知,求二阶常系数非齐次线性微分方程的通解,只要求出它的一个特解 y^* 和其对应的齐次方程的通解 Y,两者相加后,就得到非齐次线性微分方程(11-43)的通解.由于上面已经讨论了齐次线性方程的通解,因此,在这里主要讨论求非齐次线性方程的一个特解 y^* 的方法.

下面只讨论当方程(11-43)中的 $f(x)$ 为两种常见形式时求 y^* 的方法.这种方法的特点是不用积分就可以求出 y^*,称其为**待定系数法**.

1. $f(x)=P_m(x)e^{\lambda x}$ 型

在这里 λ 为常数,$P_m(x)$ 是 x 的 m 次多项式,即

$$P_m(x)=a_0x^m+a_1x^{m-1}+\cdots+a_{m-1}x+a_m.$$

由于多项式和指数函数的乘积的导数仍然是多项式和指数函数的乘积,因此可以设方程(11-43)的特解的形式为

二阶常系数非齐次线性微分方程的解法

$$y^* = Q(x)e^{\lambda x},$$

其中,$Q(x)$ 是多项式,其系数待定.

由于
$$y^{*\prime} = e^{\lambda x}[\lambda Q(x) + Q'(x)],$$
$$y^{*\prime\prime} = e^{\lambda x}[\lambda^2 Q(x) + 2\lambda Q'(x) + Q''(x)],$$

代入方程(11-43)并消去 $e^{\lambda x}$,得

$$Q''(x) + (2\lambda + p)Q'(x) + (\lambda^2 + p\lambda + q)Q(x) = P_m(x). \quad (11\text{-}44)$$

(1) 如果 λ 不是特征方程 $r^2 + pr + q = 0$ 的根,即 $\lambda^2 + p\lambda + q \neq 0$,由于 $P_m(x)$ 是一个 m 次多项式,要使方程(11-44)两端恒等,$Q(x)$ 应是一个 m 次多项式. 设

$$Q(x) = Q_m(x) = b_0 x^m + b_1 x^{m-1} + \cdots + b_{m-1}x + b_m.$$

代入方程(11-44),比较两端的同次幂的系数,求出 $b_0, b_1, \cdots, b_m$,就得到所求特解 $y^* = Q_m(x)e^{\lambda x}$.

(2) 如果 λ 是特征方程 $r^2 + pr + q = 0$ 的单根,即 $\lambda^2 + p\lambda + q = 0$,但 $2\lambda + p \neq 0$,要使方程(11-44)两端恒等,则 $Q'(x)$ 应是一个 m 次多项式. 此时,可令

$$Q(x) = xQ_m(x),$$

用同样的方法求出 $b_0, b_1, \cdots, b_m$,就得到所求特解 $y^* = xQ_m(x)e^{\lambda x}$.

(3) 如果 λ 是特征方程 $r^2 + pr + q = 0$ 的重根,即 $\lambda^2 + p\lambda + q = 0$,且 $2\lambda + p = 0$,要使方程(11-44)两端恒等,则 $Q''(x)$ 应是一个 m 次多项式. 此时,可令

$$Q(x) = x^2 Q_m(x),$$

用同样的方法确定 $Q_m(x)$ 的系数,就得到所求特解 $y^* = x^2 Q_m(x)e^{\lambda x}$.

综上所述,可以得出以下结论.

如果 $f(x) = P_m(x)e^{\lambda x}$,微分方程(11-43)具有如下形式的特解

$$y^* = x^k Q_m(x)e^{\lambda x}, \quad (11\text{-}45)$$

其中,$Q_m(x)$ 是与 $P_m(x)$ 同次幂的多项式,而 k 按 λ 不是特征方程的根、λ 是特征方程的单根、λ 是特征方程的重根分别取 0,1,2.

例

例 3 求微分方程

$$y'' - 5y' + 6y = 6x^2 - 10x + 2$$

的通解.

解 (1) 先求对应的齐次方程的通解.

特征方程为 $r^2 - 5r + 6 = 0$,特征根为 $r_1 = 2, r_2 = 3$. 因此,对应的齐次方程的通解为

$$Y = C_1 e^{2x} + C_2 e^{3x}.$$

(2) 再求非齐次方程的一个特解.

由于 $f(x) = 6x^2 - 10x + 2$,故 $\lambda = 0, m = 2$. $\lambda = 0$ 不是特征根,因而设非齐次方程的特解为

$$y^* = ax^2 + bx + c,$$

代入原方程,得

$$6ax^2 + (6b - 10a)x + 2a - 5b + 6c = 6x^2 - 10x + 2.$$

比较上式两端 x 的同次幂的系数,得

$$\begin{cases}6a=6,\\6b-10a=-10,\\2a-5b+6c=2,\end{cases}$$

解方程组得 $a=1,b=0,c=0$. 故所求方程的一个特解为 $y^*=x^2$.

(3) 写出方程的通解.

原方程的通解为 $y=C_1\mathrm{e}^{2x}+C_2\mathrm{e}^{3x}+x^2$ (C_1,C_2 为任意常数).

例 4 求微分方程 $y''-4y=\mathrm{e}^{2x}$ 的通解.

解 对应的齐次方程的特征方程为 $r^2-4=0$,得特征根 $r_1=-2,r_2=2$. 因此,齐次方程的通解为

$$Y=C_1\mathrm{e}^{-2x}+C_2\mathrm{e}^{2x}.$$

由于右端 $f(x)=\mathrm{e}^{2x}$,即 $m=0,\lambda=2$. $\lambda=2$ 是特征方程的单根,因而设非齐次方程的特解为

$$y^*=ax\mathrm{e}^{2x},$$

代入原方程,解得 $a=\frac{1}{4}$. 故所求方程的一个特解为 $y^*=\frac{1}{4}x\mathrm{e}^{2x}$.

所以,原方程的通解为

$$y=C_1\mathrm{e}^{-2x}+C_2\mathrm{e}^{2x}+\frac{1}{4}x\mathrm{e}^{2x}\quad (C_1,C_2\text{ 为任意常数}).$$

2. $f(x)=\mathrm{e}^{\lambda x}[P_l(x)\cos\omega x+P_n(x)\sin\omega x]$型

应用欧拉公式,将三角函数表示为复变指数函数的形式,得

$$\begin{aligned}f(x)&=\mathrm{e}^{\lambda x}[P_l\cos\omega x+P_n\sin\omega x]\\&=\mathrm{e}^{\lambda x}\left[P_l\frac{\mathrm{e}^{\mathrm{i}\omega x}+\mathrm{e}^{-\mathrm{i}\omega x}}{2}+P_n\frac{\mathrm{e}^{\mathrm{i}\omega x}-\mathrm{e}^{-\mathrm{i}\omega x}}{2\mathrm{i}}\right]\\&=\left(\frac{P_l}{2}+\frac{P_n}{2\mathrm{i}}\right)\mathrm{e}^{(\lambda+\mathrm{i}\omega)x}+\left(\frac{P_l}{2}-\frac{P_n}{2\mathrm{i}}\right)\mathrm{e}^{(\lambda-\mathrm{i}\omega)x}\\&=P(x)\mathrm{e}^{(\lambda+\mathrm{i}\omega)x}+\overline{P}(x)\mathrm{e}^{(\lambda-\mathrm{i}\omega)x},\end{aligned}$$

其中,$P(x)=\frac{P_l}{2}+\frac{P_n}{2\mathrm{i}}=\frac{P_l}{2}-\frac{P_n}{2}\mathrm{i}$,$\overline{P}(x)=\frac{P_l}{2}-\frac{P_n}{2\mathrm{i}}=\frac{P_l}{2}+\frac{P_n}{2}\mathrm{i}$ 是一对共轭的 m 次多项式,而 $m=\max\{l,n\}$.

由本节定理 4 可知,要求出方程(11-43)的特解 y^*,只需求出下面两个方程

$$y''+py'+q=P(x)\mathrm{e}^{(\lambda+\mathrm{i}\omega)x},\tag{11-46}$$

$$y''+py'+q=\overline{P}(x)\mathrm{e}^{(\lambda-\mathrm{i}\omega)x}\tag{11-47}$$

的特解 y_1^* 和 y_2^*. 由于 $P(x)\mathrm{e}^{(\lambda+\mathrm{i}\omega)x}$ 和 $\overline{P}(x)\mathrm{e}^{(\lambda-\mathrm{i}\omega)x}$ 共轭,再应用上面的结果,可以设方程(11-46)和方程(11-47)的特解分别为 $y_1^*=x^kQ_m(x)\mathrm{e}^{(\lambda+\omega\mathrm{i})x}$ 和 $y_2^*=x^k\overline{Q}_m(x)\mathrm{e}^{(\lambda-\omega\mathrm{i})x}$,这里 $Q_m(x)$ 和 $\overline{Q}_m(x)$ 是共轭的 m 次多项式,$m=\max\{l,n\}$,k 根据 $\lambda\pm\omega\mathrm{i}$ 不是特征方程的根或是特征方程的根分别取 0 或 1. 显然

$$y^*=x^kQ_m(x)\mathrm{e}^{(\lambda+\omega\mathrm{i})x}+x^k\overline{Q}_m(x)\mathrm{e}^{(\lambda-\omega\mathrm{i})x}$$

$$= x^k e^{\lambda x}[Q_m(x)e^{i\omega x} + \overline{Q}_m(x)e^{-i\omega x}]$$

$$= x^k e^{\lambda x}[Q_m(x)(\cos \omega x + i\sin \omega x) + \overline{Q}_m(x)(\cos \omega x - i\sin \omega x)].$$

由于括号内的两项共轭，相加后无虚部，所以可以写成实函数的形式

$$y^* = x^k e^{\lambda x}[R_m^{(1)}(x)\cos \omega x + R_m^{(2)}(x)\sin \omega x], \qquad (11\text{-}48)$$

其中，$R_m^{(1)}(x)$，$R_m^{(2)}(x)$ 是 m 次多项式，$m = \max\{l,n\}$，k 根据 $\lambda \pm \omega i$ 不是特征方程的根或是特征方程的根分别取 0 或 1.

上述结论可以推广到 n 阶常系数非齐次线性微分方程，式(11.48) 中的 k 是特征方程含根 $\lambda \pm \omega i$ 的重复次数.

例

例 5 求微分方程 $y'' + 2y' = 4e^x(\sin x + \cos x)$ 的通解.

解 所求方程中 $f(x) = 4e^x(\sin x + \cos x)$，则 $\lambda = 1, \omega = 1, P_l(x) = P_n(x) = 1$.
所求方程对应的齐次方程的特征方程为 $r^2 + 2r = 0$，解得 $r_1 = 0, r_2 = -2$，则对应的齐次方程的通解为 $Y = C_1 + C_2 e^{-2x}$.

由于 $\lambda \pm i\omega = 1 \pm i$ 不是特征根，$l = n = 0$，所以设特解为

$$y^* = e^x(a\sin x + b\cos x).$$

将上式代入所求方程，比较系数得 $a = \dfrac{6}{5}, b = -\dfrac{2}{5}$.

于是，所求方程的一个特解为

$$y^* = \frac{e^x}{5}(6\sin x - 2\cos x).$$

所以，所求方程的通解为

$$y = C_1 + C_2 e^{-2x} + \frac{e^x}{5}(6\sin x - 2\cos x) \quad (C_1, C_2 \text{ 为任意常数}).$$

例 6 求微分方程 $y'' + y' - 2y = e^x(\cos x - 7\sin x)$ 的通解.

解 所求方程中 $f(x) = e^x(\cos x - 7\sin x)$，则 $\lambda = 1, \omega = 1, P_l(x) = 1, P_n(x) = -7$.

所求方程对应的齐次方程的特征方程为 $r^2 + r - 2 = 0$，得特征根 $r_1 = 1, r_2 = -2$，则对应的齐次方程的通解为

$$Y = C_1 e^x + C_2 e^{-2x}.$$

由于 $\lambda \pm \omega i = 1 \pm i$ 不是特征根，所以设特解为

$$y^* = e^x(a\cos x + b\sin x).$$

代入方程可求得 $a = 2, b = 1.$

于是，所求方程的一个特解为

$$y^* = e^x(2\cos x + \sin x).$$

故所求方程的通解为

$$y = C_1 e^x + C_2 e^{-2x} + e^x(2\cos x + \sin x) \quad (C_1, C_2 \text{ 为任意常数}).$$

习题 11－5

1. 验证 $y_1 = \cos \omega x, y_2 = \sin \omega x$ 都是微分方程 $y'' + \omega^2 y = 0$ 的解,并写出该微分方程的通解.

2. 验证 $y = C_1 x^5 + \dfrac{C_2}{x} - \dfrac{x^2}{9}\ln x$($C_1, C_2$ 是任意常数)是微分方程 $x^2 y'' - 3xy' - 5y = x^2 \ln x$ 的通解.

3. 求下列微分方程的通解.

(1)$y'' - 3y' - 4y = 0$;

(2)$y'' - 4y' + 5y = 0$;

(3)$9\dfrac{\mathrm{d}^2 x}{\mathrm{d}t^2} - 12\dfrac{\mathrm{d}x}{\mathrm{d}t} + 4x = 0$;

(4)$4y'' - 12y' + 9y = 0$.

4. 求下列微分方程满足初值条件的特解.

(1)$9y'' - 6y' + y = 0, y\big|_{x=0} = 3, y'\big|_{x=0} = 0$;

(2)$y'' - 4y' + 13y = 0, y\big|_{x=0} = 0, y'\big|_{x=0} = 3$;

(3)$y'' + 4y' + 29y = 0, y\big|_{x=0} = 0, y'\big|_{x=0} = 15$;

(4)$y'' + 36y = 0, y\big|_{x=0} = 2, y'\big|_{x=0} = -6$.

5. 求下列微分方程的通解.

(1)$y'' - 6y' + 9y = (x+1)\mathrm{e}^{3x}$;

(2)$y'' + 5y' + 4y = 3 - 2x$;

(3)$2y'' + 5y' = 5x^2$;

(4)$y'' + 3y' + 2y = 3x\mathrm{e}^{-x}$.

6. 求下列微分方程满足初值条件的特解.

(1)$y'' - 3y' + 2y = 5, y\big|_{x=0} = 1, y'\big|_{x=0} = 2$;

(2)$y'' + y' + \sin 2x = 0, y\big|_{x=\pi} = y'\big|_{x=\pi} = 1$.

7. 方程 $y'' + 9y = 0$ 的一条积分曲线过点 $(\pi, -1)$,且在该点和直线 $y + 1 = x - \pi$ 相切,求该曲线的方程.

实验 10　微分方程求解的 MATLAB 实现

微分方程求解的
Python 实现

一、利用 MATLAB 求解微分方程

微分方程的求解是比较复杂的工作,MATLAB 提供了非常强大的求解常微分方程和常微分方程组的功能.利用"dslove"命令可以求一般微分方程和微分方程组的符号解,包括可分离变量的微分方程,齐次方程,一阶、二阶、……、n 阶线性齐次和非齐次微分方程,可降阶的高阶微分方程等.其调用格式为

```
y = dsolve(f1,f2,…,fm,'x')
```

其中,f1,f2,…,fm 既可以描述微分方程,又可以描述初值条件,不含初值条件时,求出的解就是该方程的通解;'x' 指明自变量是 x,若省略,则默认自变量为 t.在描述微分方程时,可以用"D5y"这样的记号表示 $y^{(5)}(t)$.例如,

```
>> syms x y t
dsolve('Dy + 2 * t * y = t * exp(- t^2)')↙
ans =
```

```
(1/2 * t^2 + C1) * exp(- t^2)
>> y = dsolve('x * D2y + Dy = 0','x')↙
y =
C1 + C2 * log(x)
>> y = dsolve('Dy = - 2 * y + 2 * x^2 + 2 * x','y(0) = 1','x')↙
y =
x^2 + exp(- 2 * x)
```

例 1 求微分方程 $y^{(4)}-4y''=0$ 的通解和满足初值条件 $y(0)=1, y'(0)=6, y''(0)=0, y'''(0)=16$ 的特解.

解 求通解:

```
>> syms y t
y = dsolve('D4y - 4 * D2y = 0')↙
y =
C1 + C2 * t + C3 * exp(- 2 * t) + C4 * exp(2 * t)
```

求特解:

```
>> y1 = dsolve('D4y - 4 * D2y = 0','y(0) = 1,Dy(0) = 6,D2y(0) = 0,
D3y(0) = 16')↙
y1 =
1 + 2 * t - exp(- 2 * t) + exp(2 * t)
```

例 2 求微分方程组

$$\begin{cases} \dfrac{dx}{dt}+5x+y=e^t, \\ \dfrac{dy}{dt}-x-3y=0 \end{cases}$$

满足初值条件 $x|_{t=0}=1, y|_{t=0}=0$ 的特解.

解

```
>> syms x y t
[x,y] = dsolve('Dx + 5 * x + y = exp(t)','Dy - x + 3 * y = 0','x(0) = 1',
'y(0) = 0','t')↙
x =
21/25 * exp(- 4 * t) - 4/5 * exp(- 4 * t) * t + 4/25 * exp(t)
y =
- 1/25 * exp(- 4 * t) + 4/5 * exp(- 4 * t) * t + 1/25 * exp(t)
```

二、应用举例

例 3 公司资产函数模型.

某公司 t 年净资产为 $W(t)$(单位:万元),并且资产本身以每年 5% 的速率连续增长,同时,该公司每年要以 30 万元的数额连续支付职工工资. 讨论在初始净资产 $W_0=500,600,700$(单位:万元)三种情况下,$W(t)$ 的变化特点.

解 利用平衡法,即由净资产增长速度=资产本身增长速度-职工工资支付速度得到$W(t)$所满足的方程为

$$\frac{dW(t)}{dt}=0.05W(t)-30.$$

当$W\neq 600$时,分离变量,得

$$\frac{dW}{W-600}=0.05dt,$$

对上式两端积分,得

$$\ln|W-600|=0.05t+\ln|C|,$$

即

$$W=600+Ce^{0.05t}.$$

将$W(0)=W_0$代入上式,得方程的特解为

$$W(t)=600+(W_0-600)e^{0.05t}.$$

上述推导过程中要求$W\neq 600$.当$W=600$时,由$\frac{dW}{dt}=0$可知,$W=600=W_0$,通常称为平衡解,仍包含在通解表达式中.

MATLAB 实现如下.

```
>> syms W t
W = dsolve('DW = 0.05 * W - 30','W(0) = W0')↙
W =
600 + exp(1/20 * t) * (- 600 + W0)
```

由通解表达式可知,当$W_0=500$万元时,净资产单调减少,公司将在第36年破产;当$W_0=600$万元时,公司将收支平衡,净资产保持600万元不变;当$W_0=700$万元时,净资产将按指数函数增长.

实验题 10

1. 利用 MATLAB 解下列微分方程.

(1) $(x^2-1)y'+2xy-\sin x=0$;

(2) $y''-2y'+5y=e^x\sin x$.

2. 求微分方程组$\begin{cases}\frac{dx}{dt}+x+y=0,\\ \frac{dy}{dt}+x-y=0\end{cases}$满足初值条件$x|_{t=0}=1,y|_{t=0}=0$的特解.

3. 在商品销售预测中,时刻t的销售量用$x=x(t)$表示.如果商品销售量的增长速率$\frac{dx(t)}{dt}$与销售量$x(t)$及销售量接近饱和水平程度$\alpha-x(t)$(α为饱和水平)的乘积成正比,求销售量函数$x(t)$.

总习题 11

一、填空题

1. 微分方程$y''+(y')^4+y^5=1$是________阶微分方程.

2. 微分方程$\frac{dy}{dx}=2x$的通解是______________,满足初值条件$y|_{x=1}=2$的特解是______________.

3. 齐次方程$\frac{dy}{dx}=\frac{x^2}{y^2+xy}$中可以用换元法即令$u=$________或________化为可分离变量的微分方程.

4. 微分方程$y'+y\tan x=\cos x$的通解为________________.

5. 已知$y=1, y=x, y=x^2$是某二阶非齐次线性微分方程的三个解，则该方程的通解为________________.

二、选择题

1. 下列所给方程中，不是微分方程的是(　　).

A. $xy'=2y$

B. $x^2+y^2=C^2$

C. $y''+y=0$

D. $(7x-6y)dx+(x+y)dy=0$

2. 对于微分方程$y''=\sin x$，函数$y=C-\sin x$(C为任意常数)(　　).

A. 是通解

B. 是特解

C. 是解，但既非通解也非特解

D. 不是解

3. 已知函数$y(x)$满足微分方程$xy'=y\ln\frac{y}{x}$，且在$x=1$时，$y=e^2$，当$x=-1$时，$y=$(　　).

A. -1　　B. 0

C. 1　　D. e^{-1}

4. 设线性无关的函数y_1, y_2, y_3都是微分方程

$$y''+p(x)y'+q(x)y=f(x)$$

的解，C_1, C_2为任意常数，则该微分方程的通解为(　　).

A. $C_1y_1+C_2y_2+y_3$

B. $C_1y_1+C_2y_2-(C_1+C_2)y_3$

C. $C_1y_1+C_2y_2-(1-C_1-C_2)y_3$

D. $C_1y_1+C_2y_2+(1-C_1-C_2)y_3$

5. 微分方程$y''+y'-2y=x^2e^x$的一个特解应具有形式(　　).

A. Ax^2e^x　　B. $(Ax^2+Bx)e^x$

C. $x(Ax^2+Bx+C)e^x$　　D. $(Ax^2+Bx+C)e^x$

三、解答题

1. 求下列微分方程的通解.

(1) $\frac{dy}{dx}+\frac{e^{y^2+x}}{y}=0$;

(2) $(x^2+1)y'=4x^3-2xy$;

(3) $\frac{dy}{dx}=\frac{1+y^2}{xy+x^3y}$;

(4) $y'=\frac{4x+xy^2}{y-x^2y}$;

(5) $y(x-2y)dx-x^2dy=0$;

(6) $\frac{dy}{dx}+y\cot x=5e^{\cos x}$;

(7) $xy'' = y'(\ln y' - \ln x)$;

(8) $x'' - 2x' - 3x = 3t + 1$;

(9) $y'' - 8y' + 16y = x + e^{4x}$.

2. 求微分方程 $(x^2 - 1)dy + (2xy - \cos x)dx = 0$ 满足初值条件 $y|_{x=0} = 1$ 的特解.

3. 设函数 $\varphi(x)$ 连续,且满足

$$\varphi(x) = e^x + \int_0^x t\varphi(t)dt - x\int_0^x \varphi(t)dt,$$

求 $\varphi(x)$.

4. 设 $f(x)$ 为可导函数,且满足方程 $\int_0^1 f(tx)dt = \frac{1}{2}f(x) + 1$,求函数 $f(x)$.

一阶常微分方程解法的完善

考研真题

第11章习题答案

第12章 差分方程

在经济学、生物学和生态学中经常使用离散的变量，如以年、季度、月为单位的产量、销售量、材料消耗、利润等. 又如，一个国家或地区的人口数量的变化、动物种群数量的变化等都是有关时间离散变化的，而不是连续的. 描述这种变量之间变化规律的数学模型就是离散型的数学模型 —— 差分方程. 本章介绍差分方程的一些基本概念及常见类型差分方程的求解方法.

陈省身

第1节 差分方程的基本概念

应该为理想做点事，为中国人做点事.

—— 陈省身

一、差分的概念

一般地，在连续变化的时间范围内，连续型变量 y 关于时间 t 的变化率是用 $\frac{\mathrm{d}y}{\mathrm{d}t}$ 来表述的；对离散型变量 y，常取在规定的时间区间上的差商 $\frac{\Delta y}{\Delta t}$ 来刻画变量 y 的变化率. 如果选择 $\Delta t = 1$，则 $\Delta y = y(t+1) - y(t)$ 可以近似表示变量 y 的变化率. 例如，设某公司经营一种商品，第 t 月月初的库存量是 $R(t)$，第 t 月调进和销出这种商品的数量分别是 $P(t)$ 和 $Q(t)$，则下月月初即第 $t+1$ 月月初的库存量 $R(t+1)$ 应是

$$R(t+1) = R(t) + P(t) - Q(t).$$

若将上式写作

$$R(t+1) - R(t) = P(t) - Q(t),$$

则等式两端就是相邻两月库存量的改变量. 若记

$$\Delta R(t) = R(t+1) - R(t),$$

并将库存量 $R(t)$ 理解为是时间 t 的函数，则 $\Delta R(t)$ 就是函数 $R(t)$ 的增量.

定义 1　设 $y = y(x)$ 是一个函数，自变量从 x 变化到 $x+1$，这时函数的增量记作

$$\Delta y_x = y(x+1) - y(x),$$

称量 Δy_x 为 $y(x)$ 在点 x 的一阶差分,简称为 $y(x)$ 的**一阶差分**.

当 x 是离散变量时,为了方便表述,常将 $y(x)$ 写作 y_x,也记 $y_{x+1} = y(x+1)$,则 $\Delta y_x = y_{x+1} - y_x$.

定义 2 称 $\Delta(\Delta y_x) = (y_{x+2} - y_{x+1}) - (y_{x+1} - y_x) = y_{x+2} - 2y_{x+1} + y_x$ 为 $y(x)$ 的**二阶差分**,简记为 $\Delta^2 y_x$.

类似地,记 $\Delta(\Delta^2 y_x) = y_{x+3} - 3y_{x+2} + 3y_{x+1} - y_x$ 为 $\Delta^3 y_x$,并称为**三阶差分**.

一般地,记 $\Delta^n y_x = \Delta(\Delta^{n-1} y_x)$,称为 n **阶差分**,且有

$$\Delta^n y_x = \sum_{i=0}^{n} \mathrm{C}_n^i (-1)^i y_{x+n-i}.$$

性质 当 a,b,c 是常数,y_x 和 z_x 是函数时,有

(1)$\Delta(c) = 0$;

(2)$\Delta(cy_x) = c\Delta y_x$;

(3)$\Delta(ay_x \pm bz_x) = a\Delta y_x \pm b\Delta z_x$;

(4)$\Delta(y_x z_x) = z_{x+1}\Delta y_x + y_x \Delta z_x = y_{x+1}\Delta z_x + z_x \Delta y_x$;

(5)$\Delta\left(\dfrac{y_x}{z_x}\right) = \dfrac{z_x \Delta y_x - y_x \Delta z_x}{z_x z_{x+1}} = \dfrac{z_{x+1}\Delta y_x - y_{x-1}\Delta z_x}{z_x z_{x+1}}$.

在此仅给出(5)的证明,其余的留给读者自己证明.

证
$$\begin{aligned}\Delta\left(\frac{y_x}{z_x}\right) &= \frac{y_{x+1}}{z_{x+1}} - \frac{y_x}{z_x} = \frac{y_{x+1}\cdot z_x - y_x \cdot z_{x+1}}{z_{x+1}\cdot z_x} \\ &= \frac{(y_{x+1} - y_x)\cdot z_x - y_x \cdot (z_{x+1} - z_x)}{z_{x+1}\cdot z_x} \\ &= \frac{z_x \cdot \Delta y_x - y_x \cdot \Delta z_x}{z_x \cdot z_{x+1}},\end{aligned}$$

$$\begin{aligned}\Delta\left(\frac{y_x}{z_x}\right) &= \frac{y_{x+1}\cdot z_x - y_x \cdot z_{x+1}}{z_{x+1}\cdot z_x} \\ &= \frac{-y_{x+1}\cdot(z_{x+1} - z_x) + z_{x+1}\cdot(y_{x+1} - y_x)}{z_{x+1}\cdot z_x} = \frac{z_{x+1}\cdot \Delta y_x - y_{x+1}\cdot \Delta z_x}{z_x \cdot z_{x+1}}.\end{aligned}$$

例 1 已知 $y_x = x^\alpha (x \neq 0)$,求 Δy_x.

解 $\Delta y_x = (x+1)^\alpha - x^\alpha$.

特别地,当 $\alpha = n$ 为正整数时,$\Delta y_x = \sum\limits_{i=1}^{n} \mathrm{C}_n^i x^{n-i}$.

例 2 已知 $y_x = a^x (a > 0, a \neq 1)$,求 Δy_x.

解 $\Delta y_x = a^{x+1} - a^x = a^x(a-1)$.

例 3 设 $y_t = t^2 - 2t + 3$,求 $\Delta y_t, \Delta^2 y_t$.

解 $\Delta y_t = y_{t+1} - y_t = [(t+1)^2 - 2(t+1) + 3] - (t^2 - 2t + 3) = 2t - 1$.

$$\begin{aligned}\Delta^2 y_t &= \Delta(\Delta y_t) = y_{t+2} - 2y_{t+1} + y_t \\ &= [(t+2)^2 - 2(t+2) + 3] - 2[(t+1)^2 - 2(t+1) + 3] + (t^2 - 2t + 3) \\ &= 2.\end{aligned}$$

二、差分方程的概念

描述离散型变量之间的关系的数学模型称为**离散型模型**. 对取值是离散型的经济变量，差分方程是研究它们之间变化规律的有效模型.

在中学阶段介绍的等差数列、等比数列中就隐含差分方程. 它们是最简单的两类差分方程.

(1)(**等差数列**) 公差为 $d=\frac{1}{2}$ 的数列，满足

$$a_{n+1}-a_n=\frac{1}{2},\quad n=1,2,3,\cdots, \tag{12-1}$$

通项为

$$a_n=a_1+(n-1)d=a_1+\frac{1}{2}(n-1),\quad n=1,2,3,\cdots. \tag{12-2}$$

(2)(**等比数列**) 公比为 $q=-3$ 的数列，满足

$$a_{n+1}=-3a_n,\quad n=1,2,3,\cdots, \tag{12-3}$$

通项为

$$a_n=a_1q^{n-1}=a_1(-3)^{n-1},\quad n=1,2,\cdots. \tag{12-4}$$

方程(12-1)与方程(12-3)就是差分方程，式(12-2)与式(12-4)分别是它们的解.

定义 3 含有未知函数的差分的方程，称为**差分方程**. 它的一般形式为

$$F(x,y_x,y_{x+1},\cdots,y_{x+n})=0$$

或

$$G(x,y_x,\Delta y_x,\cdots,\Delta^n y_x)=0,$$

其中，F,G 是表达式，x 是自变量. 使等式成立的自变量的取值范围称为该方程的定义域.

在方程 $F(x,y_x,y_{x+1},\cdots,y_{x+n})=0$ 中，未知函数的最大下标与最小下标的差称为**差分方程的阶**.

例如，方程 $4y_{x+1}-5y_x=0$ 是一阶差分方程，方程 $y_{x+4}+2y_{x+2}+3y_{x+1}=2x$ 是三阶差分方程.

在方程 $F(x,y_x,y_{x+1},\cdots,y_{x+n})=0$ 中，若 y_x 及 y_{x+n} 存在，则该方程为 n 阶差分方程.

需要注意的是，在方程 $G(x,y_x,\Delta y_x,\cdots,\Delta^n y_x)=0$ 中，显示的是未知函数差分的最高阶，但不一定是差分方程的阶. 例如，方程 $\Delta^3 y_x+y_x+x+2=0$，它显示的是未知函数的三阶差分 $\Delta^3 y_x$，但 $\Delta^3 y_x=y_{x+3}-3y_{x+2}+3y_{x+1}-y_x$，代入得 $y_{x+3}-3y_{x+2}+3y_{x+1}+x+2=0$，这是一个二阶差分方程.

满足差分方程的函数称为**差分方程的解**. 对于一阶差分方程，其含有一个任意常数的解，称为一阶差分方程的**通解**. 一般来说，对于 n 阶差分方程，其含有 n 个相互独立的任意常数的解称为 n 阶**差分方程的通解**. 不含有任意常数的解称为**差分方程的特解**. 与微分方程一样，差分方程也有初值问题. 一般地，一阶差分方程的初值条件为 $y_x\big|_{x=x_0}=y_0$；二阶差分方程的初值条件为 $y_x\big|_{x=x_0}=y_0$，$\Delta y_x\big|_{x=x_0}=\Delta y_0$；等等.

习题 12-1

1. 求下列函数的一阶和二阶差分.

(1) $y_x = x(x+1)$；　　(2) $y_x = a^x$；

(3) $y_t = t^2 - 1$.

2. 改写下列差分方程,并指出阶数.

(1) $\Delta^2 y_x - 2y_x = -1$；　　(2) $\Delta^3 y_t - 3\Delta y_t - 2y_t = 5$.

第2节　常系数线性差分方程

一、常系数线性差分方程的解的结构

方程

$$y_{x+n} + a_1(x)y_{x+n-1} + \cdots + a_n(x)y_x = f(x),$$

其中,$a_n(x) \neq 0$,称为 n **阶线性差分方程**. 当 $f(x) \equiv 0$ 时,称为 n 阶齐次线性方程;当 $f(x) \neq 0$ 时,称为 n 阶非齐次线性方程.

当 $a_i(x) = a_i (i = 1,2,\cdots,n)$ 为常数,且 $a_n \neq 0$ 时,称为 n **阶常系数线性差分方程**. 即

$$y_{x+n} + a_1 y_{x+n-1} + \cdots + a_n y_x = f(x). \tag{12-5}$$

对应的齐次方程为

$$y_{x+n} + a_1 y_{x+n-1} + \cdots + a_n y_x = 0. \tag{12-6}$$

对于常系数线性差分方程的解的结构有如下结论.

定理1 如果 $y = y_1(x)$ 和 $y = y_2(x)$ 都是方程(12-6)的解,则 $y_x = C_1 y_1(x) + C_2 y_2(x)$ 也是它的解,其中 C_1, C_2 是任意常数.

定理2 设 $y_1(x), y_2(x), \cdots, y_n(x)$ 是方程(12-6)的 n 个线性无关的特解,则 $y_x = C_1 y_1(x) + C_2 y_2(x) + \cdots + C_n y_n(x)$ 是它的通解,其中 $C_1, C_2, \cdots, C_n$ 是任意常数.

定理3 设 $y_1(x), y_2(x), \cdots, y_n(x)$ 是方程(12-6)的 n 个线性无关的特解,y_x^* 是方程(12-5)的一个特解,则

$$y_x = C_1 y_1(x) + C_2 y_2(x) + \cdots + C_n y_n(x) + y_x^*$$

是非齐次方程(12-5)的通解,其中 $C_1, C_2, \cdots, C_n$ 是任意常数.

定理4 设 $y_1(x)$ 是方程 $y_{x+n} + a_1 y_{x+n-1} + \cdots + a_n y_x = f_1(x)$ 的特解,$y_2(x)$ 是方程 $y_{x+n} + a_1 y_{x+n-1} + \cdots + a_n y_x = f_2(x)$ 的特解,则函数 $y_x = y_1(x) + y_2(x)$ 是方程

$$y_{x+n} + a_1 y_{x+n-1} + \cdots + a_n y_x = f_1(x) + f_2(x)$$

的一个特解.

二、一阶常系数齐次线性差分方程

一阶常系数齐次线性差分方程的一般形式是

$$y_{x+1}+py_x=0 \quad (p\text{ 为常数}). \tag{12-7}$$

对于一阶常系数齐次线性差分方程(12-7),常用的解法有两种.

1. 迭代法

假设 y_0 已知,则由方程(12-7)依次可得

$$y_1=(-p)y_0,$$
$$y_2=(-p)y_1=(-p)^2y_0,$$
$$y_3=(-p)y_2=(-p)^3y_0,$$
$$\cdots\cdots\cdots\cdots$$

于是,可得 $y_x=(-p)^x y_0$.

若令 $y_0=C$,C 是任意常数,则方程(12-7)的通解为

$$y_x=C(-p)^x.$$

2. 特征根法

注意到,方程(12-7)可改写为 $y_{x+1}=(-p)y_x$,即 y_{x+1} 是 y_x 的常数倍,而函数 $r^{x+1}=r\cdot r^x$ 恰好满足这一特点.故不妨设方程(12-7)具有形如

$$y_x=r^x$$

的特解,其中 r 是非零待定常数.将其代入方程(12-7),有

$$r^{x+1}+pr^x=0,$$

即

$$r^x(r+p)=0.$$

因为 $r^x\neq 0$,所以 $y_x=r^x$ 是方程(12-7)的解的充要条件为 $r+p=0$.故一阶常系数线性齐次差分方程(12-7)的非零特解为 $y_x=(-p)^x$.从而其通解为

$$y_x=C(-p)^x \quad (C\text{ 为任意常数}).$$

称一次代数方程

$$r+p=0$$

为差分方程(12-7)的**特征方程**,而 $r=-p$ 称为**特征方程的根**(简称**特征根**或**特征值**).

综上所述,要求方程(12-7)的通解,只需先写出其特征方程,求出特征根,即可写出其通解.

例 1 求差分方程 $2y_{x+1}-5y_x=0$ 的通解.

解 原方程化为

$$y_{x+1}-\frac{5}{2}y_x=0.$$

其特征方程为 $r-\frac{5}{2}=0$,即得特征方程的根为

$$r=\frac{5}{2}.$$

故其通解为

$$y_x=C\left(\frac{5}{2}\right)^x (C\text{ 为任意常数}).$$

例2 求差分方程 $y_{t+1}+4y_t=0$ 满足初值条件 $y_0=3$ 的解.

解 其特征方程为 $r+4=0$,得特征方程的根为

$$r=-4.$$

故原方程的通解为

$$y_t=C(-4)^t \quad (C\text{是任意常数}).$$

将初值条件 $y_0=3$ 代入通解,得 $C=3$;故所求特解为

$$y_t=3(-4)^t.$$

也可这样解:因为 $p=4$,代入通解公式得通解为

$$y_t=C(-p)^t=C(-4)^t.$$

将初值条件代入通解,可以得到相同的结果.

三、一阶常系数非齐次线性差分方程

一阶常系数非齐次线性差分方程的一般形式是

$$y_{x+1}+py_x=f(x) \quad (p\text{为常数}). \tag{12-8}$$

对于一阶常系数非齐次线性差分方程(12-8),由本节定理3可知,其通解为该方程的一个特解和对应的齐次方程的通解之和.因为对应的一阶常系数齐次差分方程(12-7)的通解的解法已经明确,因此只需讨论非齐次线性差分方程的特解的求法即可.下面仅就 $f(x)$ 的几种常见形式进行讨论.

1. $f(x)$ 为一般函数

此时,非齐次差分方程可写作

$$y_{x+1}=-py_x+f(x).$$

利用迭代法,可得

$$y_1=(-p)y_0+f(0),$$
$$y_2=(-p)y_1+f(1)=(-p)^2y_0+(-p)f(0)+f(1),$$
$$y_3=(-p)y_2+f(2)=(-p)^3y_0+(-p)^2f(0)+(-p)f(1)+f(2),$$

…………

$$y_x=(-p)^xy_0+(-p)^{x-1}f(0)+(-p)^{x-2}f(1)+\cdots$$
$$+(-p)f(x-2)+f(x-1).$$

上式实际是非齐次差分方程的通解,其第一项是对应的齐次差分方程的通解,后面是非齐次差分方程的一个特解.令 $C=y_0$ 是任意常数,则该非齐次差分方程的通解为

$$y_x=C(-p)^x+\sum_{k=0}^{x-1}(-p)^kf(x-k-1) \quad (C\text{为任意常数}). \tag{12-9}$$

例3 求差分方程 $y_{x+1}+y_x=3^x$ 的通解.

解 由于 $p=1,f(x)=3^x$,由通解一般式(12-9)得,该方程的特解为

$$y_x^*=\sum_{k=0}^{x-1}(-1)^k3^{x-k-1}=3^{x-1}\sum_{k=0}^{x-1}\left(-\frac{1}{3}\right)^k$$

$$=3^{x-1}\frac{1-\left(-\frac{1}{3}\right)^x}{1+\frac{1}{3}}=\frac{1}{4}3^x-\frac{1}{4}(-1)^x.$$

故所求通解为

$$y_x = C_1(-1)^x + \frac{1}{4}3^x - \frac{1}{4}(-1)^x = C(-1)^x + \frac{1}{4}3^x,$$

其中，$C = C_1 - \frac{1}{4}$ 为任意常数.

2. $f(x)$ 为 n 次多项式

如果 $f(x) = P_n(x)$（n 次多项式），则非齐次方程(12-8)为

$$y_{x+1} + py_x = P_n(x).$$

显然，由于 $f(x) = P_n(x)$ 为 n 次多项式，所以其解 y_x 也应该是一个多项式函数. 当 y_x 是 n 次多项式时，$\Delta y_x = y_{x+1} - y_x$ 是 $n-1$ 次多项式，因为相减时最高次数项被消去.

若 $p=-1$，即 $r=1$ 是该方程的特征方程的根，该方程为 $y_{x+1} - y_x = P_n(x)$. 由上述结论可知，此方程的解应该是一个 $n+1$ 次多项式，故可设方程的特解为

$$y_x = x[b_0 + b_1x + b_2x^2 + \cdots + b_nx^n],$$

代入方程后，比较系数来确定 $b_0, b_1, b_2, \cdots, b_n$，便得到一个特解.

若 $p \neq -1$，即 $r=1$ 不是该方程的特征方程的根. 由于当 y_x 是 n 次多项式时，$y_{x+1} + py_x$ 仍是 n 次多项式，则方程 $y_{x+1} + py_x = P_n(x)$ 的解是一个 n 次多项式，故可设方程的特解为

$$y_x = b_0 + b_1x + b_2x^2 + \cdots + b_nx^n.$$

同样代入方程后，比较系数来确定 $b_0, b_1, b_2, \cdots, b_n$，便得到一个特解.

综上所述，可归纳如下.

如果方程(12-8)的 $f(x) = P_n(x)$，其中 $P_n(x)$ 为 n 次多项式，则该方程具有形如

$$y_x^* = x^kQ_n(x) = x^k(b_0 + b_1x + \cdots + b_{n-1}x^{n-1} + b_nx^n)$$

的特解，k 的取值按如下条件确定.

(1) 若 $p \neq -1$，则 $k=0$.

(2) 若 $p=-1$，则 $k=1$.

例 4 求差分方程 $y_{x+1} - 2y_x = 4$ 的通解.

解 由方程可知，$P_n(x) = 4$，$p=-2$. 对应的齐次方程的通解为 $Y_x = C2^x$. 非齐次差分方程的特解可设成 $y_x^* = b$，将特解代入方程得 $b - 2b = 4$，解得 $b=-4$. 故原方程的通解为 $y_x = C2^x - 4$（C 为任意常数）.

例 5 求差分方程 $y_{t+1} - y_t = 3 - 2t$ 的通解.

解 由方程可知，$P_n(t) = 3 + 2t$，$p=-1$. 对应的齐次差分方程的通解为

$$Y_t = C.$$

非齐次差分方程的特解可设为

$$y_t^* = t(b_0 + b_1t).$$

将其代入已知非齐次差分方程得

$$b_0 + b_1 + 2b_1t = 3 - 2t,$$

比较该方程的两端关于 t 的同次幂的系数，可解得 $b_0=4, b_1=-1$. 故 $y_t^*=4t-t^2$.

于是，所求通解为

$$y_t=Y_t+y_t^*=C+4t-t^2 \quad (C\text{ 为任意常数}).$$

例 6 求差分方程 $y_{t+1}+2y_t=5t^2$ 的通解.

解 特征方程为 $r+2=0$，所以 $r=-2$，对应齐次方程的通解为

$$Y_t=C(-2)^t.$$

令非齐次方程的一个特解为 $y_t^*=a+bt+ct^2$，将其代入非齐次方程，整理得

$$3a+b+c+(3b+2c)t+3ct^2=5t^2,$$

比较两端同次幂系数，得 $a=-\dfrac{5}{27}, b=-\dfrac{10}{9}, c=\dfrac{5}{3}$. 所以，特解为

$$y_t^*=\frac{5}{3}t^2-\frac{10}{9}t-\frac{5}{27}.$$

故原方程的通解为

$$y_t=C(-2)^t+\frac{5}{3}t^2-\frac{10}{9}t-\frac{5}{27} \quad (C\text{ 为任意常数}).$$

3. $f(x)=\lambda^x P_n(x)$（$P_n(x)$ 是 n 次多项式，λ 是常数）

如果 $f(x)=\lambda^x P_n(x)$（$P_n(x)$ 是 n 次多项式，λ 是常数），则非齐次方程(12-8)改写为

$$y_{x+1}+py_x=\lambda^x P_n(x).$$

为求特解，按以下步骤进行.

① 令 $y_x=\lambda^x z_x$，代入方程得

$$\lambda^{x+1}z_{x+1}+p\lambda^x z_x=\lambda^x P_n(x),$$

它等价于方程

$$\lambda z_{x+1}+pz_x=P_n(x);$$

② 用上面的方法求出特解 z_x^*，则方程的特解为 $y_x^*=\lambda^x z_x^*$.

总之，对这种情况，可以直接设其特解为

$$y_x^*=\lambda^x x^k(b_0+b_1x+b_2x^2+\cdots+b_nx^n).$$

其中，当 $p\neq-\lambda$ 时，$k=0$；当 $p=-\lambda$ 时，$k=1$.

例+

例 7 求差分方程 $y_{x+1}-y_x=x2^x$ 的通解.

解 特征方程为 $r-1=0$，所以 $r=1$，于是对应的齐次方程的通解为

$$Y_x=C.$$

因为 $\lambda=2, p=-1$，可设非齐次方程的特解为

$$y_x^*=2^x(ax+b),$$

将其代入原方程，化简整理得 $ax+2a+b=x$，解得 $a=1, b=-2$. 所以，非齐次方程的一个特解为 $y_x^*=2^x(x-2)$.

所以，所求非齐次方程的通解为

$$y_x=2^x(x-2)+C \quad (C\text{ 为任意常数}).$$

例 8 求差分方程 $y_{t+1}-2y_t=\left(\frac{1}{3}\right)^t$ 的通解.

解 特征方程为 $r-2=0$,所以 $r=2$,对应的齐次方程的通解为

$$Y_t=C2^t.$$

因为 $\lambda=\frac{1}{3}$,$p=-2$,可设非齐次方程的一个特解为 $y_t^*=a\left(\frac{1}{3}\right)^t$,将其代入原方程,整理得

$$a\left(\frac{1}{3}\right)^{t+1}-2a\left(\frac{1}{3}\right)^t=\left(\frac{1}{3}\right)^t,$$

解得 $a=-\frac{3}{5}$. 所以,特解为 $y_t^*=-\frac{3}{5}\left(\frac{1}{3}\right)^t$.

故原方程的通解为

$$y_t=C2^t-\frac{3}{5}\left(\frac{1}{3}\right)^t \quad (C\text{ 为任意常数}).$$

习题 12-2

1. 求下列差分方程的特解.

(1) $\Delta y_x-4y_x=x^2, y_0=2$;

(2) $s_{x+1}-9s_x=x^2 9^{x+1}, s_0=9$;

(3) $y_{t+1}-3y_t=t3^t, y_0=1$;

(4) $y_{n+1}-5y_n=4, y_0=\frac{4}{3}$.

2. 求下列差分方程的通解.

(1) $y_{x+1}-3y_x=-2$;

(2) $y_{x+1}+4y_x=2x^2+x-1$;

(3) $y_{x+1}+y_x=x(-1)^x$.

第3节 一阶差分方程的简单经济应用

在经济与管理及其他实际问题中,许多数据都是以等间隔的时间周期统计的. 例如,银行中的定期存款是按所设定的时间等间隔计息,国民收入是按年统计等. 因此,差分方程在经济领域的应用十分广泛,下面仅举一些简单的例子.

例 1 设 P_t, S_t, Q_t 分别表示某种商品在 t 时刻的价格、供给量和需求量,t 为离散型变量. 由于 t 时刻的供给量 S_t 决定于 t 时刻的价格,且价格越高,供给量越大,因此常用的线性模型是

$$S_t=-c+dP_t,$$

及

$$Q_t=a-bP_t,$$

其中,a,b,c,d 均为正常数. 根据实际统计情况,t 时期的价格 P_t 由 $t-1$ 时期的价格 P_{t-1} 与供给量及需求量之差 $S_{t-1}-Q_{t-1}$ 按

$$P_t = P_{t-1} - \lambda(S_{t-1} - Q_{t-1})\ (\lambda \text{ 为常数})$$

确定. 试求供需相等时的价格 P_e(均衡价格),并研究商品的价格随时间的变化规律.

解 均衡价格:由 $Q_t = S_t$ 可得,$P_e = \dfrac{a+c}{b+d}$.

变化规律:由题设可得

$$\begin{aligned} P_t &= P_{t-1} - \lambda(S_{t-1} - Q_{t-1}) \\ &= P_{t-1} - \lambda[(-c + dP_{t-1}) - (a - bP_{t-1})], \end{aligned}$$

即

$$P_t - (1 - b\lambda - d\lambda)P_{t-1} = \lambda(a+c).$$

这是一个一阶常系数非齐次线性差分方程,其对应的齐次方程的通解为

$$P_t = A(1 - b\lambda - d\lambda)^t \quad (A \text{ 为常数}).$$

原方程的一个特解为

$$P_t^* = \frac{a+c}{b+d} = P_e.$$

所以原方程的通解为

$$P_t = A(1 - b\lambda - d\lambda)^t + P_e.$$

由于 $t=0$ 时初始价格 P_0 一般为已知,故由

$$P_0 = A + P_e,$$

可得

$$A = P_0 - P_e.$$

从而

$$P_t = (P_0 - P_e)(1 - b\lambda - d\lambda)^t + P_e.$$

在实际的经济问题中,往往是 t 时期的价格 P_t 决定下一期的供给量 S_{t+1},同时 P_t 还决定本期该产品的需求量,这需要另外讨论(见本节例 5).

例 2 国家对贫困大学生除发放奖学金、特困补助外,还用贷款方式进行助困. 另外,贷款购房、购车等也逐步进入人们的生活. 如何计算分期归还贷款的问题,已是一个十分现实的问题. 此问题的一般提法是,假设从银行贷款 P_0 元,年利率是 p,这笔贷款要在今后的 m 年内按月等额归还,试问每月应偿还多少元?

解 假设每月应偿还 a 元,第 1 个月应付利息为 $y_1 = P_0\,\dfrac{p}{12}$.

第 2 个月应付利息为

$$y_2 = (P_0 - a + y_1)\frac{p}{12} = \left(1 + \frac{p}{12}\right)y_1 - \frac{p}{12}a.$$

以此类推,第 $n+1$ 个月应付利息为 $y_{n+1} = \left(1 + \dfrac{p}{12}\right)y_n - \dfrac{p}{12}a$,这是一个一阶常系数非齐次线性差分方程,即

$$y_{n+1} - \left(1 + \frac{p}{12}\right)y_n = -\frac{p}{12}a,$$

其通解为

$$y_n=C\left(1+\frac{p}{12}\right)^n+a.$$

又已知 $y_1=P_0\frac{p}{12}$，所以 $C=\dfrac{\frac{p}{12}P_0-a}{1+\frac{p}{12}}$. 则

$$y_n=\frac{\frac{p}{12}P_0-a}{1+\frac{p}{12}}\left(1+\frac{p}{12}\right)^n+a=\frac{p}{12}P_0\left(1+\frac{p}{12}\right)^{n-1}+a\left[1-\left(1+\frac{p}{12}\right)^{n-1}\right].$$

故 m 年的利息总和为

$$\begin{aligned}Y&=\sum_{n=1}^{12m}y_n\\&=\frac{p}{12}P_0\sum_{n=1}^{12m}\left(1+\frac{p}{12}\right)^{n-1}+12ma-a\sum_{n=1}^{12m}\left(1+\frac{p}{12}\right)^{n-1}\\&=12ma-P_0+P_0\left(1+\frac{p}{12}\right)^{12m}-\frac{12a}{p}\left[\left(1+\frac{p}{12}\right)^{12m}-1\right].\end{aligned}$$

由 $12ma-P_0=Y$，可得

$$P_0\left(1+\frac{p}{12}\right)^{12m}-\frac{12a}{p}\left[\left(1+\frac{p}{12}\right)^{12m}-1\right]=0,$$

故

$$a=\frac{\frac{p}{12}P_0\left(1+\frac{p}{12}\right)^{12m}}{\left(1+\frac{p}{12}\right)^{12m}-1}.$$

例 3 某新婚夫妇要购买一套商品房，向银行申请抵押贷款 20 万元，月利率为 0.4%，期限为 10 年. 问这对夫妇每月要还多少钱？

解 时间单位为月，设抵押贷款期限为 N 个月，贷款额为 A_0，月利率为 R，按复利计算，每月还钱 x 元，还款约定从借款日的下一个月开始. 于是，开始还款的第一个月还了 x 元后仍欠钱（简称第一个月仍欠款，下同）

$$A_1=(1+R)A_0-x;$$

第二个月仍欠款 $A_2=(1+R)A_1-x$；

第三个月仍欠款 $A_3=(1+R)A_2-x$；

第 N 个月仍欠款 $A_N=(1+R)A_{N-1}-x$.

这是一种特殊的差分方程，应用迭代法即得

$$\begin{aligned}A_N&=A_0(1+R)^N-x[(1+R)^{N-1}+(1+R)^{N-2}+\cdots+1]\\&=A_0(1+R)^N-x\frac{(1+R)^N-1}{R}.\end{aligned}$$

N 个月还清贷款，即 $A_N=0$. 由上式解得

$$x=\frac{A_0R(1+R)^N}{(1+R)^N-1}.$$

对于这对夫妇，$A_0 = 20$ 万元，$R = 0.004$，$N = 120$ 个月，计算得 $x = 2\ 101.81$ 元. 也就是说，这对夫妇每月要还款 2 101.81 元.

例 4 某家庭从现在着手，从每月工资中拿出一部分资金存入银行，用于投资子女的教育，并准备 20 年后开始从投资账户中每月支取 1 000 元，直到 10 年后子女大学毕业并用完全部资金. 要实现这个投资目标，20 年内总共须筹措多少资金？每月要在银行存入多少钱？(假设投资的月利率为 0.5%)

解 设第 t 个月投资账户上资金为 s_t 元，每月存入的资金为 a 元. 则由题意可知，20 年后的 10 年内关于 s_t 的差分方程为

$$s_{t+1} = (1.005)s_t - 1\ 000, \tag{12-10}$$

且有 $t = 10 \times 12 = 120$，$s_{120} = 0$.

设 $t = 0$，$s_0 = b$.

由方程(12-10)解得通解为

$$s_t = C \cdot 1.005^t - \frac{1\ 000}{1 - 1.005} = C \cdot 1.005^t + 200\ 000.$$

由 $s_{120} = 0$，得

$$s_{120} = C \cdot 1.005^t + 200\ 000 = 0,$$

因此，$C = -\dfrac{200\ 000}{1.005^{120}}$. 由 $s_0 = b$，得

$$s_0 = C + 200\ 000 = b,$$

从而有

$$b = 200\ 000 - \frac{200\ 000}{1.005^{120}} = 90\ 073.45.$$

另外，从现在到 20 年内，s_t 满足的差分方程为

$$s_{t+1} = 1.005 s_t + a, \tag{12-11}$$

且满足 $s_0 = 0$，$s_{240} = 90\ 073.45$.

解方程(12-11)，得通解

$$s_t = C \cdot 1.005^t + \frac{a}{1 - 1.005} = C \cdot 1.005^t - 200a.$$

代入条件 $s_0 = 0$，$s_{240} = 90\ 073.45$，得

$$s_{240} = C \cdot 1.005^{240} - 200a = 90\ 073.45,$$
$$s_0 = C - 200a = 0.$$

联立以上两式解得 $a = 194.95$.

于是，要达到投资目标，20 年内须筹措资金 90 073.45 元，平均每月要存入银行 194.95 元.

例 5(蛛网模型) 据统计数字显示，某城镇 2010 年的猪肉产量为 30 万吨，价格为 6.00 元/kg。在 2011 年猪肉产量为 25 万吨，价格为 8.00 元 /kg. 已知 2012 年的猪肉产量为 28 万吨，若保持目前的消费水平与生产方式，并假定猪肉产量与价格之间是线性关系. 问若干年以后的产量与价格是否会趋于稳定？若稳定则请求出稳定的产量和价格.

解 设猪肉产量为 x_t，猪肉的价格为 y_t，由于猪肉产量与价格之间是线性关系，可设

反需求函数为 $y_t = ax_t + b$，且满足 $t = 1, x_1 = 30, y_1 = 6$ 和 $t = 2, x_2 = 25, y_2 = 8$，因此可得反需求函数为

$$y_t = 18 - \frac{2}{5}x_t. \tag{12-12}$$

再设供给函数为 $x_{t+1} = cy_t + d$，且满足 $t = 1, x_1 = 30, y_1 = 6$ 和 $t = 2, x_2 = 25, y_2 = 8$ 及 $x_3 = 28$，因此可得供给函数为

$$x_{t+1} = 16 + \frac{3}{2}y_t, \tag{12-13}$$

将式(12-12)代入式(12-13)得关于 x_t 的差分方程

$$x_{t+1} = 43 - \frac{3}{5}x_t. \tag{12-14}$$

这是一个一阶常系数非齐次线性差分方程. 由于 $P_n(x) = 43, p = \frac{3}{5}$，对应的齐次方程的通解为 $x_t = C \cdot \left(-\frac{3}{5}\right)^t$，非齐次差分方程(12-14)的特解可设成 $x_t^* = A$，将特解代入式(12-14)得 $A = 43 - \frac{3}{5}A$，解得 $A = \frac{215}{8}$.

于是，非齐次差分方程(12-14)的通解为

$$x_t = C \cdot \left(-\frac{3}{5}\right)^t + \frac{215}{8},$$

所以，$\lim\limits_{t\to\infty} x_t = \frac{215}{8} = 26.875$(万吨).

由式(12-12)，得到关于 y_t 的表达式

$$y_t = \frac{29}{4} - C \cdot \frac{2}{5}\left(-\frac{3}{5}\right)^t,$$

所以，$\lim\limits_{t\to\infty} y_t = \frac{29}{4} = 7.25$(元/kg).

可见，若干年以后的产量与价格都会趋于稳定，其稳定的产量为26.875万吨，稳定的价格为7.25元/kg.

这是一个稳定的蛛网模型的例子，另外还有不稳定的.

例6 假设某湖开始有10万条鱼，且鱼的年增长率为25%，而每年捕鱼量为3万条.

(1) 列出每年湖中鱼的条数的差分方程，并求解；

(2) 多少年后湖中的鱼将被捕捞完？

解 (1) 设 y_t 表示第 t 年年末湖中鱼的条数(单位:万条). 由题意可知，y_t 满足下述差分方程

$$y_{t+1} = (1 + 0.25)y_t - 3,$$

即

$$y_{t+1} - 1.25y_t = -3,$$

且满足初值条件 $y_0 = 10$.

容易求得该差分方程的通解为

$$y_t = C(1.25)^t + 12.$$

由初值条件 $y_0 = 10$，得 $C = -2$.

故所求的解为 $y_t = -2\times(1.25)^t + 12.$

(2) 求多少年后湖中的鱼将被捕捞完,即令上式中 $y_t = 0$,求 t.

$$-2\times(1.25)^t + 12 = 0,$$

解得

$$t = \frac{\ln 6}{\ln 1.25} \approx 8(\text{年}).$$

即大约 8 年后,湖中的鱼将捕捞完.

习题 12-3

1. 设 y_t 为 t 期国民收入,C_t 为 t 期消费,I 为投资(各期相同),它们之间的关系式为

$$y_t = C_t + I,\quad C_t = \alpha y_{t-1} + \beta,$$

已知 $t=0$ 时,$y_t = y_0$,其中 α,β 均为常数,且 $0<\alpha<1,\beta>0$.若基期的国民收入 y_0 为已知,试求函数 y_t 和 C_t 的表达式.

2. 设 S_t 为 t 年年末存款总额,r 为年利率,初始存款为 S_0,按年复利计息,求 t 年年末的本利和.

3. 设某商品在 t 时期的价格为 P_t,总供给量为 S_t,总需求量为 D_t,并且有

$$S_t = 1 + 3P_t,\quad D_t = 3 - 4P_{t-1},\quad S_t = D_t\ (t = 1,2,3,\cdots).$$

(1) 试求商品的价格 P_t 随时间 t 的变化规律;

(2) 已知 P_0 时,求 P_t.

*第4节 二阶常系数线性差分方程

前面讨论了一阶常系数线性差分方程的有关求解过程,下面将进一步探讨二阶常系数线性差分方程的求解问题.

一、二阶常系数齐次线性差分方程

二阶常系数线性差分方程的一般形式为

$$y_{x+2} + py_{x+1} + qy_x = f(x), \tag{12-15}$$

其中,p,q 为已知常数,且 $q\neq 0$,$f(x)$ 为 x 的已知函数.

当 $f(x)\equiv 0$ 时,即

$$y_{x+2} + py_{x+1} + qy_x = 0, \tag{12-16}$$

方程(12-16)称为**二阶常系数齐次线性差分方程**.

当 $f(x)\neq 0$ 时,方程(12-15)称为**二阶常系数非齐次线性差分方程**.

首先介绍二阶常系数齐次线性差分方程

$$y_{x+2} + py_{x+1} + qy_x = 0$$

的求解方法.

类似于一阶差分方程,可假设 $y_x^* = r^x\ (r\neq 0)$ 是方程(12-16)的一个特解,代入方程得

$$r^x(r^2 + pr + q) = 0.$$

因为 $r^x \neq 0$，所以 $y_x^* = r^x (r \neq 0)$ 为特解的充要条件是

$$r^2 + pr + q = 0. \tag{12-17}$$

式(12-17)称为差分方程(12-16)的**特征方程**，它对应的解称为**特征根**. 由于特征方程是一元二次方程，故其特征根有三种不同的情况，相应地可得到差分方程(12-16)的三种不同形式的通解.

(1) 当 $\Delta = p^2 - 4q > 0$ 时，特征方程(12-17)有两个不相等的实根 r_1 和 r_2，此时可得方程(12-16)的通解为

$$y_x = C_1 r_1^x + C_2 r_2^x,$$

其中，C_1, C_2 为任意常数.

(2) 当 $\Delta = p^2 - 4q = 0$ 时，特征方程(12-17)有两个相等的实根 $r_1 = r_2 = r = -\frac{p}{2}$，类似于二阶常系数微分方程，可得通解为

$$y_x = (C_1 + C_2 x) r^x \quad (C_1, C_2 \text{ 为任意常数}).$$

(3) 当 $\Delta = p^2 - 4q < 0$ 时，同样类似于二阶常系数微分方程，可得通解为

$$y_x = \alpha^x (C_1 \cos \beta x + C_2 \sin \beta x) \quad (C_1, C_2 \text{ 为任意常数}),$$

其中，$r_{1,2} = \dfrac{-p \pm \mathrm{i}\sqrt{-\Delta}}{2} = \alpha \pm \mathrm{i}\beta$.

综上所述，求差分方程(12-16)的通解的步骤可归纳如下.

① 写出差分方程(12-16)的特征方程 $r^2 + pr + q = 0$，求出特征根；

② 根据特征根的不同形式，按照上面的方法写出差分方程(12-16)的通解.

例

例 1 求差分方程 $y_{x+2} - 5y_{x+1} + 6y_x = 0$ 的通解.

解 所求差分方程的特征方程为 $r^2 - 5r + 6 = 0$，特征根为 $r_1 = 2, r_2 = 3$. 于是，所求差分方程的通解为

$$y_x = C_1 2^x + C_2 3^x \quad (C_1, C_2 \text{ 为任意常数}).$$

例 2 求差分方程 $y_{x+2} - 6y_{x+1} + 9y_x = 0$ 的通解.

解 所求差分方程的特征方程为 $r^2 - 6r + 9 = 0$，特征根为 $r_{1,2} = 3$. 于是，所求差分方程的通解为

$$y_x = (C_1 + C_2 x) 3^x \quad (C_1, C_2 \text{ 为任意常数}).$$

例 3 求差分方程 $y_{x+2} - 4y_{x+1} + 9y_x = 0$ 的通解.

解 所求差分方程的特征方程为 $r^2 - 4r + 9 = 0$，特征根为 $r_{1,2} = 2 \pm \mathrm{i}\sqrt{5}$. 于是，所求差分方程的通解为

$$y_x = 2^x (C_1 \cos 5x + C_2 \sin 5x) \quad (C_1, C_2 \text{ 为任意常数}).$$

二、二阶常系数非齐次线性差分方程

在一阶常系数非齐次线性差分方程求解过程中，非齐次差分方程的通解为其对应的齐次差分方程的通解与它的特解之和. 在求解二阶常系数非齐次差分方程时，也有类似结论. 前面讨论了求二阶常系数齐次线性差分方程(12-16)的通解的方法，所以只要掌握如何求非齐次方程(12-15)的特解就可以了. 求二阶

常系数非齐次线性差分方程的常用方法也是“待定系数法”,下面仅对 $f(x)$ 常见形式给出其对应的特解的形式.

(1) 如果 $f(x)=\lambda^x P_m(x)$,λ 为非零常数,$P_m(x)$ 为已知的 m 次多项式,则可设特解的形式为

$$y_x^* = \lambda^x x^k Q_m(x),$$

其中,$Q_m(x)$ 是与 $P_m(x)$ 同次的 m 次多项式,k 的取值条件如下.

当 λ 不是特征方程的根时,$k=0$.

当 λ 是特征方程的单根时,$k=1$.

当 λ 是特征方程的二重根时,$k=2$.

(2) 如果 $f(x)=\lambda^x(l\cos\omega x+m\sin\omega x)$,$\lambda$ 为非零常数,l,m 不能同时为零且均为常数,则可设特解的形式为

$$y_x^* = \lambda^x x^k(a\cos\omega x+b\sin\omega x),$$

其中,a,b 为待定常数,k 的取值条件如下.

当 $\lambda\pm \mathrm{i}\omega$ 不是特征方程的根时,$k=0$.

当 $\lambda\pm \mathrm{i}\omega$ 是特征方程的单根时,$k=1$.

例 4 求差分方程 $y_{x+2}-9y_x=3^x(36x+18)$ 的通解.

解 所求差分方程的特征方程为 $r^2-9=0$,所以 $r_1=-3,r_2=3$.

由所求方程可知,$f(x)=3^x(36x+18)$,$\lambda=3$ 是单特征根,故可设所求方程的特解为

$$y_x^* = 3^x x(ax+b),$$

将其代入所求方程,化简整理得

$$2ax+2a+b=2x+1.$$

比较两端同次幂的系数,解得 $a=1,b=-1$. 所以特解为

$$y_x^* = 3^x x(x-1).$$

故得所求方程的通解为

$$y_x = C_1(-3)^x + C_2 3^x + 3^x x(x-1) \quad (C_1,C_2\text{ 为任意常数}).$$

例 5 求差分方程 $y_{x+2}-4y_{x+1}+4y_x=25\sin\frac{\pi}{2}x$ 的一个特解.

解 所求差分方程的特征方程为 $r^2-4r+4=0$,所以 $r_{1,2}=2$. 所以所求方程对应的齐次方程的通解为

$$y_x=(C_1+C_2x)2^x.$$

因为 $1\pm\frac{\pi}{2}\mathrm{i}$ 不是特征根,所以可设所求方程特解为

$$y_x^* = a\cos\frac{\pi}{2}x+b\sin\frac{\pi}{2}x.$$

将其代入所求方程,化简整理得

$$(3a-4b)\cos\frac{\pi}{2}x+(4a+3b)\sin\frac{\pi}{2}x=25\sin\frac{\pi}{2}x,$$

解得 $a=4, b=3$. 故得原方程的一个特解为

$$y_x^* = 4\cos\frac{\pi}{2}x + 3\sin\frac{\pi}{2}x.$$

习题 12-4

求下列差分方程的通解或特解.

1. $y_{x+2}-7y_{x+1}+12y_x=0$;
2. $y_{x+2}+3y_{x+1}-\frac{7}{4}y_x=9, y_0=6, y_1=3$;
3. $y_{x+2}+2y_{x+1}-3y_x=2^x+1$;
4. $y_{x+2}-4y_{x+1}+4y_x=2^x(3x+1)$.

实验11 差分方程求解的MATLAB实现

差分方程求解的Python实现

MATLAB中并没有提供专门求解差分方程的函数，但对于一些可以转化为差分方程模型来解决的问题，在进行数值计算和模拟绘图的时候，可以借助MATLAB软件来实现. 下面通过一个具体的实例来了解一下.

例1 生态系统

设想在一个长满了青草的荒岛上栖息着一群野兔. 开始时，共有野兔 x_0 只，假设第 n 年野兔的数目用 x_n 表示，记第0年野兔的数目为 x_0 只. 下面来研究野兔数目随时间变化的规律.

解 (1) 先假设野兔数目净增长率为常数 r，则第 $n+1$ 年野兔的数目为

$$x_{n+1}=(1+r)x_n,\quad n=0,1,2,\cdots.$$

这是一个一阶常系数齐次线性差分方程，解得

$$x_n=(1+r)^n x_0.$$

这个描述野兔数目的模型是否合理呢？

假设 $r=0.4, x_0=100$. 可以利用MATLAB编程，计算出50年后野兔的数量.

建立M函数文件“sqh.m”来实现 $x_n=(1+r)^n x_0$.

```
function  Xn = sqh(n,r,X0)
Xn = (1 + r)^n * X0;
```

保存以后在命令窗口调用sqh函数，输入：

```
>> Xn = sqh(50,0.4,100) ↙
Xn =
    2.0249e+009
```

即50年后野兔的数量为 2.0249×10^9 只，约为20亿只. 问题是在这个小岛上的青草是否能够支持这么多的野兔生存下来？事实上，这个模型最严重的不足就是没有反映生存资源对野兔种群的约束，需要进行改进.

(2) 改进模型. 假设小荒岛上的青草最多可以养活 x 只野兔. x 是自然资源所能承担的野兔的最大数量. 野兔数目的假设条件修改如下：

第 $n+1$ 年野兔数目与第 n 年野兔数目成正比，比例数为 $r(x-x_n)$. 由此，可得方程

$$x_{n+1}=r(x-x_n)x_n. \tag{12-18}$$

方程(12-18) 可改写为

$$\frac{x_{n+1}}{x_n}=r(x-x_n).$$

上述方程的左端 $\frac{x_{n+1}}{x_n}$ 是前后两年野兔数量的比值. 当 $x-x_n$ 是一个较大的数时，说明自然资源还有较大的能力支撑野兔种群的扩大，下一年野兔的总数 x_{n+1} 可以有较大增长；当 $x-x_n$ 是一个较小的正数时，说明自然资源已没有更多的能力支撑野兔种群的扩大，甚至当 $r(x-x_n)<1$ 时野兔的总数 x_{n+1} 还可能缩减. 综上分析，改进后的模型假设是合理的.

由于无法求出方程(12-18) 的通解，作为例子，假设 $r=0.000\,015$，$x=100\,000$，下面来看一下 50 年间野兔数量的变化情况，这需要应用 MATLAB 编程来实现.

建立 M 函数文件 rgsqh. m.

```
function   X = rgsqh(n,r,x)
X(1) = 100;
for k = 1:n
X(k + 1) = r * (x - X(k)) * X(k);
end
```

保存以后，在命令窗口输入：

```
>> k = 1 : 49;
y = rgsqh(49,0.000015,100000);
plot(k,y) ↙
```

输出图形如图 12-1 所示.

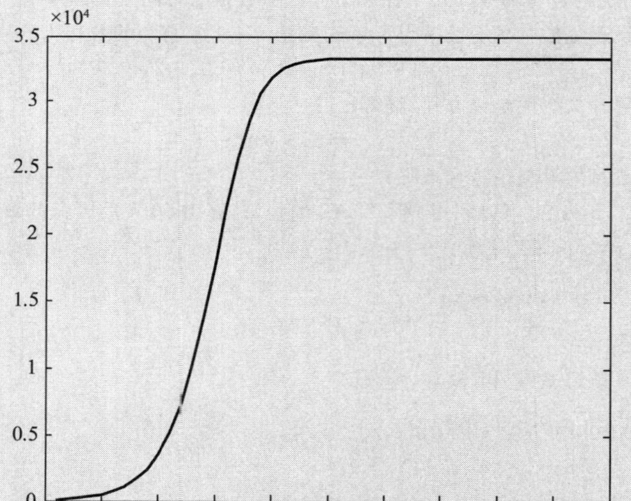

图 12-1

显然，随着时间 n 的发展，x_n 会越来越趋近于 33 333，这个数是自然资源和野兔内在增长机制之间的一个平衡量. 这里的数字 33 333 可以从方程直接求得. 设想随着时间的推移，野兔的数目不再变化，记为 y. 方程(12-18) 中的 x_n 与 x_{n+1} 都代换为 y，得到方程

$$y = 0.000\,015(100\,000 - y)y,$$

解得

$$y = 33\,333.$$

其实，对于许多其他问题，在一定情况下也可以得到与上面模型一样的方程，如人口问题、传染病的传播问题及人的学习知识过程问题等.

实验题 11

1. 一个半球状雪堆，其体积融化的速率与半球面面积 S 成正比，比例系数 $k>0$. 设雪堆融化时始终保持半球状，初始半径为 R，且 3 h 中融化了总体积的 7/8，问雪堆全部融化还需要多长时间？

2. 某药物现在人体血液内的浓度为 0.001%，以后每小时比上一小时浓度减少 20%. t（t 为正整数）小时后该药物在人体血液内的浓度记为 x_t，问 10 h 后该药物在人体血液内的浓度为多少？

总习题 12

一、填空题

1. 差分方程 $y_{x+3} - y_{x+1} = x^2$ 是________阶方程.
2. 函数 $y = x^3 - 2x^2$ 的二阶差分 $\Delta^2 y_x =$ ________________.
3. 差分方程 $2y_{x+1} + y_x = 0$ 的通解是________________.
4. 差分方程 $3y_x - y_{x-1} = 0$ 满足初值条件 $y_0 = 2$ 的特解为________________.
5. 二阶差分方程 $y_{x+2} - y_{x+1} - 6y_x = 0$ 的通解为________________.

二、选择题

1. 下列等式中是一阶差分方程的是（　　）.

A. $\Delta^2 y_x = y_{x+2} - 2y_{x+1} + y_x$　　B. $3\Delta y_t + 3y_t = \dfrac{t+2}{3}$

C. $3\Delta y_x + \dfrac{2}{3} y_x = x^2$　　D. $y_{x+1}(1-2x) + y_{x-1} = \left(\dfrac{3}{2}\right)^x$

2. 下列等式中不是差分方程的是（　　）.

A. $2\Delta y_x - \dfrac{1}{2} y_x = 2$　　B. $3\Delta y_t + 3y_t = \dfrac{t-1}{3}$

C. $\Delta^2 y_x = 0$　　D. $y_{x+1} - y_{x-1} = \left(\dfrac{1}{2}\right)^x \sin x$

3. 函数 $y_x = C \cdot 2^x + 8$（C 为任意常数）是差分方程（　　）的通解.

A. $\Delta y_{x+2} - 3y_{x+1} - y_x = 0$　　B. $y_x - 3y_{x-1} + 2y_{x-2} = \dfrac{2}{3}$

C. $\dfrac{1}{2} y_{x+1} - y_x = -4$　　D. $y_{x+1} - 2y_x = -8$

4. 差分方程 $y_{x+1} + 3y_x = 0$ 的通解为（　　）.

A. $y_x = C\left(\dfrac{1}{3}\right)^x$　　B. $y_x = C\left(-\dfrac{1}{3}\right)^x$

C. $y_x = C \cdot 3^x$　　D. $y_x = C(-3)^x$

5. 差分方程 $y_{x+2} + 4y_{x+1} - 5y_x = 2x - 3$ 的一个特解 y_x^* 应具有形式（　　）.

A. $x(ax+b)$　　B. $ax+b$

C. $x(ax+b)(-5)^x$　　D. $(ax+b)(-5)^x$

三、解答题

1. 求下列差分方程的通解或特解.

(1)$y_{x+1}-2y_x=3x^2$;

(2)$y_{x+1}-5y_x=3, y_0=\frac{7}{3}$;

(3)$y_{x+1}+y_x=2^x$;

(4)$y_{x+2}-2y_{x+1}+y_x=12, y_0=0, y_1=0$;

(5)$y_{x+2}+5y_{x+1}+4y_x=x$;

(6)$y_{x+2}+3y_{x+1}-4y_x=-2$.

2. 设某产品在时间 t 的价格、总供给与总需求分别为 P_t、S_t 与 D_t，并设 $S_t=2P_t-1, D_t=-P_{t-1}+5, S_t=D_t$. 试求价格与时间 t 的函数关系.

3. 某人向银行申请1年期的贷款25 000万元，约定月利率为1%，计划用12个月以每月等额的方式还清债务. 试问此人每月需偿还银行多少钱？若记 y_t 为第 t 个月后还需偿还的债务，a 为每月的还款额，写出 y_t 所满足的差分方程以及每月还款额 a 的计算公式.

考研真题

第12章习题答案

附录

二阶、三阶行列式简介

一、二阶行列式

行列式的概念来源于解线性方程组，看下面的例子.

用消元法解二元线性方程组

$$\begin{cases} a_{11}x_1 + a_{12}x_2 = b_1, \\ a_{21}x_1 + a_{22}x_2 = b_2, \end{cases} \tag{1}$$

消去 x_2 得 $$(a_{11}a_{22} - a_{12}a_{21})x_1 = b_1a_{22} - a_{12}b_2;$$

消去 x_1 得 $$(a_{11}a_{22} - a_{12}a_{21})x_2 = a_{11}b_2 - b_1a_{21}.$$

当 $a_{11}a_{22} - a_{12}a_{21} \neq 0$ 时，方程组(1) 有唯一解：

$$x_1 = \frac{b_1a_{22} - a_{12}b_2}{a_{11}a_{22} - a_{12}a_{21}}, \quad x_2 = \frac{a_{11}b_2 - b_1a_{21}}{a_{11}a_{22} - a_{12}a_{21}}. \tag{2}$$

式(2) 中的分母 $a_{11}a_{22} - a_{12}a_{21}$ 是由方程组(1) 的四个系数决定的，为了便于记忆，引入记号 $\begin{vmatrix} a_{11} & a_{12} \\ a_{21} & a_{22} \end{vmatrix}$，称为**二阶行列式**，用它表示数 $a_{11}a_{22} - a_{12}a_{21}$，即

$$\begin{vmatrix} a_{11} & a_{12} \\ a_{21} & a_{22} \end{vmatrix} = a_{11}a_{22} - a_{12}a_{21}. \tag{3}$$

数 $a_{ij}(i, j = 1, 2)$ 称为行列式(3) 的元素，下标 i 称为**行标**，j 称为**列标**.

对于行列式的定义，可以用**对角线法则**来记忆，如附图 1 所示.

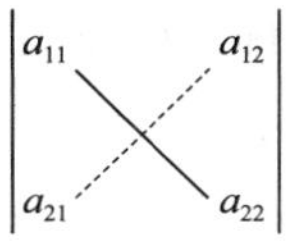

附图 1

将 a_{11},a_{22} 之间的连线(实线)称为**主对角线**,a_{12}、a_{21} 之间的连线(虚线)称为**副(次)对角线**. 于是,二阶行列式(3)就是主对角线上的两个元素之积减去副对角线上的两个元素之积所得的差。这种计算二阶行列式的方法,称为**对角线法**.

根据二阶行列式的定义,若记

$$D=\begin{vmatrix}a_{11} & a_{12}\\ a_{21} & a_{22}\end{vmatrix},\quad D_1=\begin{vmatrix}b_1 & a_{12}\\ b_2 & a_{22}\end{vmatrix},\quad D_2=\begin{vmatrix}a_{11} & b_1\\ a_{21} & b_2\end{vmatrix},$$

那么方程组(1)的解可以用二阶行列式叙述如下.

当二阶行列式 $D=\begin{vmatrix}a_{11} & a_{12}\\ a_{21} & a_{22}\end{vmatrix}\neq 0$ 时,方程组(1)有唯一解,且

$$x_1=\frac{D_1}{D}=\frac{\begin{vmatrix}b_1 & a_{12}\\ b_2 & a_{22}\end{vmatrix}}{\begin{vmatrix}a_{11} & a_{12}\\ a_{21} & a_{22}\end{vmatrix}},\quad x_2=\frac{D_2}{D}=\frac{\begin{vmatrix}a_{11} & b_1\\ a_{21} & b_2\end{vmatrix}}{\begin{vmatrix}a_{11} & a_{12}\\ a_{21} & a_{22}\end{vmatrix}}. \tag{4}$$

这种用行列式来表示方程组的解的方法,称为二元一次线性方程组的**行列式解法**. 行列式 D 称为方程组(1)的**系数行列式**.

例

例 1 求解二元线性方程组 $\begin{cases}3x_1-2x_2=12,\\ 2x_1+x_2=1.\end{cases}$

解 由于

$$D=\begin{vmatrix}3 & -2\\ 2 & 1\end{vmatrix}=3-(-4)=7\neq 0,$$

$$D_1=\begin{vmatrix}12 & -2\\ 1 & 1\end{vmatrix}=12-(-2)=14,$$

$$D_2=\begin{vmatrix}3 & 12\\ 2 & 1\end{vmatrix}=3-24=-21,$$

所以

$$x_1=\frac{D_1}{D}=\frac{14}{7}=2,$$

$$x_2=\frac{D_2}{D}=\frac{-21}{7}=-3.$$

二、三阶行列式

与二元线性方程组的解法一样,对于三元线性方程组

$$\begin{cases}a_{11}x_1+a_{12}x_2+a_{13}x_3=b_1,\\ a_{21}x_1+a_{22}x_2+a_{23}x_3=b_2,\\ a_{31}x_1+a_{32}x_2+a_{33}x_3=b_3,\end{cases} \tag{5}$$

引进由 9 个数 a_{ij} $(i=1,2,3;j=1,2,3)$ 排成的三行三列的数表:

$$\begin{vmatrix}a_{11} & a_{12} & a_{13}\\ a_{21} & a_{22} & a_{23}\\ a_{31} & a_{32} & a_{33}\end{vmatrix}, \tag{6}$$

称为**三阶行列式**，且规定：

$$\begin{vmatrix} a_{11} & a_{12} & a_{13} \\ a_{21} & a_{22} & a_{23} \\ a_{31} & a_{32} & a_{33} \end{vmatrix} = a_{11}a_{22}a_{33} + a_{12}a_{23}a_{31} + a_{13}a_{21}a_{32} - a_{11}a_{23}a_{32} - a_{12}a_{21}a_{33} - a_{13}a_{22}a_{31}. \quad (7)$$

三阶行列式也是一个数，与二阶行列式类似，亦可用**对角线法则**来记忆，如附图 2 所示.

引入了三阶行列式的概念后，当系数行列式

$$D = \begin{vmatrix} a_{11} & a_{12} & a_{13} \\ a_{21} & a_{22} & a_{23} \\ a_{31} & a_{32} & a_{33} \end{vmatrix} \neq 0$$

时，三元线性方程组(5) 有唯一解，其解为

$$x_1 = \frac{D_1}{D}, \quad x_2 = \frac{D_2}{D}, \quad x_3 = \frac{D_3}{D}, \quad (8)$$

其中，

$$D_1 = \begin{vmatrix} b_1 & a_{12} & a_{13} \\ b_2 & a_{22} & a_{23} \\ b_3 & a_{32} & a_{33} \end{vmatrix}, \quad D_2 = \begin{vmatrix} a_{11} & b_1 & a_{13} \\ a_{21} & b_2 & a_{23} \\ a_{31} & b_3 & a_{33} \end{vmatrix}, \quad D_3 = \begin{vmatrix} a_{11} & a_{12} & b_1 \\ a_{21} & a_{22} & b_2 \\ a_{31} & a_{32} & b_3 \end{vmatrix}.$$

这就是三元线性方程组的**行列式解法**.

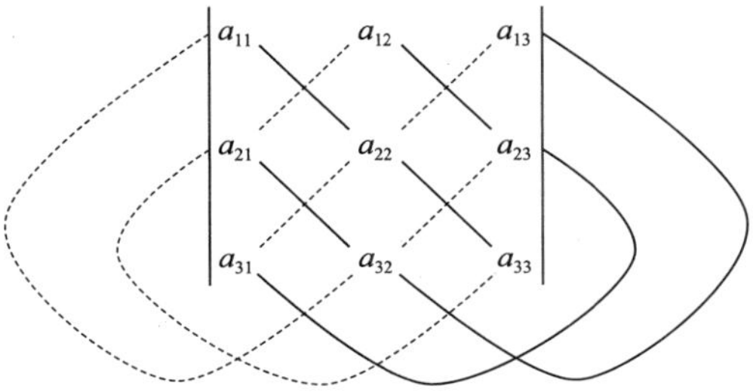

附图 2

例 2　用行列式解方程组

$$\begin{cases} x_1 - 2x_2 + x_3 = -2, \\ 2x_1 + x_2 - 3x_3 = 1, \\ -x_1 + x_2 - x_3 = 0. \end{cases}$$

解　由于方程组的系数行列式

$$D = \begin{vmatrix} 1 & -2 & 1 \\ 2 & 1 & -3 \\ -1 & 1 & -1 \end{vmatrix} = -1 - 6 + 2 - (-3) - 4 - (-1) = -5 \neq 0,$$

因此，方程组有唯一解. 又

$$D_1 = \begin{vmatrix} -2 & -2 & 1 \\ 1 & 1 & -3 \\ 0 & 1 & -1 \end{vmatrix} = -5,$$

$$D_2 = \begin{vmatrix} 1 & -2 & 1 \\ 2 & 1 & -3 \\ -1 & 0 & -1 \end{vmatrix} = -10,$$

$$D_3 = \begin{vmatrix} 1 & -2 & -2 \\ 2 & 1 & 1 \\ -1 & 1 & 0 \end{vmatrix} = -5,$$

所以方程组的解为

$$x_1 = \frac{D_1}{D} = 1, \quad x_2 = \frac{D_2}{D} = 2, \quad x_3 = \frac{D_3}{D} = 1.$$

参 考 文 献

[1] 同济大学数学科学学院.高等数学:下册[M].8版.北京:高等教育出版社,2023.

[2] 吴传生.经济数学:微积分[M].4版.北京:高等教育出版社,2020.

[3] 黄福同.微积分及其应用:下册[M].北京:机械工业出版社,2014.

[4] 吴赣昌.微积分:经管类:下册[M].5版.北京:中国人民大学出版社,2017.

[5] 李心灿.高等数学应用205例[M].北京:高等教育出版社,1997.

[6] 李秀珍,张晓平.数学实验[M].4版.北京:机械工业出版社,2024.

责任编辑：张保林
封面设计：义和文创

微积分

（经管类）（下册）

第2版

配套云资源的使用说明

扫一扫
下载安装APP

刮开涂层，在APP中
验证教材，获取资源

ISBN 978-7-5635-7585-5
定 价：39.00元